景 观 概 说

[英]彼得·J·霍华德　著
庄东帆　译

中国建筑工业出版社

著作权合同登记图字：01-2012-5664号

图书在版编目（CIP）数据

景观概说/（英）霍华德著；庄东帆译 .—北京：中国建筑工业
出版社，2016.10
ISBN 978-7-112-19877-1

Ⅰ.①景… Ⅱ.①霍…②庄… Ⅲ.①景观设计 Ⅳ.①TU986.2

中国版本图书馆CIP数据核字（2016）第223974号

本书由 Ashgate Publishing Limited 授权我社翻译出版

责任编辑：段　宁
书籍设计：京点设计
责任校对：陈晶晶　关　健

景观概说

[英]彼得·J·霍华德　著

庄东帆　译

*

中国建筑工业出版社出版、发行（北京海淀三里河路9号）

各地新华书店、建筑书店经销

北京京点图文设计有限公司制版

北京市安泰印刷厂印刷

*

开本：787×1092 毫米　1/16　印张：19¾　字数：344千字

2017年3月第一版　2017年3月第一次印刷

定价：69.00元

ISBN 978-7-112-19877-1

（28246）

目　录
Contents

第三部分　未来是怎样的？

序 言
Preface

在当今的英国学术圈里，出现了一个重要术语，即"知识转移（知识互换）"。人们渐渐认识到，在大学里的学术研究和教学与大众的实际思想之间存在差距。科学家们远远没能让人们相信气候环境的变化以及对诸多领域已形成某些警示的大量事实。长期以来，在很多大学的专业系部与从事景观管理的政府官员之间，一直有效地进行着景观研究的成果互换。但是，对于新大学生以及成千上万关心自己家园的人们来说，却往往对这方面的最新研究成果和知识并不知晓。大多数人很可能不知道现在《欧洲景观公约》已载入英国的法律范畴，而这本书正是为他们而作。

曾经我被问到，是否会继之前写过的那本关于"遗产"的书之后，再写一本相关的书，这个问题使我萌发了这本书的写作动机。其实，之前很长时期以来，我对围绕景观领域进行具体研究很感兴趣，出版社也恩惠我优先选择了我热爱的内容，感谢维尔·罗斯女士的大力支持。

在我就职于艺术学校并成为那里的第一个地理学者的时候，对于景观的研究成为我头脑中最主要的关注点，而其实比这更早的时候，对景观的研究就是我的兴趣所在了。对我而言，旅游意味着看窗外的世界，等待着地貌的变迁。不久，我找到景观研究组，在那里潜心钻研40年之久，其中有10年从事有关景观研究的期刊编辑工作。感谢研究组的同事们各抒己见和相互交流，感谢杰·艾普利顿、戴维·克利曼、杰克柳莱恩·布尔基斯、肯尼斯·欧尔威哥、艾安·斯欧姆普森以及其他很多的同事，从他们那里，我学到了很多，同时也从我的学生和我的妻子及其他家人那里学到了很多，他们不时地向我提问，让我有了更深入的思考。当然，他们仍会质疑这本书的一些观点，但责任当然全都归我承担。

同时，研究组让我能够有机会参与制订和申请《欧洲景观公约》的工作，作为国际官员，我是很多会议、论坛的"观察员"之一，不断与全欧洲对景观有志趣的业内人士结识和探讨。

　　我必须向欧洲以外的读者承认，本书所表达的关于景观的观点是非常"欧洲化"的，肯定与其他地区的人们对景观的认知有很多不同之处，如果读者对本书有异议，我并不固执己见。

　　英国的读者或许也可以发现，本书所引用的例子有很多来自我的家乡，即英国西南部，尤其是德文郡，因为我在那里生活了40年，而且有很多家人也同住在附近。这不断地提示、甚至是强化一种意识，表明现在对景观的理解和定义带有浓厚的个人色彩，这也是本书希望传达的观点。一位英国国家信托机构的访问学者说："我的学生只知道问问题，从来不知道问题的答案"。而我却没有太多的要求，如果读者看完这本书以后，能够提出问题，则足矣。

彼得·J·霍华德

2011 年于英国温克利

图例明细

块田地，因此，人们想制造一条小溪。

图 9.3　法德边境的阿尔萨斯。现在只是树上的一条带子。

图 9.4　毗邻中国香港的中国内地边界。

图 9.5　可以通过一些细节识别国家。这个车站在德国，位于老的德意志民主共和国境内。

图 9.6　具有全球化特征的住宅。实际上是在捷克共和国。

图 10.1　交通管理。沿路的路旁是明显的天然驼峰地形，非常有效地限制了交通。

图 10.2　德罗戈城堡。"国家信托机构"的财产，厨房及其用具是在讲解中特别突出强调的。

图 10.3　波尔蒂莫尔别墅。在公园景观中看到对面这座损毁的乡村别墅。不可能所有的当地人都支持对这座别墅进行补修复原。

图 10.4　斯温登。在古老的"大西部铁路"地区的街道，这里的房地产现已恢复并备受喜爱。

图 10.5　锡德茅斯。这些乡村别墅是城市富人移居乡村后的住所，也是他们的第二家乡，这里是城市富人为移居乡村而建造别墅的历史中的实例，这个过程可追溯到 19 世纪早期。

图 10.6　克洛韦利。现在，这里实际上是一个需购买门票才能进入的、正处在保护中的主题公园。

图 10.7　博斯卡斯尔。隶属于"国家信托机构"，色彩方案都有很好的品位。

图 10.8　廷塔杰尔。在廷塔杰尔，处处可见很有品位、引人注目的独特地方，几乎每个零售店都与亚瑟王的传说有关。

图 C.3　Fingle 桥，泰恩河。19 世纪中期的典型桥景——上游、岩石多、有浪花、岸边的斜坡陡峭且树木茂密以及一座中世纪的桥。桥上缺一个身穿红色外衣的农夫。

图 11.1　人行道。一条人行道正好穿过这块田地。农场主没有阻止它的穿行，但行人要径直走到门口是需要一些勇气的。

图 11.2　丁德尔教堂墓地，萨默塞特郡。虽然我从来都不是这里的居民，但因为我父母的墓地在这里，所以这里是我可以作为知情者的地方之一。

图 11.3　利兹代尔，莫文，西部高地。一个度假别墅，我们觉得自己是那里的知情者，但当地居民并不认为我们是。

图 11.4　温普尔文物中心，德文郡。这是当地人为新来的人而设计的。

图 11.5 勒克鲁佐，勃艮第。博物馆主体建筑在这个以前的城堡和玻璃工厂里，这是构建这个生态博物馆的网络的中心。

图 12.1 格拉纳河畔奥拉杜尔。1945 年发生残暴事件的地点，现在并永远定格在那个时期。

图 12.2 泰尔奇，捷克共和国。在这座世界遗产城市里，ATM 机取代了墙壁壁龛中的圣者象征。

图 12.3 波尔蒂莫尔别墅，德文郡。这是从废墟房子穿过草坪，看到智利松的风景，一些是最早在英国种植的，但与房子相配，显得非常不合时宜。

图 12.4 Crow Point，北德文区。瞬息即逝的景观的另一个类型是潮汐。这些河口"只在它们处于高水位时"才被认为是美丽的景观。

图 12.5 亚斯纳亚·波利亚纳,俄罗斯。这条小路(4 月)通往托尔斯泰的墓地，位于他的私家公园里，在这条小路上，每天都有来往的人献上鲜花——这是一个饱含精神意义的景观。

图 12.6 吉维尼，诺曼底。著名的桥，位于荷花池上，现已修复了大部分，每年到这里的游客超过两百万。

图 13.1 林顿的房屋，与瑞士山上的木造农舍相似。

图 13.2 大澳。香港的威尼斯。

图 13.3 林茅斯，码头上的莱茵塔，19 世纪中期。

图 13.4 利姆诺斯岛。新的度假胜地，到这里光顾的西班牙人比希腊人多。

图 13.5 贸易地产景观。

图 14.1 保德汉姆。在位于保德汉姆城堡的德文郡伯爵的住宅大门外，这种茅草房被迅速建成。这种新型农舍类型显然出自萨里或肯特，而不是德文郡，因为这种"眉毛"茅草的模式与原汁原味的茅草房风格相违背。

图 14.2 霍拉索维采，波西米亚村，现在是一个"世界遗产地"。

图 14.3 马拉喀什。欧洲拥有的一种利雅得风格的屋顶景观，显示出修复得很漂亮的屋顶。

图 14.4 莱德尼采，摩拉维亚南部。这是一个世界文化景观遗产,属于类型1。

图 14.5 索米尔。城堡和卢瓦尔河，"卢瓦尔河谷世界遗产地"的一部分。

图 15.1 格伦莫尔，苏格兰。植树造林并在其中建造的新山林小屋。

图 15.2 罗德福德水库。帆船和皮划艇等航海活动极为常见，但在大型自然保护区是不可能的。即使是摩托艇运动，也要在保证安全的前

提下进行。那里有一些步行道和餐馆。

图 15.3　诺萨姆·巴罗斯。在一个河口的入口处，有一片地用于多种活动，包括一个高尔夫球场。在那里，打高尔夫球的人给行人让路。

图 15.4　在"国家信托机构"的一个花园里工作的志愿者。

图 C.4　勒克鲁佐，法国。这个蒸汽锤占据了一个环形交通要道，以庆祝这个城镇的工业历史。

图 16.1　墓地，温克利，德文郡。一个典型的墓地，保持着修剪得很短的绿草草地景观；但是，在割草效率与被葬者亲属的需求以及生态利益之间，一直存在持续不断的争议。

图 16.2　阿尼克。在阿尼克城堡下的新花园的一部分。

图 16.3　位于捷克共和国的诺夫赫拉迪的一个花园聚集地。备受赞誉的小区，这是从社会主义体制时期遗留下来的地区。

图 16.4　布拉格 Malostranka。权威机构指示人们如何在这个小园区散步。人们对情况更了解。

图 17.1　骆驼小径，康沃尔。一条自行车道，沿着一条古老的铁路线，位于帕德斯托附近。

图 17.2　Solovetski 修道院，在白海的岛上，曾经是伟大的俄国修道院，直到大革命后变成第一个实验集中营。现在回归原有的教堂身份，整个岛作为一个博物馆被管理起来。

1 绪论

图 1.1 德文郡中部的景观，是从作者居住的房屋后面向外看到的，这是名副其实的景观吗？

对这本关于景观的书有阅读需求的人或许不是固定类型的人群，对潜在的读者类型进行分类并非容易，因为读者中可能有很多学生，但他们的专业各不相同；读者中或许也包括与诸多战争中的某次战争有关的人，他们关心由战争引发争议且通过法律裁决后的那些地域的变更情况以及战争结束后仍由很多国家调查核实的那些地域的变更情况；另外，或许也有读者希望通过阅读这本书之后，发现更多他们热爱的地方，甚至可以在种植花园和设计方面得到一些启示。有些读者，尤其是最后一类读者将会失望，因为本书旨在让读者对自己所持的景观概念有更多的学习、认识和理解。虽然本书中的某些内容和论点可以使读者解开自己在景观认识上的疑问，但本书并不一定能确切地给读者关于什么是景观这一定义。对于景观的概念，最初莫过于认为只是"户外的景物"，因此会觉得，如果要看到景观，需到窗边向外看，而这样就有景观了。其实，我们很快发现，一些地方比另一些地方更具景观的感觉。现在来作一个比较，一个是从我的后窗向达特穆尔方向眺望的风景（图 1.1），另一个是从我的前窗向前面道路和旁边的汽车库望去所看到的景物（图 1.2），比较发现，前者更具景观的意义。而即使对于那些不能确定算是景观的"户外景物"，只要是周遭那些被人绘

图 1.2　街景，是从作者居住的房屋前面向外看到的，这能算是景观吗？

画和拍摄的地方，当然已被称为景观了。

如果我们对景观的含义仍然比较模糊的话，则可以肯定，景观仍然还是不受重视的学科。如果在对景观的研究之前先形成具有知识产权的独立学科，那么，现在一定对景观已有了审慎的定义，从而避免了当前在景观概念中的大量迷惑，且景观一词的含义也一定已从非专业的大众人群日常所谈论的那些观念中分离出来并形成一个摘要的概念和确切定义了。也许这个过程正在进行当中，但如果有人认为本书的目的是促进给景观一个定义，则会让我感到难过和遗憾。的确，在大学里有一些关于景观建设和景观设计的专业系，在一些专业里有一些涉及景观的学科，包括地理学、生态学、考古学和艺术史，有时他们讨论的内容非常不同，而这些不同的东西以及对景观定义所面临的困难，是本书第一部分主要讨论的内容。但在所有这些专业中，景观仍然是边缘化的，研究景观的人常常偏于靠拢其他专业系。我认为这个原因很简单，因为景观的概念并非很理性，它有个人倾向并包含反映我们每个人自己的历史、民族和文化以及个性化的好恶。通常，它是对"我所在的地方"或是对某个人的地方的描述。《欧洲景观公约》（因在佛罗伦萨这个城市签署，故也称《佛罗伦萨公约》）给出的官方定义是"人们感悟认为是景观的一个地方就是景观",本书多次提到这个定义,照此完全可以是这样的意思:"我感悟认为是景观的一个地方就是景观"。因此,本书第一部分有自传的成分,频繁使用第一人称,完全符合原本一贯强调的"对景观质量的理性判断常常被个人化的偏好所掩盖和埋没"。因此,虽然本书有时会提问读者喜欢的景观是什么和喜欢的原因是什么,但丝毫不想改变读者在自己的概念中对景观的偏好。

　　景观是极其大众化的,一些地区的景观规划会议会吸引很多人参加讨论,大家畅所欲言并进行辩论。景观实际上是 Nimby 操场(Nimby 是由"不要在我的后院里"这句短语的每个词的首字母缩写而成的——大多数人在面对变化时的个人态度),在局外人看来,虽然确实已是非常不好的地方了,但对于当事人来说,仍然不愿意改变它,很少有人喜欢改变。有时,景观的大众化特点不仅仅只在英国,欧洲公约的出现足以证明这一点,但英国在景观历史中有特殊作用,其中一个有力的证据是:"景观概念"的一个重要思想,即景观非同于"场所"这一概念的思想主要来自英国的贵族,特别是很大程度上是在英格兰起源的,当时被其他人研究和掌握,而后改变了其原本的思想(奥尔威格,2002 年)。知性的概念被加上人的感性和本能的意义,给景观带来当前的困惑,使景观与世俗概念里的"场所"难以区分。

　　"场所"这一概念很容易被某个地域内的大多数当地人理解;几乎所有当地的事件都用"何人"、"何地"、"何时"这三个要素之一或用三者共同记录,这是新闻记者的基本教条——尽管记者有时出错,但读者不会出错。场所属于"何地"范畴。某个场所也许只是一个当地的历史社区,但那里的生态物质常常被人分别作为历史(自然史)、考古、农业、家族谱的资料进行研究,以证明它是"我们的场所"。学术界把世界上的知识划分为很多过于复杂的专业领域,而经过多年的论证和争辩以达成共识,并形成一个关于景观的定义——与民间概念里的"场所"非常相似,同时是被人们感知的场所,因此这个场所既包含作品和事物,同时也包含人们的记忆。

　　为跟随学术界关注的有关景观的概念和思路并以此为主题,本书第一部分需要非常清楚地表明景观的情感属性。《欧洲景观公约》(2000 年在佛罗伦萨签订)把所有对于景观的理解思路和观点进行了总结并归结为目前关于景观的定义,但这个定义完全有可能不正确:首先因为它只是欧洲的共识,尽管听说目前还有世界公约;另外,还因为学术界争论的结果不可能如此统一而轻易地达成共识。而有关景观方面的很多专业和讨论也丝毫没有借鉴这个定义。然而,在读完本书第一部分后,也许读者对景观已形成好的思路或具有形成好思路的可能性，无论如何，百家争鸣能使景观的概念越发引起深思。

本书第二部分的主要内容是对景观本身的现状和现象进行分析。从某种意义来说，这甚至更难。如果景观是一个被人们感知的场所，则有两种清楚的方法可以描述它——一个是描述场所，另一个是描述感知场所的人。第一种方法非常普遍，在大多数关于景观的书中，使用年代的构架（这个场所是如何形成的？），或者使用分门别类的构架（沼泽地、林地、农地、工业地）。而我选择的是关注人们的感觉，关注景观在广大不同类别的人群中引发的意义。因此，在本书的前几个章节，首先思考的是，是否存在感觉，或者对于所有人来说，景观的普遍意义，之后的章节是细查那些在很大程度上改变个体或某些群体感知景观意义的因素，从种族到地区防御，从牧民到"世外桃源"，这些内容贯穿一系列小节，以理解这些景观的类型，帮助读者开阔思路，但是，这里提出的"景观历史"将是"感知历史"。例如，很多书的主题内容是达特穆尔高原的形成和演变（摩斯，2009 年），但是，关于讨论人们如何感知它的书却极少，本书就是沿着这样一个另外的方向，把重点非常清楚地放在影响感知的因素上，而很少提及树篱或田地的布局或关于古代林地的生态历史或农田的变迁历史，当然，在这些领域里，尚需进行很多研究工作，但相关的优秀作品已与读者见面了（霍斯金斯，1955 年；拉克姆，1986 年）。

读者在读完本书第二部分时，或许可以得到一些如何对景观形成思路的启示，景观是什么，以及对于所有类型的人来说，景观意味什么。有一个基本知识，景观都是对人有深刻和重要影响的，以至于改动任何一个地方都会牵连到某些（某个）人。然而，景观从来不是静止的，因此，本书第三部分必须面向快速变化的世界的未来景观，为此，转回到《欧洲景观公约》。其中，所提到的对一些景观需要保护，对另一些景观需要进行经营，还有景观需要改善。实际上，大多数景观对于这三者当然都需要，如何只保护而不经营，这是一个实用的问题。但它形成一个有价值的结构，保护措施主要针对两种，一种是被各级政府和国际机构广泛使用的具有特殊特点的设计，或者是公约认为需要确保所有的景观一律被特别对待，尽管它们有所不同。因此需要考虑的问题是用其他方法对待和改善景观——特别是对于景观设计，改善的方法比较适用。其中，最关键的一点必须牢记，不应仅仅以景观的价值数量而看待和处理大多数景观（无论它们值多少数额）。就连英国国家公园也有其他重要作用，例如促进观光。景观不是博物馆式的人工制造物——景观可供居住、饮食并提供世界快速增长的人口所需的氧气，由此引发本书最后一章的内容，也就是在气候变化、食物及其他需要的发展过程中，关于景观的可持续性问题。我们是否能找到一种方法，在不仅充分保证人类人口的快速增长，而且充分保证动物和植物等其他物种的繁衍生存的同时，爱护未来的景观（用头脑、心灵和身体的健康来善待给我们带来这些益处的景观）？

　　如果某个时候，你在街道一边看到一辆白色货车，上面有 "Landscape"（景观）或 "Landscaping"（景观建设）的字，它可能是用于园林或用于绿化，这个词如何使用的问题不在本书中讨论，但它可以提醒人们，景观是人创造的。当我们在写作和阅读关于景观概念的书籍的时候，还有另外一些人正在外面种树和美化土地，这正是热爱未来的表现中有意义的一部分，他们中的一些人也深切关注未来的持续发展，并且清楚地认识到他们从事的工作对创造未来具有重要责任注释。[1]

　　在进一步阐述之前，需要稍微解释一下本书的三个要素。因为景观是非常费解的概念，包含很多元素，无法很确切地对应到已有的体系里，它们被看作是一个个离散的 "小节"，零散但并不是漫无规律的。我的思路的形成归功于诺尔曼·戴维斯所著的《欧洲历史》。这里有两种类型：一些小节是关于方法和资源的；而另外的一些，特别是在第二部分，有时很长，主要内容是探讨对例如石楠灌丛和村落这类特殊景观的感悟及其意义。

　　本书贯穿了一些练习，或许有些练习会使你感到惊奇。有些类似考试题，同时包括一些额外读物，这主要是为了引发读者形成思路以及把本书的内容与自己的经验特别是与自己熟悉的景观相互关联起来，以强调景观具有很深的情感属性，不能仅以抽象定义或大量书本知识去理解景观。景观与真实的地方和真实的时间、更重要的是与真实的人相关联。正如本书的例子和图片是与我非常熟悉的景观紧密结合一样，读者需要把它们转化成自己熟悉的那些例子。本书一开始就明确提到我住在英格兰西南部，书中的举例也很可能反映我旅行的经历，大多数是在欧洲。当然，本书的目的不是要给出关于全球景观的那些答案，而是要针对适合每一个景观的问题进行提问，对这些普遍问题，读者找出适合某个特定地方的那个特定答案。如果读者可以自己发现 "这个地方与我这里并不相像"，则本书的目的就达到了，读者或许正好找到了一个引发尝试的主题。

　　本书用的参考资料很少，或许一些读者对此感到奇怪，但这是有意为之，不过，也想在这里把所有参考资料集中起来，制定一个名单，包括每一位学习景观的学生应熟悉的最重要的作品。这不包括有局部重要性的作品；我认为不需要像当前对待学术作品的时髦方法那样，对照参考资料检查书中每一个句子，以证明书中写的内容是照猫画虎而没有新意。很多文章出自《景观研究》，它是以景观为主题的学术期刊，一直保持着最大的发行量，我曾为这个期刊做过编辑。遗憾的是，这里没有杜威目录数字可以帮助初学者，或许711可以是开始。但必须做好准备去查阅图书馆里每一个楼层的相关资料，包括神学、哲学、旅游以及纯科学。如果读者能读完列表里的所有参考资料以及自己另外找到的参考资料，则意味着在这个领域有了很充足和完好的阅读量，这时或许可以自己选择一个景观，花时间出去，亲身经历一下。

参考文献

Davies, N. (1996) *Europe: A History*, Oxford: Oxford University Press.

Hoskins, W.G. (1955) *The Making of the English Landscape*, Harmondsworth: Penguin.

Olwig, K. (2002) *Landscape, Nature and the Body Politic: From Britain's Renaissance to America's New World*, Madison: Wisconsin University Press.

Mercer, I. (2009) *Dartmoor*, Collins New Naturalist, London: HarperCollins.

Rackham, O. (1986) *The History of the Countryside: The Full Fascinating Story of Britain's Landscape*, London: J.M. Dent.

练习

到可以向外看的每一扇窗户那里，看看窗外，哪个是最好的景观？是否从窗户向外看却根本看不到任何景观？如果从你的角度和观点来看，这些景观中有哪些应该被保护？有哪些应该被管理和改善？打开每一扇窗，用耳朵听，用鼻子闻，因为景观不单纯是视觉上的。

开始制作一个清单，列出所有你平时从媒体上找到的景观的用途，把那些出现在电视上、印刷媒介上、计算机游戏中、文学作品中的真实的景观用途进行分类。

注释

1. 景观荟萃网的网址是：http://www.landscapejuicenetwork.com，这是一个有用的网站，点击它可以进入现实的景观世界，很特别的是，这里还包括各类精彩的博客。本领域学术界和实践者在沟通上仍有很大距离。

第一部分

什么是景观?

2 景观是文化

    景观这个词具有极为丰富且多样化的含义，因此，如何理解景观的最大难点就在于众多不同的人各有自己的概念，而这些概念的含义各式各样，所以，避免用某个词来定义景观就不足为奇了。欧盟和英国政府都在法定资料中试图用"环境"一词命名景观，其实"环境"的含义远远不同于景观的含义。因此，本书第一部分的全部内容都将竭力论证景观的概念在怎样的主导思路下，随着时间的变迁而趋向于2000年《欧洲景观公约》给出的定义。这个定义并不是不可争议，而是它的形成有一定的价值。在所有可能产生的错综复杂的思路中，我选择两种作为主导思路（以欧洲为背景），它们是：景观的人文概念，即景观含有大量的人文内容（大量的但不只是历史性的），这将在本章中论证；另一个是由视觉艺术和美学而引出的景观的图画概念，它与景观具有人文内涵的概念同样重要，这将在下一章论证。两个更深层的思路是把景观作为一种规模化运作以及作为风景来看待，这将在第3章提出，提出这些思路之前，将探讨所有这些思想如何成为影响欧洲对景观进行新定义的因素以及新定义中如何引入涵盖全球其他国家的语言和人文观念等错综复杂的情况。关于这些论证的目的是提出我的思路和观点，而我的这些思想来源于我曾经的一段经历，那时我开始对这个领域渐渐熟悉也因此而受影响：第一个是人文景观的概念，源自我在1960年代作为地理学科的学生时吸取的某些因素，另一个是美学景观概念，主要源自我之后多年在艺术学校的工作。自身的经历是理解景观含义的主导观念之源，这些理解通常有个性化色彩而非纯理性。由于在不同的人看来，景观的含义各不相同，所以，我不教给大家"景观"是什么，我仅仅想告诉人们关于我对景观的理解并且引发人们各自对景观的个性化理解。

    景观是人文的显现这一思想深深扎根在地理学学科里，这一学派在卡尔苏尔的倡导下，设立了芝加哥中心，在德国，这一思想也备受关注，例如，在德国的 kulturlandschaft。在苏尔看来，自然景观被一些文化团体赋予了人文内涵，从而成为时尚的人文景观。"文化"相当于"代理人"，自然景色相当于"媒质"，结果就形成人文景观（苏尔，1925 年）。当我在从事城镇形态学研究的冈瑟康琴的指导下游走在英格兰东北部大部分地方的时候，这一思想就深刻地扎根在我的头脑中了，在很大程度上，英格兰的集镇就恰恰体现出这种人文景观的思想。因此，我很容易接受的一个观点是，景观可以是城市的，尽管这一观点在其他地方仍是有关景观概念的争议问题之一。一个基本点是城镇规划——具体的意思是城镇布局，而这些地方的发展并没有依靠勘测规划——勘测规划是了解城镇（或村落、农村景观）历史演变过程的重要记载资料。这是追溯的过程，即回顾过去、考察现在，以进行历史的重现。当然，历史学家常常可以找到批准建筑一个城堡的文献资料，然后据此发现并指出城堡垛仍存在，但是，现在的历史地理学家、历史学家、考古学家首先是用这些城堡垛作为证据，或者说，他们更愿意以这种证据作为辩论原则，证明这个地方的确曾以某种方式存在过，而不是先去参考任何文献资料的记载。街道布局以及小区尺度和形状在文献资料中是非常重要的元素，正如根据小路和篱笆网来解读农村人文景观一样。因此，我们花费很多时间进行现场考察，寻找阿尼克的罗斯伯里的很小的 gunnels（1969 年康琴的著名论文里提到），赫尔姆斯利和其他一些人曾看到这些非常典型的集镇，虽然它们或许不曾有严谨的规划和地图，但却符合合理的城市形态构架的共性思路。尽管请教他人和翻阅文献资料通常是需要和必要的，但也应学习根据自己亲眼所见的事实去"阅读"了解城镇历史的发展。

对于阿尼克的斯泰德市场（图 2.1）的探查是探查这类（城市）景观的一个典型实例。市场的前身通常是一个几何形状的地形，环绕它的是一些拥有土地权的地主的院落，大约宽 10m，面对市场，后院很长，通常向后可到城墙，每一个院落的拥有者是有土地权的地主，通常他们是自由市镇人或城镇行政官员（议员）。无论小区是被分割还是被连接，它的布局仍保存下来。对市场地区范围内的逐步侵占有两种类型，一种是非正式的，在那里修建砖石，形成永久的状态，从而撤销市场的摊位，但没有任何周围地主的后院；另一种是来自市政方面的侵占，例如图 2.1 所示的谷米市场。

在英国郊外作这类研究的资深专家并不是地理学家，而是历史学家威廉姆·霍斯金斯，他的家乡在埃克塞特（英国英格兰西南部城市，德文郡首府），但他主要是在莱斯特市工作。使霍斯金斯感到很惊讶的是，他的一

图 2.1 阿尼克的斯泰德市场,有关这个地方的看法将被提升,并将把它视为有文化内涵的景观。

些历史学家同行们显然不愿意吃苦,不愿意亲自走出去看看实际的景观或用实际景观作实证。他也热衷于参考文献资料中的记录,但阅读地理方面的资料和走出去亲自考察同样都是他的强烈嗜好。他写给大众读者的作品《英国景观的形成》(1955 年)也是教学课本。在写这部作品之前,霍斯金斯写了一系列介绍他热爱的德文郡的书。在这部作品之后,出现了一系列关于郊县的书,例如哈文登 1981 年写的萨默赛特(卷)。历史地理学家以及后来的考古学家非常热衷并认可这类著作,这也是"景观研究学会"发表文章的基础类型。[1]亲自考察当地的实际情况,不仅对学生做论文,而且对当地历史研究机构来说,都是非常需要和必要的,因此,用"景观"这个词常会激发有历史意识的人的历史人文观念,英国的官员具有这种观念。而有这种观念的人倾向于保护处于危险状态的历史人造景物,他们认为,为未来设计新的景观显然既不是最先进的思想,也往往并不受欢迎,只是为了设计新的东西而设计。

　　类似观点的学派在欧洲大陆也有很长的历史,最著名的是以保罗维达尔·德·拉·白兰士·为代表的在法国的地理学学派,持有的观点是 genre de vie（流派的争夺），他们认为，一个特定地区的生活方式反映出经济、社会、意识和心理认同，这些都印刻在景观中。这是有关集中论述法国内部区域的地区地理学，显示了环境和文化的结合程度。这些被称为"pays"，例如，法国沙尔特附近被小麦覆盖的波斯地区；法国索洛涅地区的湖区和法国奥尔良南部的沼泽地；或兰德斯地区，曾以高跷牧羊而著名的波尔多南部沙丘（德·拉·白兰士，1903 年）。景观在法语里是 paysage，它紧密连接了pays 和 paysan 或 peasant 两个词，pays 的意思是这一类型的单纯的同质的地理区域，paysan 的意思是农民，尽管法国农民的传统不是从事农场农事，而是小规模的家庭农事，但这个英语词并不带任何贬义色彩。尽管英国对自然地域和历史景观的建树晚于德·拉·白兰士，但两者的见解却有惊人的相似之处：在地理学的基础上，把国家地图描绘细分为一些很小的区域，同时证明每个区域与文化紧密融合，尽管这在很大程度上受限于土地使用制度和它的建筑，而并不是它极少具有的无形的方面。这种景观评价类型在欧洲广泛传播，鼓励例如 Ecovast（"欧洲乡村和小城镇理事会"）倡导的由当地人在类似的基础上绘制其附近的景观特色地区。[2]《公约》大力提倡这项工作，以符合其研究和绘制景观的要求。在这种类型的景观研究中，主要使用的是航拍照片，从计划在空中看到景观的航拍照片中，发现这些人文景观中特有的文化历史印记。

在这种人文景观研究方法的基本要素（局限因素）中，有一个要素（局限因素）就是仅聚焦在农村景观（康琴是一个例外）和以农业作为典型的景观活动方面，这不仅忽视了城乡，特别是郊区，而且也忽视了未开发地区和海域。因此，特别是像斯堪的纳维亚这样的地方，"人文景观"的含义就变成了"在国家里有人居住的地区"。

在讲述下面的内容之前，需要先用一些时间想想"文化"的含义，"文化"一词承载着纷繁各异的派系的定义，以至于对它的讨论通常因陷入理解的误区而无法进行下去。有很多学者试图解开"文化"这个被普遍使用的词义之中的困惑，其中，瑞蒙德·威廉斯（1958 年）是最著名的一位。或许"文化"甚至比"自然的"一词更复杂，拉森的文章（1992 年）对阐述这个问题有帮助。它的起源似乎是希望区别人类与动物的行为——除了我们一直就知道动物比我们想象的更聪明并且具备使用工具和语言等所有的文化特点以外，文化只是人类特有的，这是它的一个特殊含义。在人类的行为中显示动物属性的方面，比如吃，也被我们变为文化的重要元素。围绕"文化是自然的吗？"或者"自然的是文化的吗？"这类主题的讨论或许会引

起哲学家的兴趣,但对我们这里所关注的景观问题的研究却没有多大用处,
在其所有丰富的感知中进行如此抽象的讨论,对于理解和认识景观的含义
并没有太多益处,而那些实用的思想才是最有价值的。因此,本着实用主
义精神,简短地总结文化的含义,用德国人类学家维尔纳·克劳斯的思想
(2003年)来说,归结为"人类学"和"艺术层面"的含义,前者包括人
类的一切行为,不仅包括诸如呼吸这样的身体本能,而且当然应该包括以
目的为核心的诸如农业、造林学和园艺等,同时也包括科学和工程等,而
一种文化与另一种文化的区别在于活动方式的不同,比如农耕的方式、人
们穿戴衣物的方式、管理的方式、语言的方式、宗教实践活动的方式,以
及如何保护自然界的方式。文化的"艺术层面"的意思是文化与艺术的替
代性,常常被褒义为"高级文化"。英国的文化部门、媒体部门和体育部门
都不包括科学和农业,从名称上可以看出,文化应与媒体和体育分开。因此,
"文化产业"的意思不包括那些直接改变景观的大多数产业。[3] 只有像英国
这样的国家,其语言被作为世界经济中最主要的社交语言,在这种情况下,
才可以假定文化的概念里不包含语言要素,尽管语言是文化的重要核心要
素(宗教亦同)。这种包含"艺术层面的"文化概念正处在发展的过程中,
而且人类学文化的许多方面或许已经被加入进来,最明显的是艺术品。我
们应追溯到高等文化与大众文化的关系上。

　　本书中常用的"人文景观"这个术语所表达的第一个意义是,它的外
观主要取决于人类的行动,因此它包括大多数农场以及欧洲的所有的实际
土地;而第二个意义是,它会被局限成为"被设计的景观"——那些被特
别设计的、作为表达一种艺术形式的景观,或许是为一些文化活动而准备
的,在这个意义上,一幅画或一张摄影常常是能够被作为一个景观而讨论的。
总之,它的定义在很大程度上依赖于一个人的文化包袱,如同1990年代的
一个事件所说明的一样,在布卢瓦召开的会议为之后演变成欧洲景观公约
奠定了基础,在布卢瓦会议[4]的第一个规划中,英国代表和法国代表围绕
什么是"被设计的景观"进行讨论,英国方面的观点更宽泛,法国方面对
此定义的范围则较窄,最终以美国代表大卫·洛文塔尔的观点结束了辩论,
目前只有美国认为,在外界看来,整个欧洲是一个花园。

　　本书中用到的"人文景观",除了特殊明确另有说明以外,都表示人类
学景观的含义,因此它包括通过人们的行为而显著改变的所有的地方,这
是约翰·迪克逊·亨特(2000年)描述的"第二个性质"。现在我们开始理
解了,在美洲、澳大利亚和非洲,经过了几个世纪,那里的人们对景观的

改变是非常大的，而那里保留下来的不属于人文景观的景观非常少。我之所以使用"被设计的景观"这一词语，是合理地假设在制造景观的过程中，美学是重要方面之一，这是亨特所描述的"第三个性质"——所以，尽管农场、森林或沼泽地肯定属于人文景观，但这一词语不是一般性地包括这些，也还包括所有的花园和公园、城市空间和很多道路和公路。

1970年代，地理学界的关注重点向更趋于量化的方向转变，而淡化描述，特别是在区域地理方面的淡化，由于人们受健康、安全和风险评定的困扰不断增长，在实验室里研究变得比亲临现场考察更重要，因此盛行官僚化的现场工作，越来越难以保证适应多专业在同一个时间表里的时间要求。描述型地理学无法说明因果关系且缺乏精确度，促使地理学研究向量化方向转变，其结果是，无论在规划方面抑或在视图中，都大大摒弃了公认的景观地理的景观模式类型，而考古学家和历史学家维持了一些工作，其中大部分可在《景观历史》期刊或在有关当地问题的乡村期刊等大量资料中查证有关信息。其中一个典型且精彩的范例是，在全国范围内发现中世纪的荒凉村落的 DMV 研究，其实它不仅是中世纪的。在这项工作中，航拍照片起了关键作用，第二次世界大战刚刚结束，英国皇家空军喷火机全面仔细勘察整个英国地貌，运用裁切标记和阴影标记，标记从未料到的土方工程的存在迹象（利雅萨，1973 年）。从实际情况看，航拍摄影和亲临现场是确认这个景观形态的方式。最早在 18 世纪后期，人们对飞上天空的气球感到新鲜和惊奇，而很多新奇事物的谜底其实就藏在我们所在的地球上，之后已逐渐被解开。随着高效摄影技术的发展，包括需要时可用平行线条技术，在三维世界里展示景观，使业余爱好者和专业人员都可以仔细反复查看景观面貌，一些费解的特征可以通过实地现场勘察，甚至通过挖掘工作去探究真相。在光照很低的情况下的拍摄能够突出显示特征，在其他方面，可用裁切标记或土壤标记，显示影响农作物或土壤颜色的表层下面的特征。这种探查是过去最常见的类型，但现在则不然。

以上类似的工作也运用于田地勘察模式，当时，历史地理学已开始熟练辨认不同类型的田地和以前开放式农耕的迹象。在英国的景观历史上，有两段有界定意义的时期，其中之一是围场运动时期，那时，广大的公众共享空间变为个人私有化的田地，例如，在莱斯特这样的一些村县，掀起了后围场浪潮，即山楂树树篱包围着同等大小和形状整齐的田地；同时，其他一些地方，如德文郡，主要是早期的封闭式、不规则的小块地，四周常常围绕着很大的各类品种的老树篱（图 2.2）。这个时期比较老旧的定义模

图 2.2 托灵顿，曾经为麻风病人预备的一些长条形场地，侥幸存留至今。

式是盎格鲁·撒克逊乡镇，它看上去就像一个大白板，几乎看不出先前留下的印迹。引人关注的是，发现盎格鲁·撒克逊土地边界，通常是一条小道，深深地卧在两个巨大的树篱畔当中，那里的土壤被堆向一边，以建立边界，并以其中的空间作为一条轨迹或"凹陷的路"。很显然，前诺曼曾是受青睐的景观，很多人认为英国大部分农村景观是盎格鲁·撒克逊的形成类型。自从霍斯金斯年代以后，我们开始辨认多少罗马·凯尔特景观还依然存在。有关景观的记载开始变成越来越多连续不断的故事，可查的记录中并没有很多有所突破的内容。通常出现一些新发现，通过运用近期的考古技术揭示人们以前不知道的地方，但以当今的景观来看，没有多大的视觉意义。但偶尔也有一些关于景观布局的新发现，以前并没有注意到，例如在我所在的这个地方，被安德鲁·弗莱明发现的达特穆尔的"reaves"——长长的、平行的一组和一组的有边界的田地，延伸数英里，穿过现在开阔的高沼地，可追溯到青铜时代，在更明显的大陆气候中存在的荒原（弗莱明，1988 年）。同时，在苏格兰，在"高地间隙"之前，人们就对景观产生了浓厚的兴趣。

除了航拍照片以外，其他一些主要凭据是地图和地名，学生们被安排制作地图，显示在一个特定的乡镇里，都是以 ing、ings、ington 或 ingham、ton、ham 和 wick 结尾的地名的分布。"英国地名学会"出版了

图2.3 瑞典的斯康尼，一个被还原到1800年时期的典型农场景观。

大量关于每个乡镇的资料，包括了详细的历史学研究资料和地名分析，以帮助解读现在景观的格局和特征。[5]一条小路或一块田地的名字的本身往往就是很好的凭据，以证明曾经存在而现今已不见其形的特征，这与航拍照片的方法相似。

在有关文化景观的各种学术观点中，有另外一个明显的分歧，即历史学家和考古学家基本上都喜欢用景观作为一种当代的资料以显示过去的情况，而地理学更倾向于把景观作为历史的资料以显示我们是如何走到现在的。在用古代景观留下的可见凭据解说当今景观面貌，以及常常通过描写的方式而非实际还原的方式进行重现过去景观的各种任务之间，存在很大差异。在瑞典南部，大学里的专家们花费了相当大的努力，目的是将一块农场还原到公元1800年的景观的环境，特别小心翼翼地还原那些种类的绿篱植物、农作物和草丛，最大的问题是没有想到将牛羊反向饲养以还原成为当时年代的牛羊——一个缓慢且艰难的过程。于是，一块田地被重造还原以后，如图2.3所示，公元1800年的田地上，放牧着那时不可能存在的这种牛。目前在很多国家里，像这样实施再现历史的项目很普通，尽管在很大程度上，通常的焦点放在建设环境而非场地实况本身。

显然，重点强调的是过去以及幸存的实物证据方面，因此，在英国，"文化景观"这个费解的词常常变为"历史景观",似乎两者互为替代,这种现象因上述原因就不足为奇了。另外不足为奇的是,研究文化景观的大量工作已从地理学转移到考古学,不仅因为文化景观成为世界遗产公约中的遗产类型之一,而且其政府顾问机构变成"英国遗产机构",并已很好地配备了考古学家作为该机构的工作人员。同时,地理学已脱离景观学,随着考古学,更少专注史前的情况,将其重点转移到中世纪甚至更多的是现代时期,因此,对第二次世界大战后的遗址的考古学研究在当今几乎非常普遍。

　　但是,生态学家也从事某些相似类型的工作。尽管这些工作几乎不能算是"文化的"特征,但它当然算是"历史的"范畴,很多方法类似于霍斯金斯传统,即仔细考察植被覆盖情况和从当前的情况推想和判断生态历史;尽管也使用花粉分析、树木年轮等类似的技术,用这些技术与第四纪地质学贯穿连接,但它可以构建一个自上个冰川时代以来的英伦三岛的动物和植物的故事,并贯穿人类存在的时期。在这方面,H·J·弗勒是一位有影响力的作者(1951年),他的著作收录在重要的"新自然科学家"系列中。但表明这一领域的研究情况的最好的作品出自奥尔弗·拉克汉姆,以及他对英国的植物覆盖的历史的发展,尤其针对林地的研究成果。现在,人们已经熟知古代林地的位置,而关于它的研究是在21世纪内,研究还包括在高沼地和湿地区域植物和人类活动的关系(拉克汉姆,1986年)。事实上,环保领域有很多非政府机构(NGO),最成功的机构是"林地(伍德兰德)信托机构",它的核心工作一直是保护古代的林地。[6] 图2.4是在达特穆尔Black Tor Beare 的 Okement 河岸拍照的,它是远古林地中很小的一块一块的地方之一,还有生长得矮小且扭曲的橡树(Quercus robur)——但这里的地面和覆盖的草本植物已经被放牧的动物——主要是被羊毁掉了。

　　1990年代,地理学又回到景观学的研究领域,这是由于量化革命的局限性变得很明显的缘故,例如,在1970年代里,企图用数字系统定义景观质量,而其局限性的例子还不止这一个。做规划的官员热衷于把景观质量纳入他们决策新发展时实施的一连串的技术评价里,而结论性的方案却很难载入法律和政策方针中,这是因为景观质量是仁者见仁、智者见智的,如同"情人眼里出西施",这个困难成为规划未来景观时,考虑综合景观因素的最大障碍。地理学使用其对应的一整套各类技术,通常包括以基于方格的方式查看领域版图,并计算每一个方格中的因素,这些因素包括改进景观的因素和不利于景观质量的因素,也许我们只知道那些是什么!甚至以厌恶20世纪以后的几乎所有事物而闻名的 W·G·霍斯金斯,在康沃尔

电视节目的最后，特别提出利扎德半岛的世界最大的卫星地面站（Goonhilly Down）上的通信卫星是一项改进。因此，不应该采用计数的概念，比如，数数每棵成熟的树，然后记录为 +1，数数每个铁塔，然后记录为 −2。然而，若干年来，有些学术界和许多规划者提炼并使用这样的技术，以表明获得任何一个答案只能依靠他们的能力，并不认为这是荒唐或脱离日常经验，却以这种方式向很多人揭示"景观"的意义。

图 2.4　达特穆尔的 Black Tor Beare，它是被一直保护下来的一片远古林地。

　　这个新的"文化倾向"使景观的主体含义充满了坚固的文化思想，在这个方面的主要代表是丹尼斯·科斯格罗夫和斯蒂芬·丹尼尔斯。这类地理学研究以及更早期的研究组的基本观点是，景观应该被看作是一个文化现象，很大程度上是由于人为因素而制造的，可以用于作为文化迹象的证明。这个观点与传统观点不一样的地方是，传统观点认为景观是历史延续中的迹象证明，而前者的观点是，把景观作为一种迹象的证明来分析的时候，更多的是在于看到制造景观的背后所包含的动机。推测景观的制造是含有一系列动机的这种思想，取代了认为景观是单纯反映一种经济状况的想法。特别是大多数情况下，制造景观的动机里包含国家或民族的元素以及那些展示财富和权力的欲望。正像历史学家开始研究历史一样，历史学家查看历史文献，更多的是透过文字去研究内含的思想和意义，以它们作为历史的考证，而并不是只停留在获知文献表面所表达的事物上，对景观的研究也本着同样的理念。这一类工作仍然是理论程度很高，将一整套理论运用到不断增长的一大批景观场所和景观类型中。这样的做法非常容易与传统的大学专业相互交集，但有时并不能与我们在目前的实际景观中的体验相关联。几乎在同一时期，出现了"新艺术历史"（哈里斯，2001 年），它用类似的方式看待绘画，也包括对景观的绘画。这两种类型的传统都源自文学界，约翰·巴雷尔是一位文学家，他的著作《景观之黑暗的一面》是典型的艺术性很高的作品。不足为奇的是，无论是描绘图画，还是在地面上制造景观，都有背后利己的动机，这是它们一致的规律性，而动机常常是为了巩固某个霸权集团的权力结构，或者也许是来自下层的人们，其目的是为了挑战权力结构。

这个传统类型的特点是有较多的办公室工作，大量的研究工作都是在博物馆、图书馆、档案馆和艺术画廊里进行的，组织到景观现场会有越来越多的困难，而需要在办公室里做的工作也同样很多，现场看到的大多数凭证，之后都要在办公室进行收集和整理才能得以使用。其中使用的一种主要方法是内容分析，也就是，在所有人提出的关于是否要改变目前的景观的意见中，把支持者的意见和反对者的意见分别进行文字和图像的解构和拆分分析，因此，这些意见背后的目的和没有表达出来的那些倾向就显现出来了，隐藏的目的被无情地暴露，这些目的通常是非常自私自利的。

或许，在这一领域，最简练的论文是科斯格罗夫（1993 年）关于帕拉第奥风格的景观的文章，展示了农村威尼托和陆地（这里用的短语 terra firma 是准确的，因为这里曾是一块湿地，运河和道路都是新修建的），它是帕拉第奥设计的，其中有一个是为有权势的威尼托家族而设计的景观，以显示其权力和统治财产和统治州的力量。这里的景观，除了很显然是在城市里的景观以外，还有本土（大陆）景观，它是一个活动的场所，不仅是包括形形色色、神气活现的每一个和有趣的群体的一个空间，而且实际上，它是那些有权力和有钱、有势的人为某种目的而设计的。图 2.5 展示的是所有这些舞台（广场）里最重要的圣马可广场，它本身作为展示意大利海军纪念仪式的一个平台。城市或农村景观是一个户外舞台，尽管可以肯定的是，对它的研究包括了真正的荒郊野外、人类无法触及的东西以及超越景观研究范畴以外的所有的东西，然而，很显然，在欧洲几乎没有野

外的特点——这种情况的确存在，人类允许这样——这是少数的特例，而这些丝毫不影响说明一点，即景观具有文化性的观点与任何保护自然和生物多样性这类概念相距甚远。科斯格罗夫和丹尼尔斯共同研究并把他们的思想应用到图形图像上，他们的研究与艺术历史学家的研究密切联系和结合，关于这些现代文化地理学的观点最完整的论述在科斯格罗夫的《社会形成和有象征意义的景观》（1984年）这部著作里，它的题目清楚完整地强调了其论点的基本要旨——景观是象征社会发展的标志，当然，还有各类社会群体之间的相互争斗。

　　或许在这个发展过程中有两个作为基础的理论观点，第一个理论基础观点是法国社会学家皮埃尔·布迪厄运用经济领域中的"资本"概念，进而提出了与之并行的"文化资本"的概念（布迪厄，1984年）。如同个人或群体获得财务资本一样，人们发现，获得"文化资本"也是有利的，文化资本虽并非有形资产，但其价值和效力与财务资本等同，而这来自于文化本身。这非常类似于近期关注的"软实力"这个概念。获得大学的学位是文化资本，这或许有利于一个人以此去获取财产资本。同时，土地的拥有权主要是与经济资本有关，景观的拥有权，正如连同它所包含的很多其

图 2.5　威尼斯的圣马可广场，圣马可广场的表演场地用来进行仪式活动。

他文化元素一样，是一种文化资本。在生活中，好东西总是被有财富的人寻找和购买，而其他人或许试图改换文化价值标准，以此将文化价值这种无形资本转换成财富，以使他们也可以买得起好东西。因此，在景观学的观点中，好的房子被富人拥有，同时也获得了其中的文化资本。有一些追求名利的人会定居在农村的茅草屋，或在法国安置第二处居所，这也属于重要的文化资本，但也许接下来他们会希望，眼下就有一些富裕的人要买很多茅草屋和第二处居所，而他们的也会被买走，因此引发新一轮的文化资本运营的买卖。

　　在地理学领域的文化倾向中，第二个作为基础的理论观点是占主导思想的观点，它与卡尔·马克思的关联很大，之后成为组成法国哲学家贾克斯利达的解构学理论的精华部分。这个观点大大发展了文化资本的概念，对社会的主导阶层和从属群体的整体情况以及人们对含有文化意义的事物所产生的渴望和争夺情况进行调查。这些渴望和争夺的表现是对景观的控制权、拥有权，而另一个毋庸置疑的关键问题甚至更明显，即如何理解现在的景观和未来决定是否作为景观的大多数地方的准入问题。有一个明显的例子，它使一些人不能进入英国国家公园，英国国家公园虽然鼓励人们进入，但其实在很大程度上是特为有教育背景的中年群体的，不一定是为年轻人的，但不包括白种人。这体现在，在一定程度上，在公园的准入条件里有禁止在公园内的一些活动，而这些活动可能是某些人喜欢的，比如骑摩托车；但主导群体（政府）也因此几乎想尽了办法，试图扩大准入条件，以使更多的人进入公园，而现行的准入条件仍仅限于目前允许的那些活动范围，并不允许人们进行自己更喜欢的活动。这方面的研究组特别针对从属（弱势）群体所在的景观区域进行调查研究，如"克劳奇和沃德的分配地的研究"（1997 年），如图 2.6 所示。但当大学的学术人员（他们不缺乏文化资本）有兴趣研究这个课题的时候，就会出现一个不可避免的问题，因为他们不可避免地被卷入对主导权本身的争夺中。近期掀起了对分配地的申请热潮，在某种程度上是由于一些可视媒体把学术界从事此类课题的研究成果及其关联的这些地方作为迷人的景观宣传出来，并宣传或许可以把社会当作有趣的研究对象。这些宣传导致了对分配地的申请热潮。如果要求学术界公开发布研究出来的每一个发现，就非常容易损坏很多地方和一些活动的隐私性，与当地社区相关联的隐私也将暴露。

　　如果一个国家具有一种历久的传统思想，认为景观产生于 18 世纪的贵族和属于他们自己的"风景花园"（被设计和围护起来、像描绘景观的油画里的那种绿地公园），那么这个国家很容易形成"景观是权势的展示"这一

观点, 很显然, 这一观点也就是来自这样的国家。这些公园在很大程度上受到一些艺术运动的影响,丹尼尔斯(1993 年)对这种关联性作了大量研究,结果是, 在一个类似的时期, 文化地理学的发展与艺术历史的发展之间具有一致性。那些与绘画有密切关联的作者们书写了以前的艺术历史, 集中表现了伟大的艺术家们的创作典范。这一类型的研究有时被称为鉴赏研究,关于艺术历史的研究工作不可能脱离艺术家的名字——如果艺术家没有精神病和性生活方面的特点的话, 则常常把大部分的重点放在艺术家的生活和风格以及艺术技巧这些方面。在这门课程里最常见的测试是"幻灯片测试", 根据幻灯片所示的图画和有关内容, 学生们回答出艺术家的名字, 或至少回答出它们的艺术学派,并阐述有关艺术家的艺术技巧的问题。这个类型的艺术历史学也扩展到设计和建筑历史学,因此, 对一座建筑最重要的了解是有关这个建筑的建筑师的名字和建筑风格。在建筑学发展的历史上, 连续涌现出很多伟大的建筑学家, 他们的创作为推动建筑学不断进步作出了贡献, 他们的贡献如同点燃前进航程的奥运火炬, 一一传递和延展。但也应注意的是, 在传递推动建筑学历史进步历程的行列之外, 也存在"个别的怪人", 高迪或许是一个好的例子。这种历史发展观(历史的发展是进

图 2.6 农村(所有权)分配地。近来, 农村(所有权)分配地(景观)文化很时兴, 一是它伴随着本土特色景观, 另外是近来出现了对有机食物感兴趣的流行趋势。

步的这一观点已被正式载入史册）也已被应用到公园和花园的历史中，它是"花园历史学会"[7]这类机构成立的基础。以这种观点来看，英国的景观历史或许是一系列著名人物，例如：威廉·肯特、凯帕比利提·布朗、汉弗莱·雷普顿、约翰·劳登、葛楚德·杰基尔等。甚至直到现在，如果查找《国家名册》中的任何一个公园，最重要的线索就是找到与它的设计相关的杰出建筑学家的名字。对于景观历史的这一观点，当然不涉及农业活动或沼泽地管理方面——甚至也不涉及这个国家里 90% 的公园、分配地、街景——尽管它可能与一些公共的园地有关联，主要是因为一个专业景观设计师很可能掌握了所有这些方面。"新"艺术历史以一个非常不同的角度分析一个画面，即分析一个被设计的景观，并且重点是把它放在当时的背景里，特别是结合它的买卖者的境况。因此，一幅绘画可以展现出它被制作和被购买时的社会状况和文化状况。艺术历史的两个学派是有差别的，这与本书前两章所表述的有关景观观点的情况非常相似，在本章中所表述的文化景观的传统观点相当于"新艺术历史"的思想。

　　然而，霍斯金斯关于文化景观的研究与更近期的文化地理学的研究之间存在较大差别。霍斯金斯等一些专家认为，景观本身就是一个可以说明当时历史状况的文献，而后来，景观被用于明辨其形成时期的背景，即通过景观的存在，用论证的方法分析当时制造它的目的和相关的一些信息，在这种情况下，可以通过景观反映出来的信息，运用反向推论而得出结果。对于所有的文献资料，包括有关景观的以及景观图片的，都应通过质疑和解答的反问方法解释它们的存在，不应只看它的表面价值而得出结论。或许可以引用1960 年代最著名的由曼迪·赖斯·戴维斯调查普罗富莫丑闻的案件来说明这一点，当那些所谓有染不正当性关系的人否认此事件的时候，赖斯·戴维斯用这样的话反问："他们会这样说的，为什么不会呢？"——对于现存文献资料记录的内容进行考究，这样的反问是很关键的。我们必须了解，每一个景观以及景观图片的作者来自哪里以及作者的语言和家乡的背景。还必须知道，如同政治家公演说辞的实质是为了谋取名利而要花样一样，景观和图片的背后也有目的，不会没有立场，当然，没有景观完全是为了公益而建。认为景观都是蓄意为了私利而建造的这一观点，会使那些景观设计者们很为难，因为如果他们想建造任何新的景观，就会被指责为其目的纯粹是为了建立他们自己的权势或为了扩大他们利益群体的权势。

　　在以人文要素为主的景观概念的学派里，还有一个小派系，或许可以称之为"遗产学派"，其中最著名的作者是洛文塔尔和奥尔维格，都是在欧洲

生活的美国人，这本身就使洛文塔尔和奥尔维格与以上提到的那些仍深陷于
其国家社会结构问题的理论文化地理学家有所差别。这方面的工作大部分来
自地理学，也有一部分属于人类学和考古学，它的目的是依据收集的数据而
建立理论结构，而不是把理论结构运用到特定的情况或景观中。收集的数据
并不是在研究人文景观中使用的固有方法，那些固有方法的依据是对景观的
人为设想，而不是景观本身的情况，虽然有航拍照片或文字和图片，但主要
使用的不是航拍照片或对文字和图片的内容进行分析，而是用一整套技术、
带着个人偏好、掺杂景观游览者的个人倾向去发现一些景观。洛文塔尔具有
纪念意义的巨著《往事犹若异乡》（1985 年）中有很多涉及景观的内容（很
长时间以来是他的最爱），甚至其中有关景观方面的内容多于其名字让人联
想到的所谓往事的内容。奥尔维格留给我们的著作是《景观、自然界和政体》
（2002 年），其中研究了景观思想的发展过程。我的前期工作虽然也涉及景
观图片，但还包括个人偏好的历史（霍华德，1991 年）。其他还有一些作品，
例如，J·B·杰克逊的《发现本土景观》（1986 年），在某种程度上反映了社
会的下层民众喜爱自己的家乡景观和建设它们（或许杰克逊并不喜欢其中所
使用的语言），例如，类似于英格兰乡下的分配地及其所有者那一类的群体
和景观。作为当地团体和生态保护团体的参与者和观察者，沃纳·克劳斯的
工作越来越含有个人偏好的成分；同时，卡洛琳·哈里森和雅基·伯吉斯（2007
年）也在英格兰的东部从事类似的工作。或许正如料想的那样，在现实中，
人们不会根据单一的某些理论模型而看待景观，事实上，人们对景观的看法
常常是含混的。人们常常能够看到一个论据的各个方面，或许可能改变自己
原有的观点。在克劳斯描述的不同方式中，镇长向专家解释村民的观点，然后，
向村民解释专家的观点，正是这方面的一个很好的说明（克劳斯，2003 年）。

在地理和历史学术界里有一种观点，把景观看作是具有真凭实据的文
化宝库，这种观点已成为在使用文字之后的主流模式，不仅像"英国遗产
机构"这样的有政府背景的机构支持这一观点，而且，全国各地成千上万
的历史界学术机构和类似的机构成员都支持这一观点。在非常类似的观点
中，虽然约翰·贝杰曼的偏于建筑倾向的广播节目更为流行，但霍斯金斯
的著作《英国景观的形成》也极受欢迎，他的电视系列节目也是如此。这
种看待景观的观点来源于根深蒂固的怀旧情结，认为未来在对待景观方面，
应主要基于对过去的景观进行管理的需要，包括工业古迹，因为，对于景
观的关注不仅局限于农村和乡镇以及田园风景。对于依靠未来建造新景观
而谋生的建筑师来说，有时很难理解和认同以上观点，这不足为奇。

参考文献

Barrell, J. (1980) *The Dark Side of the Landscape: The Rural Poor in English Painting 1730–1840*, Cambridge: Cambridge University Press.

Blache, Vidal de la (1903) *Tableau de la Géographie de la France*, Paris: Hachette.

Blache, Vidal de la and E. de Martonne (1926) *Principles of Human Geography*, London: Constable.

Bourdieu, P. (1984) *Distinction: A Social Critique of the Judgment of Taste*, trans. Richard Nice, Cambridge, MA: Harvard University Press.

Conzen, M.R.G. (1969) *Alnwick, Northumberland: A Study in Town-Plan Analysis*, London: Institute of British Geographers.

Cosgrove, D. (1984) *Social Formation and Symbolic Landscape*, London: Croom Helm.

Cosgrove, D. (1993) *The Palladian Landscape*, University Park: Pennsylvania State University Press.

Cosgrove, D. and S. Daniels (eds) (1988) *The Iconography of Landscape*, Cambridge: Cambridge University Press.

Crouch, D. and C. Ward (1997) *The Allotment: Its Landscape and Culture*, Nottingham: Five Leaves.

Daniels, S. (1993) *Fields of Vision: Landscape Imagery and National Identity in England and the United States*, Cambridge: Polity Press.

Deuel, L. (1973) *Flights into Yesterday: The Story of Aerial Archaeology*, Harmondsworth: Penguin.

Fleming, A. (1988) *The Dartmoor Reaves: Investigating Prehistoric Land Divisions*, London: Batsford.

Fleure, H.J. (1951) *A Natural History of Man in Britain*, London: Collins.

Harris, J. (2001) *The New Art History: A Critical Introduction*, London: Routledge.

Harrison, C. and J. Burgess (2007) 'Engaging Publics in Environmental Planning: Reflections on Geographical Research in a Period of Policy Flux', in H. Clout (ed.) *Contemporary Rural Geographies: Land, Property and Resources in Britain: Essays in Honour of Richard Munton*, London: Routledge, pp. 129–48.

Havinden, M. (1981) *The Somerset Landscape*, London: Hodder and Stoughton.

Hoskins, W.G. (1955) *The Making of the English Landscape*, Harmondsworth: Penguin.

Howard, P. (1991) *Landscapes: The Artists' Vision*, London: Routledge.

Hunt, J.D. (2000) *Greater Perfections: The Practice of Garden Theory*, Philadelphia: University of Pennsylvania Press.

Jackson, J.B. (1986) *Discovering the Vernacular Landscape*, New Haven: Yale University Press.

Krauss, W. (2003) 'The Culture of Nature: Protected Landscapes as Sites of Conflict', in B. Benzing and B. Herrmann (eds), *Exploitation and Overexploitation in Societies Past and Present*, Münster/London: Lit, pp. 339–46.

Larsen, S.E. (1992) 'Is nature really natural?' *Landscape Research*, 17/3, pp. 116–22.

Lowenthal, D. (1985) *The Past is a Foreign Country*, Cambridge: Cambridge University Press.

Mills, A.D. (1991) *Dictionary of English Place-Names*, Oxford: Oxford University Press.

Olwig, K.R. (2002) *Landscape, Nature and the Body Politic: From Britain's Renaissance to America's New World*, Madison: Wisconsin University Press.

Rackham, O. (1986) *The History of the Countryside: The Full Fascinating Story of Britain's Landscape*, London: Dent.

Sauer, C. (1925) *The Morphology of Landscape*, Berkeley: University of California Publications in Geography, no. 22, pp. 19–53.

Williams, R. (1958) *Culture and Society*, London: Chatto & Windus. Also see his *The Country and the City* (London: Chatto & Windus, 1973) and his *Keywords*, Fontana Communications Series (London: Collins, 1976).

练习

针对本章内容，设计了三个练习活动，目的是帮助读者运用在本章里学到的思路。

1. 教区调查

首先是对一个特定的教区（这是英格兰最小的政府单位）进行一个调查。虽然教会教区的边界比较古老，但读者需要选择一个民用教区的边界作练习，也可以选用自己居住的农村教区，或选用一个自己喜欢入访的地方。在1：25000 比例的地图上或在谷歌网站的航拍照片上，勾画出教区的轮廓。阅读当地地区或乡镇的景观历史（或许在"乡镇景观的形成"系列介绍里），查找这些地方的地名，查看场地的边界和道路。如能找到较古老的地图，有助于查到那些已经废除了的场地边界。通常，很好的思路是平等对待那些道路，追溯它们的踪迹，也许步行的小道形成了现在的一条公路干线和另一条路，很可能这个变化就发生在近期，这就是一个最近时期的历史事件。在现代地图上，或许可以发现由一些通信渠道形成的一个沟通网络，这非常有利于教区与所有的区域之间的沟通。写一篇论文，尝试去解读那些区域边界的版图情况及其通信和沟通渠道的情况——必须走出去，亲临现场查看，从而描绘那里的真实情况，比如它们的老旧程度，到底是树篱还是墙壁？

2. 内容分析

这个练习要达到的目的是探究建造景物的动机，无论是过去，还是现在，它的形成背后都有动机。理想做法是，找一个知名度高的、有争议的地方作为研究对象，例如，针对一个申请被保护的景观地区的主要计划和设计方案。关键在于查看所有相关资料，包括那些散布在咖啡馆里的图片册(宣传画报彩页)，以及当地咨询委员会的相关会议纪要，当然，还包括印刷媒体，从信息中挖掘出通常隐藏在官方立场和态度背后的那些不可告人的倾向和目的。特别是要寻找假定推论——"我们都同意，这个独一无二的地方是需要保护的"，假定是，那么反问一下，我们是不是真的能同意呢？在图片的情况下，这个练习或许是一个全新的练习，比较生疏，可以参考"概要内容"里的一些建议（见"拓展阅读 1   认知图画"相关内容）。或许可以发现，站在过去的角度去看待一个问题更为简单一些，而对于现代的视角而言，有时假定推论更为明显，而且，相关资料也比较容易从当地的图书馆和一些档案中获得。

3. 与人们交谈

寻找一个关于景观的问题，与人们交谈。最好避免那些重要的、已经被公开宣传的争议问题（例如，在一个景观区域中修建一条旁边的小路），因为很多人已经建立了自己的观点，并且在回答问题的时候，他们往往会顾及自己的公众形象而不愿意回答真实的想法。有时，最好创造一个可能的场景——假设一个问题是："如果在这样（和那样）的地方计划建造一个风电场，你认为如何？"，这种练习主要是用来确定对景观的操作者到底是谁、操作者是否都是当地人、如何从人们那里得到有用的信息。也可以使用调查问卷，通过邮寄问卷或发送电子邮件和写在剪贴板上都可以。也许用观察的方法是最有用的方法，特别是参加一些会议。但是，也需要学会与他人进行融洽交谈的技巧，同时也让他人打开话题。我曾经有一个学生，经常外出遛狗，与其他遛狗的人进行自然的交谈，从而获得有关的信息；另外还有一个学生，选择在很热闹的地方进行绘画，她总是在有很多人来来往往、不停交谈的地方支起她的画架，在她开始画的时候，就会有一些人来看她的画或向她问一些问题，从而使她有机会与人交谈很多话题。第二个需要掌握的能力是均衡合理地展示人们所表达的那些观点，不仅合理公平地对待各方面的不同看法，而且，还要平衡、公正地考虑，作为一个分析工作者而总结的意见要符合需要，特别是要有好的工作质量，让那些发自人们内心的、最初的真实想法显现出来。

注释

1. 景观研究学会发表了"景观历史"，网址是：http://www.landscapestudies.com。

2. 欧洲乡村与小城镇理事会（Ecovast）的网址是：http://www.landscapestudies.com。

3. 那些起源于个人的创造力和天赋以及技能的产业，这些产业具有形成和开发知识产权的潜力，并以此取得财富和就业机会。

4. 1992 年在法国的布卢瓦召开大会的主题为"在一个新欧洲中的景观：在多元化中的统一"，会议议程和记录在《景观研究，1993，18（1）》里面有。

5. 英国的地名学会的网址是：http://www.nottingham.ac.uk/-aezins/epns。

6. 林地信托机构的网址是：http://www.woodlandtrust.org.uk。

7. 花园历史学会的网址是：http://www.gardenhistorysociety.org。

3 景观被构想和描绘成图画

　　1974 年，当我作为地理学研究人员进入一所艺术院校的时候，并没有任何艺术志向和兴趣，那时我发现的全是艺术与地理之间的不同，并且投身于其中的研究，不久以后，我就发现，在研究景观的体系里，还有另外一个历史悠久的传统派系，它从一个不同的视角看待景观，这我以前也知道。在这所艺术院校里，只有我一个人是地理学研究人员，这种情况下，不会有人提建议。那时，艺术学校常常聘用解剖学家，但这也是基于同样的想法，开始尝试使那些从景观中获得灵感的人受益。在很大程度上，对景观研究的这一观点和视角的改变是很正确的。在学生时代，我是从人文景观这一视角进行研究的，主要方法是依靠地图和规划进行详细说明，当然也包括很多实地考察；而在艺术学校的这一阶段里，我是通过看建筑物立面图、绘画图、印刷图、油画、摄影作品或胶片等来研究景观的。这里多次出现的重要开创性研究是与克拉克有关的，而非霍斯金斯的研究——肯尼斯·克拉克先生在 1949 年的著作《融入艺术的景观》。这一领域主要研究的是景观绘画，并论述了 17 世纪以后，在英格兰，景观作为一种绘画类型这一潮流的兴起。克拉克认为景观是一种形式，在很大程度上，它是重现英格兰往昔过程的一种产物，主要起源于意大利、荷兰和佛兰德地区这些地方。在更近的时期里，在包括英国的很多国家的有关艺术景观概述方面，最好的是马尔科姆·安德鲁斯的著作（1989 年和 1999 年）。

　　认为景观属于绘画这一观点，在很大程度上是随着认为景观是三维艺术形式这一观点的景观历史研究的发展而产生和发展的，这一研究领域有很多比较古老的历史根源，最显著的黄金时期是 18 世纪，当时，在有关这方面的研究中，有克利福德的著作（1966 年）以及其他研究人员和著作，而克利福德创建了一部关于著名园林家的法典合集，这部典籍与之前那些已被人们采纳的关于著名画家、雕刻家、特别是建筑学家们的法典合集一样平起平坐,同时,相关工作促使"园林历史学会"1966 年成立及其期刊发行。在景观研究领域,以霍斯金斯为典型代表的观点和以克拉克为典型代表的观点形成了两种研究方法,事实上,试图将两种方法融合在一起是非常困难的。的确,有一些同事认为,文化景观的传统教学确实会使艺术领域的学生迷失方向,因为艺术类的学生没有必要思考他们看到的景物是如何产生的以及去追溯历史史实。他们的任务是把眼见的景物表现出来,而探究其中的真相则属于其他范畴的工作。举一个例子就能很容易理解这一点,如果画一棵树,知道这棵树属于哪个科目的物种,对画这棵树本身有什么帮助吗?越了解这类物种,越能画出有这类物种特征的理想的漫画,但是,对于具体到描绘在一个特定环境光线下的一颗特定的树来说,却并非需要了解它属于哪一类物种等那些知识,只需要描绘它本身就可以了。在摄影方面也一样,如果把一棵树作为拍摄对象,以艺术摄影作品为目的的拍摄方法与把这棵树当作一片树林的参考物而拍摄的方法是有很大区别的。尽管很多艺术类的学生乐于有机会学习产生景观的背景知识,但是不论在地理方面,抑或在考古和历史方面的学习,对他们提高绘画作品的水平都没有很大意义。

然而可以肯定的是,有一个重要研究领域引起了他们的关注,这就是源自杰·阿普尔顿和卡普兰斯的思想观点。阿普尔顿是一位地理学家,早先研究铁路,是他开始提出了"我们喜欢的景观是什么样的景观?"以及"我们为什么会喜欢它们?"这类看似很简单的问题,而他对这些问题的答案发表在《感受景观》(1974 年)这部著作中,对此,他构建了一种关于景观的等级模型,这个等级中的两个极端景观分别是:唤起前景感的景观和被需要作为避难场所的景观;有些地方是有观赏感的环境,而另一些地方是用来避难的场所。最好的景观是两个极端情况都符合的景观,那些引发人们的想象力和欲望去充分描绘的景观,很可能就是那些含有大量危险因素而引发紧张感的景观,能够焕发人的活力感。雷切尔·史蒂芬·卡普兰分别从不同角度得出了相似的结论(卡普兰,1989 年),这方面的内容将在本书第二部分详述。

这种从艺术历史视角看待景观的观点,有一个最重要的特点是,学者们不把关注的具体焦点放在地理位置和景观特点本身方面。甚至对于克拉克来说,关注的焦点很显然是在绘画和画家方面,而推论的结果完全是,艺术家之所以被关注,首先因为他们的艺术创造,之后才是他们描绘的景观。景观常常是混杂在很多学科之中的一个科目,直到最近,才出现极少量的通过景观图画对景观或一个地方进行研究的工作。艺术专业的学生已经对马格里特的画作《这不是烟斗》所引发的启示有了较清楚地理解（出自 1928 年的画作《形象的叛逆》），因此，假如他们正在进行露天绘画，而从画布上几乎看不出画了什么，这时，不知情的路人好奇地问他们画的到底是什么？他们会故弄玄虚地回答："我当然是在画东西"，或者回答："我画的是光"。

杰弗里·格里格森关于景观的杰出画作仍然是在美术领域里被相继编排，并不是在景观领域（格里格森，1975 年）。试图通过图像形式审视一个特定景观的创始人是沃尔夫冈·斯特乔，英格兰画作显然源自他创作的荷兰风景画，尤其在 17 世纪（斯特乔，1966 年）。在非常长的绘画传统历史时期，有很多关于欧洲北部概况的作品，细致地展现了土地风貌和农民生活。在这些作品中，经常被提到的是丢勒对动物和植物的描绘以及阿尔特多弗的森林绘画，另外还包括有关布勒赫尔的绘画，对于当地的风貌和人们的状况、包括所有的缺陷都进行了全面的典型展现。但是，不要错误地认为这些画作都是绘画者到户外真正面对大自然而作的写生，这种绘画方法是 19 世纪以后才惯用的。在 17 世纪的荷兰共和国，城乡里的中产阶级购买关于家族、俱乐部和历史事件的绘画作品，当然还有关于景观的绘画作品，尤其是展现活动场景的绘画。在这些绘画作品中，有一些以大海为题材，较突出的是凡·德·费尔德和雷斯达尔；以滑冰者和冬日景色为题材的绘画创作的代表是阿维坎普；在很多以描绘风车景观为题材的画作中，比较著名的是雷斯达尔创作的韦克磨坊。另外，科尼克创作的荷兰平原广阔的全景画和霍贝玛绘画的森林木屋也比较著名。同时，也有描绘乡镇景观的画作，或许是因为荷兰的乡村具有很浓厚的人工色彩，很像城市，区别于城市的独特农村风格并不明显，在这方面，最著名的是弗米尔的绘画作品《代尔夫特的风景》。尤其重要的是伦布兰特和斯特乔的理解，伦布兰特把其他景观画家的所有难点汇集和解决在一张巨作中，这就是他的绘画作品《磨坊》，它存放在美国华盛顿中心区的美国国家美术馆里。[1]

毋庸置疑，荷兰有非常杰出的绘画艺术。开始创作图画的时候，存在一个长期被困扰的难题，即视线从何处准确地将景物的前景和背景进行划分，而这个难题可以用双斜线的方法解决。最初，用一条河流或一个湖泊作为联结前景和主题景物的简便方法，但从画布上看，现在的河流和其他流线型景物从半途沿其原路返回（图 3.1）（古尔德，1974 年）。鲁宾斯进入查尔斯王二世的宫廷，对英国艺术家在景观创作方面的发展有重要的影

图 3.1 用双斜线连接前景和背景。图片是苏格兰高地西部 Laudale 附近的风景。

响,18 世纪,很多英国艺术家承认他们试图复制和模仿荷兰艺术家的原创作品。很多绘画作品的产生源自游览英格兰的荷兰艺术家以那里的著名景点作为题材进行绘画,在荷兰 1689 年占领英格兰以后,这种情况尤为明显,例如简·西比莱彻特斯以里奇蒙地区为题材的风景绘画。里奇蒙地区是非常受欢迎的英格兰风景区,被认定为英格兰唯一受特殊保护的风景区。这些在各处游走的绘画大师的作品作为贵族的传承物,另外,还会作为有纪念意义的图画进行售卖。艺术作品的双重目的通常也很明显,例如 17 世纪,凡·德·费尔德的画作所描绘的从大海看到的港口,同时也兼用于间谍活动。

意大利的艺术根基的重点并不是对景观的展现,而更多的是突出展现权贵威望。意大利文艺复兴时期的艺术很少把景观作为主题,大多数是宗教绘画,以及后来的古典题材绘画。但是,描绘向窗外眺望所见到的乡村景观,也是一个典型的绘画题材,因而也很容易用绘画展现以 16 世纪意大利景观为背景的伟大圣经故事,包括有关耶稣和十字架以及在圣经中的一些事件。从这些绘画中,可以清楚地看出城镇和乡村的区别,城镇衬托出乡村的纯朴特质,而乡村完全附属于城镇,乡村只是城市国家中的一块风景地。主要有两种观察方法，都源自古典理想主义，即田园风格和乔治克风格。很难定义田园风格的意境（见劳森 - 皮布尔斯，1989 年），但可以想象这样一个场景：在一片开阔的牧场上，放牧人手拿笛子，还有薄衣仙女相伴，就可以感受到田园意境了。这种田园景观并没有展现出艰苦的劳作，而是描绘出一种田园的诗一般质朴宜人的生活，风和日丽的天气和乖巧的羊群。这种乡村景观中的田园风景一直是西方艺术作品的主要题材，包括文学和音乐作品。在现代电视节目里一直出现的那些人们去乡村、特别是居住在夏季农舍以避免乡村冬天的严寒的故事，很显然是虚构的故事。然而，大家常常认可这种传说，在普遍带有这类意义的绘画题材中，相对于其他作品而言，最著名的当然是 1800 年由普桑和祖卡雷利创作的《阿卡迪亚的牧羊人》，阿卡迪亚是传说中位于希腊中部的一片富饶的土地，或许应该翻译为"我在天国阿卡迪亚"，这里的"我"是已故的人，但画面中有雕刻的石棺可以说明其含义。无论我们怎样理解现在景观形成的背后曾经有的那些纠纷和阶级斗争，乡村景观纯朴的特质仍具有不朽的生命力，并一直感染着我们（英格里斯，1987 年）。

乔治克风格也贯穿了西方景观思想，如"主旨"。这方面尤其源自维吉尔：乡村是制造农业产品的地方，这一思想使园丁和耕地农民成为供养家庭和乡镇生活的顶梁柱。很显然，后来的艺术家热衷以"劳动的尊严"为题材，这与当前出现的分配地的热潮一样，都是基于这一思想。在这种情况下，地区的意思更多包含的是土地的意思，而很少具有景观的含义，因此，观赏和感受乔治克风格并非毫无意义。鉴于田园风格涉及的是畜牧业，而乔治克风格涉及的是农耕和园艺，因此，在人们之间存在的文化差异导致了对欧洲大陆各个板块的纷争。从事畜牧业的人群通常是发起攻击的斗士，而过着田园生活的放牧者几乎都好战，有关平息游牧人群的恐惧的题材或许也是其中有趣的内容之一。

在 17 世纪，尤其是 18 世纪，意大利成为游学者最集中的地方，贵族阶层都希望具有文化素养，他们希望花费一年多的时间，通过旅游进行有关文化方面的学习（布莱克，1992 年）。这就是文化资本的最重要的储备，读者或许对文化资本这个概念已有了印象。但是，游学者在此过程中所从事的活动往往与文化素养无关。威尼斯尤其是以赌和嫖而闻名的污秽之地。首选之地主要是罗马，途经佛罗伦萨，或许还有那不勒斯；托斯卡纳区、拉丁姆、坎帕尼亚成为欧洲最受欢迎的风景之地，这些风景被作为绘画题材，也被作为设计景观的模板，另外，旅游者以此来物色在自己家乡里与之等同的地方。在甘尼斯莱克，特纳创作的意大利风格的桥享有美誉。无论是专业绘画艺术家，还是艺术爱好者或者希望自己有艺术专长的贵族人士，都来到罗马并在那里拜师求教。带回英国的一些绘画被用于装饰伦敦的别墅和国家的公馆。而这些风景（山水）图画肯定不是最有影响力的绘画，远远不如那些有关宗教、历史、甚至家族肖像画方面的作品所具有的深远意义。景观绘画肯定是表浅的，是一种自我构思的表达。在这个领域里，最受欢迎的是克劳德·洛兰和尼古拉斯·普桑——两个人都在古罗马的坎帕尼亚——以及萨尔瓦托·罗萨从事大量创作，在比较著名的绘画中，展现了穿梭于意大利南部的岩石密布、陡峭而险要的山脉中的土匪。绘画也展现了罗马南部地区临近蒂沃利的奥尔湖，这里已成为一片圣地，神圣的殿堂建筑和古罗马的遗迹装点湖区。另外还有 vedusti 绘画艺术家，最著名的是描绘真实场景的卡纳莱托，他除了创作知名的威尼斯风光以外，还将创作思想和作品推及英格兰。

在景观艺术发展过程中，奥尔维格研究了一种非常出奇的艺术形式，这就是宫廷假面剧，它是斯图亚特王室时期及以后的戏剧娱乐活动（奥尔维格，2002 年）。毫无疑问，在关于戏剧场景的研究中，得到很多关于景观艺术思想的启示，当把景观描绘成舞台背景时，必须融进所有合适的线索以使观众从那个地方看出某些启示；但是，奥尔维格所做的更多的是为延长王室以及贵族对整个领土的统治而设计的戏剧活动的展现。其特有的含义具体在英国，就是英格兰和苏格兰同在一个国家统治之中。这很清楚地说明景观是一种贵族现象的概念，拥有土地的阶层持有这种观点，中等阶层的人渐渐从中获取财富以拥有一部分文化资本。在 18 世纪的游学旅行、英格兰的景观绘画以及将这些观点变为景观园林现实的这些发展过程中，这种情况最为明显。起初，由于农业科学技术的较大发展，很多土地所有者拥有足够的资本，不进行生产，而是把大片土地建成娱乐场地，在法语作品里也有关于这方面的描述，但英文版本的描述远比法语更细微巧妙。大多数人用最纯朴和直白的眼光看待这些园地，认为它们是自然界的一部分，没有任何好坏和高低之分，为了成为行家，人们必须学习如何鉴赏它们，如同奥斯汀的作品《诺桑觉寺》中的女主角一样。培养个人的鉴赏力是必要的，直到 1955 年才有这类的书，这些书至少可以作为提升个人鉴赏力的教材（布鲁侧蔓，1955 年）。有很大面积的土地被留用作为这些园地（普林斯，2008 年），虽然已经被大大缩小了，但在这些地方，它们遗留的特征依然可见，包括在某个地方偶然发现的古树，孤零零地立在那里，通常

图 3.2　德文郡的
埃克塞特，向南边
看是公园用地。

就是唯一遗留的 18 世纪的植物，或是绿篱被迁移后的残存物。矮篱笆（挡土墙的水沟）的形成是主要特征之一，追溯 19 世纪早期的属于阿克兰斯的园地，可以看出这种特征（图 3.2、图 3.3）。这种设计使宽广的郊野成为风景的一部分，风景里再加上羊，或许就可以成为一个完整的风景（那样的话，可以感觉到真正的田园风情），当然还可以加上租赁地。以各式各样的独特构思，设计并建造了这些花园绿地，而很长时期以来，花园土地的神石像就是贵族政治传统的产物。

　　在上流阶层拥有的财产中，景观绘画作品是必不可少的一部分，绘画艺术家通常居住在田庄里，在那里，他们对所居住的田庄进行绘画，同时被聘作田庄主人的女儿的绘画教师——具备绘画技能才像淑女。因此，景观使人联想到的并不是那些辛苦的劳作，而是一种放松和休闲的感觉。偶尔也会有像莫兰这样个别的艺术家确实描绘了乡村的艰苦，但是，他们往往死于贫困。包括盖恩斯伯勒和康斯特布尔等其他艺术家都认为，乡村景观中几乎没有艰苦的体力劳动。地主委托绘画艺术家为他和家人画人物肖像；足够富裕的地主会请斯塔布斯画他们的马，还有一些地主希望画他们的战利品牛和他们自己所有土地的景观。由盖恩斯·伯勒创作的《安德鲁

图 3.3 德文郡的埃克塞特，在不远处就有矮篱笆（挡土墙的水沟）。

斯夫妇》是一幅能够体现这方面倾向的很好的绘画作品。以美学传统眼光看，景观往往被贵族和地主等霸权集团用来作计谋，以巩固他们的领土和统治权力。21世纪，霸权集团比贵族和地主阶层庞大得多，而这并不说明景观不再会被统治阶层用来巩固权势，事实上，现在的霸权集团用景观来巩固权势的概念有了新的扩展，以适应新的环境。

美学传统所关注的是某个地方本身的外貌，从视觉上对这个地方进行原汁原味的描绘，是一种原始的展现。皇家学院秘书菲尤泽对这种类型的绘画的评论是"只是对一个特定场所的平淡描绘"，他认为，没有更高层的含义和人为目的、仅仅是描绘地貌和外观的风景绘画不能作为年度绘画展览的画作。而在曾经受过文化景观传统概念熏陶的人看来，这种真实的风景地貌绘画或摄影图片非常有用，因为有一个正确的基本规律，那就是，越著名的艺术家，越不能在一定的时间期限内，对一个特定场所的地貌进行真实精确的描绘。如果想从绘画中真实地了解一个地方的地形面貌，应该咨询地貌绘画家，如果想知道绘画中映射的人为目的和意义，则应去问绘画艺术家。地貌描绘工作发展的记载始于1840年，之后，它从风景画（镌版印刷家把这些画转变为畅销商品）向摄影方面发展，从那时起，的确一直存在着是否能出现比真实平淡的照片更高层次的摄影艺术作品这个问题。但景观摄影的出现开始促进了景观概念的发展和景观的定性判断。相对于绘画创作而言，摄影既快速又廉价，而且，通过摄影作品可以发现最普通的景观中的那些最有趣的地方，尤其是用出色的单色调摄影展现出有趣画面格调的那些地方。因此，就连像福克斯－塔尔伯特这样的最早期的摄影者，也通过摄影描绘一堆干草垛或一把靠在门口的扫帚这类很单纯的景物。不久以后，绘画者纷纷效仿，不仅在普通的乡村景观中发现美好之处，甚至陶醉于欣赏那种恣意的一瞥——为了构建画面，把其他不作为描绘主体的人和物品裁掉。莫尼特以及其他印象派画家在此领域极具影响力，在绘画景观的精心构思、展现和形成等方面，这些都具有重要意义，但是，这些事实和意义在现在已被轻描淡写，变成一小段往事，削弱了它的珍贵性。

　　景观摄影也变成了一个专业领域并自成一体。景观被拍摄出来，展现的仅仅是乡村风景，几乎完全没有人或自然界的其他生物。摄影描绘出来的是，以合适的拍照距离和按一定比例存在的静止的风景。而对植物的近镜头摄影并不属于景观摄影范畴，航拍照片也不属于这一类型。而且，很多年以来，景观摄影是黑白的，在 20 世纪出现了点屏印刷术，大大降低了图书印刷成本，奥当斯出版社印制的《美丽的英国》最为突出，其中采用了极其丰富的黑白摄影作品，用以进行说明，J·阿伦·卡什、J·迪克逊－斯科特以及其他很多摄影家创作了这些黑白摄影作品，他们的作品为那个时代的人们诠释了的景观的含义。[2] 在第二次世界大战期间，出现了大量的配有黑白摄影照片的图书，包括巴茨福德系列图书，这些图书满足了对乡村景观和乡镇市场感兴趣的业余摄影爱好者的需求，也满足了喜欢骑摩托车游览英国各地或到更远地方游览的旅行者的需求，现在，这些图书可以被很多人使用。H·V·莫顿和 S·P·B·梅斯以及一些作家的作品大量售出。[3] 直到 1970 年代以后，彩色摄影作品的印刷和翻印的成本才开始降低，由于降低了费用，因此，可以对这类图书进行彩色印制，这就有了现在所谓的那些有彩色图片的画册。这方面的发展改变了人们对景观的偏好情况，也就是，人们能够捕捉在活动中的图像之后，促进了人们进行各种活动并在其中进行摄影，然后，把这一切再回归到相框里以作留念。现在，摄影变得如此普及，它已进入人们的日常生活，甚至成为旅游中最重要的一部分，而对景观进行定性判断的一个合理的方法是，根据它在摄影中是否呈现出好的状态。在那些受欢迎的景观地点，虽然从书册中和网站上都可以得到这些景点的摄影图片，但在这样的景点，仍然总是有很多人排队，都是想对同一个景点进行拍照，不过，或许摄影者想拍照的不仅是这个景点，还有在这个景点中到此一游的同伴。但遗憾的是，旅游者自己拍摄的景点

图 3.4 法国塔恩河风景景点。人们排队等候拍摄同一个景点,而这个景点的图片在商店里都有。

的照片上,往往夹杂着拥挤的人群,或许,天气情况也不理想,而书册中的摄影图片则不然(图 3.4)。

　　无论是在意大利旅游,还是游览其他地方的景观,人们往往先进行摄影和拍照,而后才真正对景观本身进行游览。法国大革命和拿破仑战争这一期间,被埃斯特·莫伊尔(1964 年)称为"不列颠的发现"。随着国外旅游日益困难,上流阶层和艺术家(这些人通常不会远离财富之地)在自己的国家里寻找喜欢的景观,他们寻找景观都是依据一套指导原则——"风景如画"的美丽景观。当地艺术家和业余爱好者(德文郡的牧师威廉姆·斯韦特是典型实例)在他们所在的郡内游走,确定哪个地方值得游览,而这个地方非常符合牧师威廉姆·吉尔平等人制定的符合理想景观的原则,即具有风景如画的特点,这些会作为专业艺术家选择消夏旅游地点的参考(吉尔平,1782 年)。如马尔科姆·安德鲁斯介绍的那样,在景点实地和地图上都非常清楚地指出了有关旅游观光的详细信息,包括对适合停留的具体景点也有清楚的标记(安德鲁斯,1989 年)。有河流的地方常常被作为游览之地,例如怀河区或达夫河区;但也有湖区游览、苏格兰高地游览(尤其继沃尔

特·斯科特的传奇故事出现之后），还有威尔士北部、彭布洛克郡、德文郡和康沃尔郡等游览景点。旅游观光的情况常常被记录下来，形成一系列景点介绍，并冠以例如"达特河的风景"这类题目，在这些系列景点介绍中，也特别包括了一些由上流阶层拥有的私家园地以及其中的乡间别墅，以供它们的主人能够购买一份（有关他们自家园地和宅邸的），用来赠送朋友和观光者。图 3.5 是一个典型例子，达特河风景区的景点之一。有些观光景点并不是以风景而著名，例如斯通亨奇（巨石阵）或中世纪教堂和纳尔斯伯勒的卓平·威尔等所有这些以远古和奇特而引发人们兴趣的地方都可以成为观光景点；但风景观光依然是旅游的主旨，这种景点观光旅行有别于像威廉姆·斯蒂克利这样的古文物研究者的旅行。[4]

　　尽管观光旅行中有一些商业活动的介入，但对于很多艺术家来说，感受和描绘具有乡村田园风情的"世外桃源"也是非常重要的创作元素——盖恩斯·伯勒很好地阐述了这一点，承认他想去游览"那些美好的地方并描绘它们的风景"——远离那些在伦敦或巴思为满足社会娱乐而进行肖像绘画的商业活动（克拉克，1949 年：34）。这种美学传统中的一个非常根深

图 3.5　F·C·刘易斯，巴克兰的岩石，雕印版画取自"达特河风景"，1820 年,题目"是 E·P·巴斯塔德 MP 的财产"（作者的收藏品）。

蒂固的要素就是特别注重纯朴和自然的乡村风情。艺术家当然也知道乡村被一些政治和阶级团体分配租借,特别是在滑铁卢战役之后的一段时期,但是,乡村景观的质朴和自然几乎并没有褪色,直到 19 世纪末期,乡村及其质朴的气息才开始严重衰落。但相比之下,城镇,尤其是城市仍是堕落、罪恶、肮脏和险恶发生和聚集的地方,正如多尔、狄更斯描写的那样。

维多利亚时代是景观美学传统盛行时期,在那个时期,不仅是英国,而且法国、德国和美国的艺术家们都把景观艺术当作最重要的艺术类型。人类与自然界的关系是浪漫主义和维多利亚时期宗教情感的核心,而达尔文只是促进了这个关系更加紧密。很多人认为,美丽的自然风景是上帝的神奇力量和伟大杰作的展现。景观的含义越来越宽泛,扩展到户外一切风景,包括山脉、海岸风暴,近 20 世纪末期的时候,甚至连贫瘠的荒野、湿地、偏远的沼泽群落也包含在景观的范畴内。景观作为时尚的焦点,不仅在绘画这种类型的视觉艺术形式里具有很显著的表现价值,还广泛表现在诗歌、小说和音乐等艺术形式中。只较少数的人认为,景观含有某种灵感的启示以及体现某种事件的背景,在持有这种观点的人当中,霍普金斯、哈代、门德尔松是最显著的代表。

这种浪漫主义观点并没有持续下去,也显然禁不住第一次世界大战带来的冲击。此后,在很大程度上,景观艺术的地位有所下降,而且关注它的人群基本上是业余爱好者,更多的著名艺术家把注意力转到抽象派艺术领域。不过,尽管审美观已发生改变,但以美学的观点看待景观的传统仍保留下来。那些漂亮的景观不再受宠;实际上,景观只附属于当时的主流时尚艺术形式。在超现实主义、立体主义、表现主义和漩涡派艺术家对景观的绘画中,景观这个地方本身并不重要,而重要的是这些风景之地可以作为他们艺术创作的原始素材,并且把它们当作一种练习方法的题材。

地理学家尤尔特·约翰斯在绘画实用性方面的研究使景观绘画艺术的观点发生一种转变(约翰斯,1955 年)。他发现英国的景观绘画艺术跟随了荷兰传统风格,注重景物的外观特征,因此沉迷于对薄雾和水之类的瞬息存在的景物以及对表象的描绘,他对此提出异议,并提出了以现代主义的观点看待景观,学习意大利的景观艺术传统,注重景观的结构和地理特征。他的理论观点被采纳和应用。

尤尔特·约翰斯的理论推进了景观研究的发展,并取得了成果,在 20 世纪的后几年里,景观再次成为最关注的主题,但却常常不用景观这个名称。在某种程度上,由于大都会艺术市场和美术馆艺术不尽如人意,另外,受

环保领域和生态领域观点的影响，因此出现了一次名为"大地艺术"的运动，而发起者是从事雕刻艺术的雕刻家，并不是画家，他们都有亲自体验实地的经历，并作了一些记录，这是最重要的基础。大地的含义再次成为被关注的焦点，但这个理论给评论界和大众带来了困惑（景观这个词被大地一词所替代，这是一个最重要的转变，这个概念否认了景观中风景的含义，认为大地需要人去体验但不必要有人为的评判）。认为如画般美丽的风景是上帝赐予大自然的杰作的观点已不复存在（因为大地是现实存在，不包含任何人为感觉，实际上不存在人为赋予它的所谓画面感），大地是自然的直接的呈现，不必人为假想它是否美丽以及进行景观前景和背景的划分。由安迪·戈尔兹沃西和理查德·朗作为主要英国代表发起的"大地艺术"运动或许坚守的理念是给大地以温暖的保护，而美国土方领域的代表迈克尔·海瑟尔、罗伯特·史密森所持有的观点却有所不同，他们或许依然坚持已近消亡的视觉美学传统理念以及一种发展变化了的人文景观传统理念，它用"文化"这个带有人文色彩的词来定义一种新的人文景观的概念。图 3.6 是安迪·戈尔兹沃西的雕刻作品，地点是位于法国中部的 Lac de Vassiviere，描绘那里被水库上升的水而淹没的墙。

图 3.6 安迪·戈尔兹沃西的雕刻作品，地点是 Lac de Vassiviere，位于法国中部。

以阿诺德·伯林特（1992年）为代表的现代环境美学的理念已不再是以康德式客观冷静的态度看待大地的理念，但仍坚持观察员的参与。现在，已经不会再以景观的外貌评价景观的好坏了，而关注的是景观对人们的意义是什么。欧洲景观公约使这一新概念成为基础纲领，但谁也不能否认视觉的美感仍对人们有深刻的影响，那些风景美丽的地方不仅受当今贵族的青睐，而且，人之所以对某个地方发生好感或对某个地方产生观赏兴致，往往还是因为这个地方在人们眼里具有视觉上的美感。一些适于探险活动的景地和体育极限活动场所的出现，为喜欢冒险活动和喜欢极限登山运动或进行穿越洞穴这类活动的人提供了体验刺激和挑战体力的机会，不仅如此，人们仍会惊叹道："哇！这里的风景太棒了！"尽管这并不是合乎理性的逻辑，但一提到乡村景观，人们仍然会认为它是自然、简朴的，以同样的思维方式，一提到景观，人们就会认为它是一个风景之地，这种观念粘连在人们的头脑里，就像粘连在嘴里的口香糖一样，很难清除。

在大量的非专业艺术作品中，特别是在电影里，往往存在一种不良的误导，即把美丽的自然风景作为故事发生的地点，将其与人为事件密切关联，例如维多利亚情节剧所展示的，在风暴中，恶毒的地主驱逐善良的租户，以某个景观作为剧中情节的背景，用来宣传景观，包括用实际景观和人造景观两种方式作为背景(西格森，1987年)。景观设计者应作非常细致的规划，以便实际操作的技术人员能够实现规划，在为客户进行讲解和说服客户的时候，需要用景观的立面图来讲解并用穿越式虚拟现实的方法，而不是用规划来讲解和说服。如果说，以文化的观点来看待景观是受历史要素主导的成分较多，那么，用美学的概念来看待景观，则较少受历史观点的左右，美学的固定原则是展示外貌特征，或许，另外还有围绕美学原则去规划未来景观，更多的是与视觉美感有关。除了电影和近期的摄影作品把人作为某个场景的主体来表现以外，一般情况下，在美学概念里，景观几乎不应该有人的加入，景观是自然美景，它是不包含人、也不必用人来点缀的画面。

如果说景观中的那些具有人文内涵的风景深受学术界和有影响力的非专业团体和人士所青睐的话，那么，景观中的那些具有视觉美感的风景则深受大众的喜爱。旅游与拍照如影相随，甚至照片总是被当地的人们拿出来以说明"这个风景"是当地最受喜爱的风景。通过在任何有游客的观光景点摆放的一摞摞的明信片以及旅游手册中充满的画页可以看出，视觉美感对人们来说非常重要——而景观的地点和有关介绍却被放在次要显著的地方，往往只能在旅馆房间里的画册中才可以找到。让我们都停下来，去观赏风景吧，当然，或许有时停下来，把我们的白色货车拉到停车道上，只是为了在那里吃午餐。

参考文献

Andrews, M. (1999) *Landscape and Western Art*, Oxford: Oxford University Press.

Andrews, M. (1989) *The Search for the Picturesque: Landscape Aesthetics and Tourism in Britain, 1760–1800*, Aldershot: Scolar.

Appleton, J. (1975) *The Experience of Landscape*, Chichester: Wiley.

Berleant, A. (1992) *The Aesthetics of Environment*, Philadelphia: Temple.

Black, J. (1992) *The British Abroad: The Grand Tour in the 18th Century*, Stroud: Alan Sutton.

Brochmann, O. (1955) *Good and Bad Taste*, London: Eyre & Spottiswoode.

Clark, K. (1949) *Landscape into Art*, London: John Murray.

Clifford, D. (1966) *A History of Garden Design*, New York: Praeger.

Gilpin, W. (1782) *Observations on the River Wye and Several Parts of South Wales &c. Relative Chiefly to Picturesque Beauty*, London: Blamire.

Gould, C. (1974) *Space in Landscape*, London: National Gallery.

Grigson, G. (1975) *Britain Observed: The Landscape through Artists' Eyes*, Oxford: Phaidon.

Higson, A. (1987) 'The landscapes of television', *Landscape Research*, 12/3, pp. 8–13.

Inglis, F. (1987) 'Landscape as popular culture', *Landscape Research*, 12/3, pp. 20–25.

Johns, E. (1955) 'The artist and the scientific study of scenery' *The Studio*, 149, pp. 42–9.

Kaplan, R. and S. (1989) *The Experience of Nature: A Psychological Perspective*, Cambridge: Cambridge University Press.

Lawson-Peebles, R. (1989) Introduction: the pastoral', *Landscape Research*, 14/1, pp. 1–2.

Moir, E. (1964) *The Discovery of Britain: The English Tourists 1540–1840*, London: Routledge.

Olwig, K.R. (2002) *Landscape, Nature and the Body Politic: From Britain's Renaissance to America's New World*, Madison: Wisconsin University Press.

Prince, H. (2008) *Parks in Hertfordshire Since 1500*, Hatfield: Hertfordshire Publications.

Stechow, W. (1966) *Dutch Landscape Painting of the 17th Century*, Oxford: Phaidon.

练习

1. 选一个地方的美丽景观作为题材，制作一幅画，主要的要求是描摹一幅画，除此以外，还要包括由这个美丽风景所引发的那些诗歌、文学作品、音乐和歌曲。如果从来没有过绘图经历,参见"拓展阅读1　认知图画"相关内容。做这个练习不必太苛求寻找高深的题材;可以选择伟大艺术家的绘画和诗歌,也可以选择旅游指导书印刷的摄影图片和一般流行歌曲的歌词和文字作品。只有一种题材不能选用,就是那些显然不同于美学观点的、没有视觉美感目的的图片,例如地形知识方面的图片或者有关一个地区农业情况的文章。另外,需要尝试对一些地点、景观和日期进行分类。

2. 写一篇论文,描写你所在地区的那些被设计的景观的历史。最好选择18世纪(或更早)属于私人财产的地方以及花园和各式大小的公园地,可以是城市公园,也可以是在现代郊区的花园。这个练习主要是关注那些涉及建筑历史且与景观设计中的变化相关联的设计活动。你将清楚地认识到,这些设计要素与所设计的空间的功能有密切的关系。

注释

1. 本书引用的大多数图片都能在维基百科中按艺术家的姓名查找到。

2. 例如,参见《浪漫英国》:第二次世界大战刚结束后,由汤姆·斯蒂芬森编写、由奥当斯出版的《属于国家遗产级的美景、历史和传奇》;或由沃尔特·哈钦森编写并由他自己的出版社于1920年代期间在伦敦出版的《美丽英国》中的四卷。

3. 这些都是多产的作者。参见例子:S·P·B·梅斯的作品《不为人知的岛屿》,伦敦:帕特南,1932年,包括英国17个鲜为人知的地方的游览介绍;或H·V·莫顿的作品《英格兰的探寻》,伦敦:梅休因,1927年。我有一本是1933年的编印版本,已是第18次编印了,可见　它极受欢迎。以上两者都使用黑白摄影作引证说明。

4. 斯蒂克利是少数古文物研究者之一,他开始了对考古遗迹进行详细盘点和总结的工作。参见他在1724年的作品《旅行中的珍奇事物》(Itinerarium Curiosum)。

拓展阅读 1 认知图画

很多学科的学生习惯于用文字的形式理解一段内容，也比较容易用文字进行反问作答，从而揭示其中的含义。但是，通过图画来理解和分析其中的含义却使他们感到很为难。这里将给出一些提示和建议，以便学生们可以根据图画本身去认识和理解图画的含义并分析评价图画，而不是根据已有的那些艺术家的情况以及艺术家持有的观点去认知图画。大多数介绍图画的资料侧重的方面基本上都是与图画有关的艺术家和摄影家及其艺术技巧，而并非图画本身所表现的主题。虽然这里的重点是那些被当作艺术作品的绘画，但除了绘画，还有很多艺术作品在表达目的和展示很多其他意图方面同样具有艺术价值。

现在开始讲述如何认知图画，让我们先想想，如果一本书里有绘画作品，那么，为绘画作品所作的文字注解中，一般包括至少六个方面的信息：艺术家的姓名，作品的名称、日期、艺术手法、作品尺寸大小以及地点或出处（被哪个美术馆收藏）。当然，在为宣传一幅绘画而作审定的时候，这些信息并不一定都要被用上。

"Enartment"是我自己创造的一个词，用以表示评判和鉴定一幅图画（在这种情况下，几乎特指摄影作品）已经具有进入"艺术"范畴的资格，即能够被称为"艺术"作品，而非一般作品。对一个摄影家来说，说服人们认可他的摄影作品是艺术作品，除了能抬高作品的身价以外，在很多方面都有好处。通常，人们都会以美学标准评判那些被认定属于艺术范畴的作品，而不是实用性的评判。用来评判某个作品能否进入艺术范畴的标准，在很大程度上与相关的背景情况有关。塔特画廊里的每一块地砖的摆放都具有极高的艺术性，正因为如此，只有与其相配的同样非常"艺术"的作品才能有资格进入这座艺术殿堂。然而，这并不说明它是伟大的杰作，也不意味着观众必须喜欢它！在评判和鉴定一幅图画是否达到进入"艺术"范畴的标准时，主要看重的几点是：边框和白色空间的使用；艺术家的知名度；为图画标注的文字或题目与艺术的关联度；黑白两色的使用而不是丰富的彩色。

艺术家或摄影家的姓名。艺术家或摄影家的知名度越高，他们的作品就越容易被看作是艺术作品。例如，在对绘画方面的研究中，我发明了一种方法叫拇指法，用这个方法可以说明，越著名的画家，其作品描绘的当时景观的真实度越不高,但却越能展现所描绘的景物的美丽的感觉。大多数艺术家往往在一系列通常被认为是风景的地区旅行并在其中描绘那些景点——无论是"湖区"或意大利——但是,绘画中的景物与实际景物常常有很大差别。虽然,地形研究领域的学者缺乏趣味性,但较为严谨。在很多包含摄影图片的书中(不包括那些以摄影为主题的摄影书籍),或许很难找到书中的图片的摄影作者的名字,而他们的名字常常出现在书中的索引内容之后。有一件非常值得做的事是,看看书中的图片,寻找同一个摄影作者所拍照的相片之间的相似处。近来,或许可以从图片库获得图片,研究关于一个特定地方的图片时,值得注意的是,同一张照片在不同的书中、基于不同的目的被展示出来的频繁程度,尽管有时这张照片或许有一些改动。只能找到一张关于索伦托的照片,这让人觉得似乎那个城镇只有这一个景点。

图画的题目和标注。图画的题目常常提示出它想表达的目的。在对一个地点的某个景观图画的绘画目的进行考察的时候,最令人沮丧的就是遇到题目仅仅是"第四号景观"的图画,但至少它可以说明这个景观的实际地点在这幅景观绘画的目的中并不重要。一些图画的标注非常清楚地表明了图画的"艺术性";有一种情况是,一张摄影图片起初被用于地理资料中(没有标出摄影者的姓名),但后来被冠以新的题目出现在艺术摄影资料里,并附有摄影者的姓名,而且,大大扩展了摄影作品图片上的白色空间。

市场。需要不断地努力分析图画可能拥有的市场。这种市场或许是图片被图片库收录,但也很可能是能被列入画廊重要展览的展出计划中。草图或素描也许可以进入以后再加工或将其融入另一个作品中的计划。可以想象,印刷复制品比绘画原创作品有更多直接的商业性,一些绘画是人们委托艺术家进行的有特定任务的绘画,在这种情况下,人物肖像的绘画较多,而景观绘画的创作往往出于画家自己的喜好。不过,常常想想"谁会买它"是一个好方法。

系列。这张图画是否是一个行程中的一个部分或一个系列中的一个部分?如果是,那么,这张图画或许是为了在这个系列整体中发挥一部分作用,而这部分作用并不能通过这个单个图画作品显现出来,最典型的例子是描绘一条河或延伸的海岸的那些系列印刷图片。

尤其在摄影作品中,边框非常重要。如果一张照片被大量白色空间围绕,并周密地制作了边框,则表现了这张图片的艺术性,这可以引发对它的另一种不同的判断,而不仅只评论图片的主体景物。它也表现出从现实中提取所见景象。

为使图像置于适当的空间而制定画面边缘而裁剪不需要的部分，被称为"去除"，图片展示的仅仅是现实景象中的一部分，留下想象的空间，想象它可以上、下、左、右移动，作为现实的整体的景象中的一部分。

黑色和白色。在摄影作品中，黑白两色的使用非常有趣。当然，或许这仅仅只说明图片的年代早于彩色摄影的出现，或是它的年代处于把彩色图片复制印刷到图书中的成本还很高的时候。这或许促使产生了很多以只适合黑白摄影的景物为主体的摄影作品，例如，湿路面或墙。但是，最近以来，大多数摄影作品是彩色摄影作品，因此，黑白摄影作品似乎被用于表现更严肃、更具艺术倾向、也可能是为突出色调的目的，就詹姆斯·拉斐留斯的作品而言，仅仅是因为避开这个世界里的绿色泛滥！

年代较为久远的摄影作品多使用深褐色，把褐色加深给人以古旧感，较近期的摄影作品有时也使用深褐色，通过带有古旧感的色彩表达浓厚的怀旧情绪。其他一些技巧是摄影中的软聚焦，以表达细腻的情感，另外，特别对于雕版印刷画和蚀刻画，作为在扉页或在章节前的小装饰图案时，可以对拍摄主体景物用一种聚焦的方法。

尺寸大小。用高 × 宽来表示一幅图画的尺寸大小——这与一个方格图案的尺寸符号正相反。一幅图画的大小通常被忽略，或许人们总是认为它不是重要的方面，但它往往在这幅图画的描绘目的和所描绘的主体的意义方面有着重要的提示，例如，通常用巨大的画幅描绘宏伟、壮观、高尚和庄严的景象。

注意绘画的风格，而它与描绘的主体有关。例如，印象派画家通过用手在画面上轻触或用手在画面上少量涂抹的方法，表现水面或果园里盛开的花朵；而立体派画家的风格则是运用几何图形。

注意图画中的每一个人物（所谓点缀画面主题的人物）以及他（她）们正在做的事情。这通常可以显示出图画所突出的独特主题含义以及表明与图画描绘的景地的关系。一些作为画面点缀的人物或许作为一个 repoussoir——一个有提示作用的引导，按照他（她）们的状态所引出的提示，可以发现图画的主题。最明显的状态是，一个人正在指向某处或定位于某处，但是，其实任何物体都可以起到这种引导和定位的作用。

摄影图片的拍摄距离是多远？对准主体景物进行拍摄的镜头到底与景物的距离有多远，这是一个很难确定的问题，因为其中的技巧性很高，但它也可以作为一种有用的方法，例如，通常图片主体景物看起来距离很近，而周围景物或背景很模糊，这种情况是长镜头拍摄的。

记录拍摄视角。常用的拍摄方式是从高处向下拍摄，而对于某些景象的拍摄，例如拍摄巨石阵则应特别选择从低处向上拍摄，以突出它的气势。从下向上的拍摄方法也用于拍摄强大的人物。选择拍摄视角的一个经典例子是，有关伦敦东区的电视节目开始时，一连串镜头所展示的连续场景。

确定图画描绘的主体。图画所描绘的主体有时是很明显的，但通常还有一个第二主体。我用过一些分类方法，主要包括：以江河入海口、大海、海岸和海洋景观为描绘主体的图画；还有描绘城市景观的图画，包括描绘其中一些个体建筑的图画；另外，也有描绘各式各样的乡村建筑的图画以及描绘乡村风景的图画（在乡村风景的图画中，建筑不是主要部分）（侯伍德，1991 年）。从这些图画中可以发现，画面主体的形成竟然具有非常固定的模式化；同一个主体题材反复出现，有时甚至在同一个地点，而且经常是同样的视角。大多数的城镇仅仅有一个或两个代表性的景点。因此，在对景观图画的主体景物进行分类研究时，不适合用抽象的方法，应构建所有的可能性；并且，重点是列出实际出现的主体景物和类型。

每一幅图画都面临这种可能：就在今年，又会有人对描绘这个地方或这类景观产生兴趣，在这种特别的市场意识驱使下，以特别的方式创作图画和图片。你一定能快速画出一个城镇或一个地区的地图的草图，包括常见的景点，按照近期的变化更新它们。

Howard, P. (1991) *Landscapes: The Artists' Vision*, London: Routledge.

4 景观具有一定的规模

在对景观的认知中，另外至少还有两个重要概念，即景观是具有一定规模的，包含大小尺度的要素。景观一定是在"外面的"；尽管可以把景观作成图画、摄影并且裱成图框挂在墙上，或者栽种盆景，用于室内装饰，但景观不是室内的。在大多数人看来，家门口的景象不算是景观，除非碰巧住在一个地方，从家里的窗户向外看去，触目可及的是一片被保护的风景之地。在美学传统里，似乎总是认为，实际中的具有一定的庞大规模的景观才会被作为景观绘画的题材。景观具有前景、中景和背景且具有足够大的规模；它不仅是郊外的草坪上的一棵植物。认为景观具有一定大的规模的观点也基于另外这两个概念：一个概念是，认为景观是野外的，另一个概念是，认为景观是一种大型规模。

在 18 世纪，有一种观点认为，景观是宏大的，而另一种观点认为，景观是美丽的，两种观点正好相反，这在本书第二部分已经比较详细地讨论过了。宏大的景观的魅力在于它的雄伟、大型的规模以及引发的敬畏感。因此，山脉虽然不美丽，但它宏大。美国语言里所用的"令人敬畏的"一词的含义非常接近宏大的含义。对于喜欢寻找宏伟景观的旅行者来说，一旦发现和找到了更为宏伟的阿尔卑斯山脉或者北美山脉这样的景观，就会觉得英国没什么可值得惊叹的宏伟景观了。能够发现和找到这种宏伟的景观，需要同时具备心理和身体两个方面的素质，而这两个方面同样重要。人们需要有体力到达这些宏伟的景观之地，才能体验它们的壮观，而同时也需要有发现它们的愿望，并且有能力去理解这些宏伟的山脉，这是精神上和心理上的要素。的确，一旦人们产生了愿望，就会很快开发去实现的方法，因此，的确，这也很快就使人们丧失了亲历寻找和体验阿尔卑斯山脉宏伟景观的感受。由于渴望自我实现，还或许出于想成名，这些欲望会促使人们通过乘火车这种快捷方法，可以不很费劲就到达冰海冰川或者斯诺登的最高处这类宏大的景观所在的地方,虽然达到了目的地,也欣赏了景观,但因为大家都具备到达的能力,因此,所看到的都是千篇一律的风景,没有自己的特有的体验和感受,没有亲历通过自己的艰苦努力而到达的过程,因而对景观所具有的宏伟气概的体验就没有那么真切,对它所具有的人文内涵的体会也比较少,因此,所获得的"文化资本"也较少。但是,还有一个宏大的景观之地尚待人们开发快捷和便利的到达方法,这就是美洲的西部地区,在那里,有神奇的西部传说,它的魅力已深深扎根在人们的印象中,致使那里的很多魔幻般的风景受到了保护,这种保护自然的理念也导致了美国国家公园运动。类似阿巴拉契亚山脉、约克的崇山峻岭、新英格兰这样的景观都被根深蒂固地认为是宏大的景观。美国画家阿舍·布朗·杜兰德曾描绘卡茨基尔的景观。在花费几天的时间穿越大平原之后,一定会看到非常雄伟壮丽的洛矶山,那里有数百英里的风景并不神奇。虽然它平淡无奇但规模巨大,广袤而空旷,这些都在很大程度上,赋予它传奇的色彩;美国的很多对环境的阐述还停留在关于野外大自然、学习如何在其中生存以及与大量危险的小动物共存的理念中(沃斯特,1994年)。这种广袤的景观在很多西欧国家的人们看来是如此不可思议,因为他们生活在整个环境类似一个花园的欧洲。很多殖民地提供了类似巨大规模的广袤领土,它的作用像是欧洲人的"肺",就像皇家公园的作用是伦敦人的"肺"一样。很多在非洲丛林或澳大利亚的内陆地区有过长期经历的人都有一种需求感,想回归那里,再找回自我的力量。俄罗斯广袤的平原就给了我这样的需求感,也使我在一定程度上,能够理解那些以它们为题材的作家、电影制作者以及其他对广袤景观持有特殊感觉的人(图4.1)。

美国国家公园服务机构扩大了业务范围,包括负责东海岸的很多人文古迹,例如费城的独立厅,但是,业务人员统一的制服帽和卡其色布什制服仍然是原先机构的职能标志。虽然,随着描绘美洲巨大景观的图片以图书、展览、特别是西部电影这些形式流传到了欧洲,并且一直反复唤起人们对空旷、巨大、荒芜、干枯的野外自然界——危险动物和野人的存在更使之更具魔幻魅力的宏伟景观的固有印象,但是,也出现了布鲁姆向人们展示出来的跨越大西洋的雄伟壮丽的景观(1969年)。

1860年发生的美国独立战争是美国国家公园起源的一个重要因素。战争结束时,一些摄影家,例如,曾经以战争冲突为拍摄题材的蒂莫西·奥沙利文将摄影镜头从跨越密西西比的西部移向了类似黄石、大峡谷和优胜美地这样的自然风景。这样的摄影采用了非常显著的视觉标准,特别是相对落差极

图 4.1　宏大的景观。从一座修道院的窗户向外眺望，看到广袤的俄罗斯森林延绵不断。

大的景观，例如大峡谷和天然拱门或黄石的间歇式喷泉等奇特的景观。在这种标准下，越雄伟和越奇特的景观，越是更好的景观（特纳，1987 年）。然而，雄伟壮丽的景观所带来的问题是，当人们又发现了更宏大的景观、哪怕规模只大了一点点，那么，之前的那个宏大景观的魅力就大打折扣了，它似乎像是一种被浪费的资产而被淘汰了。甚至在英国这样的缺少宏伟景观的国家也同样如此。尽管斯科特的影响力非常之大，但是，例如，虽然苏格兰南部高地延展数英里，陡峭、高耸，还有湖泊，但却不被游客所惊叹。因此，南部高地、或许还有威尔士边界仍然不能与那些所谓的属于雄伟壮丽的景观相媲美。人们持续不断地想要在美洲发现西部更偏远地方的更加奇特的景观，而且，当人们能够到达海洋里的时候，就有人想购买阿拉斯加，使之成为当今的环境保护运动中心。1989 年发生的埃克森的瓦尔迪兹号溢油事故应被看作是生物物理领域的一个很大的精神损失。但是，人们探索巨大景观的欲望仍在膨胀，甚至很可能转向北极或南极更极端的地方，有朝一日，人们会不会下决心去太空遨游，以满足寻求更加宏大的景观的欲望？

　　其实，没有必要进一步探寻美洲西部去发现荒野旷地。即便当今的世界人口仍在增长，在美洲，还是有大量的土地面积，在大西洋海岸的州的土地面积也大得足够让欧洲人惊叹。在我第一次去纽约州北部的一个小停

车场的时候，非常清楚地意识到这个问题。我沿着一条满是污垢的道路回
到停车场，当时我想，这远远不如到下面的一条河或小溪旁边并沿着河边
的小路更为有趣。这是欧洲人的想法，认为那里肯定会有一条公共的或属
于私家的沿河小路。过了不久，沿河旅途的辛苦积攒了疲惫，一条大蛇穿
过我的两条大腿游向上游，在那里盘旋。美洲较欧洲更广大，也更富有自
然野生的特点。超验主义作家亨利·大卫·梭罗在瓦尔登湖的时候写了《瓦
尔登》(1854年)，这个作品成为仰慕美国荒野自然环境的宝典之一，这个
地方与波士顿、马萨诸塞州的距离并不太遥远，在这个远离城市文化的小
湖区，可以消夏度假，或许，在阿迪朗达克，仍然保留着美国人固有的、
最钟爱的景观活动……在"金色池塘"上。在19世纪中期，另一位超验主
义的主要代表人物是拉尔夫·沃尔多·艾默生，这种观点认为：自然界是上
帝的杰作，的确，证明上帝存在的主要实据就是自然界。

　　如果提到普遍认为的属于自然风格的景观，人们当然会想到美国东海岸
和在那里生长的人们；但是，在大多数情况下，只有美国当地土著部落的人
知道它们，并世世代代享用那里的一切。肯尼思·奥尔维格(2002年)以优
胜美地为例作了研究，说明美国国家公园服务机构必须大力加强严格的管理
方式，以维护公园在人们眼里的自然特色，但实际结果是依靠用火维护牧场
和公园的管控。但是，在所有对这类风景进行的价值评判中，它们是否属于
纯天然的以及野生生态完好的景观，被作为最重要的标准。在英文拼写中，
"自然的"和"国家的"这两个词极为相似，这并不是巧合，并且在美国，
或许还有加拿大和澳大利亚，凭借他们国家的天然野生的风景，成为富有神
秘色彩的国家——或许，使得这些国家以他们特殊的文化传说有别于欧洲国
家——把一个具有共性的民族神话故事提供给他们所有的不同的文化团体。
美国人在自己的自然领域里，用摄影作品来表达他们如何看待自己，例如，
爱德华·韦斯顿的塞拉俱乐部中安塞尔·亚当斯的摄影作品。这些都越来越
紧密地关联到美国国家形象的建立，如同康斯特布尔(英国警察)与英格兰
的关联一样。随着摩天大楼、秃头鹰、"道路"文化也被看成是大规模的景观，
面积宽广的景观成为美国的一个特色，而北美的大草原的景观，虽然也同样
宽广，但几乎被人们遗忘。然而，关于风景的概念通常应该包括有垂直感。
非常大面积的平地景观或许以其宽广的特色而具魅力，这种壮观与大海没什
么不同，但直到最近，人们设想，如果在景观中有大量垂直元素的融入，才
会使景观场面更为震撼。的确，湿地是平坦的，致使它们不属于被保护的景观，
并且，在1970年代，具有"坡度"和"落差"的特点是增加景观魅力的基

本要素。风景与景观的区别除了在视觉方面,另外还有一个方面,风景是无人场景,也就是,风景是没有人的痕迹的自然环境。

野外风景的景观不仅在美国和欧洲以外的大陆。虽然,指定沼地的法律障碍小于农场,特别是在准入方面,但是,英国国家公园的基本点完全靠"远离它"这个概念的轻重程度,的确,英国法律的核心是一分为二的观点,并考虑其中每一方的权利,建立英国国家公园的目的之一是吸引更多的人游览公园,很多人花费时间和精力招引学生们去约克郡谷地游览,或者,少数人去斯诺登尼亚,为了使身心健康受益,在这方面,更广为人知和被接受。但是,大多数提倡这种观点的人们会发现,如果公园里不断掺杂着其他人,他们就会觉得这个公园并不是属于"他们"的,以至于使他们在公园里享受景色的感觉大打折扣。一些公园特意为游客设计了"热门景点",使游客在这些景点里,既可以尽情享受大自然,又没有任何风险和顾虑——可以照看他们的汽车并享受餐饮服务——公园管理机构在这些景点所在之地作了精心的安排,使观光活动具有计划性,以避免随意的来访(图4.2)。苏格兰野外自然风景与斯堪的纳维亚半岛的野外景观即属于人们印象中的这类景观,它们通常被环保科学家和当地部落人群管理,大部分位于北部,远离城市,因此,"人文景观"几乎是与那种宜人的美丽风景完全不同的两类景观(松丁,2005年)。

宏大的自然风景一直是很多电影制作中选用的主要景观,在以牛仔和印第安人作为主角的一类体裁的电影里,常常以美国西部的雄伟景观作为背景题材。比较重要的冲突常常发生在牛仔与农村移民之间,最终,带刺的铁丝网帮助农村移民战胜牛仔。但是,如果把广袤的西部地区、自由的土地变成一块圈地和受控的土地,则趣味性会大大降低。这种延绵的广袤和纯自然景象得到基督教新教的坚定支持,因此,山脉不仅是属于国家的,也是属于上帝的。而在另一个相反方面,唐纳德·沃斯特(1994年)对有关自然遗产和人文遗产的"管理方法"这一概念进行了大量论述。这显然源自圣经思想,地球及其所有财富都是上帝赐予人类使用和开发的,同时,人类有义务保护它们。然而,这就出现了一个明显矛盾的方面,以在美国景观中的明显实例来说,如同沃斯特举例说明的有关对所有食肉害兽的消灭活动。另外,在拥有广袤土地的国家,人们认为自己国家的地域如此之大,以至于一些废弃的碎屑被扔掉;人们认为破坏这一点点环境无关紧要,因为我们还有很多广袤和美丽的领土。在英格兰,土地的特点是乡村景观所受的管控程度很高,富有"绘制和拼凑的、休耕犁"的特色,如同诗人

图 4.2　达特穆尔的《热门景点》。普斯特桥的钟锤桥,有停车场、商店和游客中心。拍摄这张图片的那个时期,从德国、法国、苏格兰和捷克共和国有长途客运汽车通往这个景点。

杰勒德·曼利·霍普金斯描述的那样 [1],这些地方乱丢垃圾的现象令人惊奇;甚至在苏格兰高地的部分地区,随意乱扔垃圾的现象也很明显,对于乱扔垃圾的现象,往往使人联想到的是英国内部的城市,而在乡村,这种现象则比较容易被忽视。

　　另一种类型的景观,即在未开垦的处女地上有一大片房屋以及活动住屋或家庭拖车的停车场,杰克逊在他的两个作品里都对这样的景观进行了深情的描述,一个是在名为《发现本土景观》的书中,另一个是在名为《景观》的期刊中,而今,不幸的是,它的影响已荡然无存了(杰克逊,1985年)。这些文章从未成为知名的学术作品,以至于那些地方使人引发的情感也销声匿迹了。许多美国摄影家的作品也曾充满感情地展现了这些地方和那里的居民。

　　讲到这里,读者或许会理解为什么需要单独的一个部分,用来说明风景或野生自然风景作为景观的概念,因为,风景景观在以美学观点看待景观的概念里,是一个相当专业的部分,被认为是关于视觉风景的景观,而且是广阔的风景景观。但是,在这种风景景观的概念中,野生自然景观的概念与视觉美学中的风景景观的概念有本质的不同，野生自然景观的概念与生态活动密切相关，包含保持生物多样化、保护自然和野生生物、自然界的管理方法等理念。野生自然的特性长期以来具有一种类似精神上的意义，它开发了一种娱乐价值，例如，美国国家公园（和州立公园）既没有日常居民，也没有工业的涉入，但固定地为游客开放——这个政策并不总是与保护自然生态的理念相一致。它们也具备教育价值，在自然界里的日间旅行和夜晚露宿，特别是夏令营的活动，与美国社会的结合变得越发密切。因而产生了"环境的说明"这个概念，弗里曼·蒂尔登的作品（1970年出版）对这种核心思想进行了很好的说明。这个活动有明显的福音传道的氛围：景观（"乡村"一词完全不等同于这些野生自然的地方）是一个学习管理方法的需求的地方，也是从不同的移民群体中建立美国人群体的地方，另外，也是干净的居住的地方和社会活动的地方。不知为何，男童子军运动的制服看起来很恰当。景观，尤其是被保护的景观被看作是一个国家的肺部，对身体的健康至关重要，如同城市里的市政公园。有些人对上帝 / 人类 / 自然界的综合复杂性的理解是，自然界因神的显现而形成；另一些人认为它的意义更深远，自然界取代上帝，作为本质上的神。然而，这就不可避免地加入了一个重要的民族主义者元素，希特勒青年运动就很好地证明了崇尚自然的户外活动可能因其目的不纯而被歪曲。

野生自然和生物多样化以及保护植物和动物物种等方面之间的关系是很复杂的。崇尚"自然的"这种观点所产生的副作用之一是，认为保护自然界最好的方式是保持这些地方自然的原态存在，不受人类或外界的任何干涉。在四周用围栏把它们保护起来并拒绝进入，以此很好地保护和实现了生物的多样化。如图 4.3 所示，在捷克共和国诺夫·赫拉迪附近的一个自然保护区，四周有围栏，中间是被重点保护的生态区。必须得到特别允许，才能进入这样的生态保护区，而要得到这种特别允许则非常之难。总体而言，认为保护生物多样性的最好方法是让这个地方保持原态生存、不受干扰的观点不完全符合事实。把一个地方用围栏保护起来，这样做的目的是想防止人类或人类饲养的动物入侵其内，但很可能同时也会防止其他动物的进入。一直以来，很多物种已灭绝，甚至连本来属于在当地生活的一些动物也灭绝了，例如英国已消失的狼或海狸；同时，却出现了原本不属于当地物种的动植物——北美灰松鼠、悬铃木、杜鹃花——或许这样的结果才符合生物进化观点所认为的真正的"自然的"状态，而完全不是人类设想的那种"自然的"状态。人类，特别就目前的数量而言，也不能脱离这种情况；

图 4.3　捷克共和国诺夫·赫拉迪附近的一个地方。它的四周有围栏,表明这是一个自然保护区。

自然界的物种如果要生存下来,就需要被理性地管理。因此,需要对自然界进行保护,甚至通常为此需要进行设计和建造。与文化遗产和人文景观非常不同的是,为保持自然状态而进行的建造行为,往往使保持自然界的真实性这一概念(很可能是貌似真实而实则虚幻)大打折扣,因为自然景观也会被人为运作。一个有很大的争议问题是,当它是一个被淹没的硕士坑的时候,这块湿地会有多少真实程度(埃利奥特,1997 年),但答案很大程度上取决于生物多样性的程度,而不是文物建造领域的抽象概念。复制和重现具有生物多样性的自然界的动物栖息地,需花费很长时间,但令人惊奇的是,英国鸟类保护皇家学会(RSPB)非常迅速地建立了鸟类保护区,按计划养育和保护的那些品种的鸟类非常适应那里的生存环境。

　　我们很多最宝贵的栖息地,例如高沼地和沙丘,如果禁牧就会消失。要保留荒野的存在就必须避免在其中种树,特别是桦树和松树。一方面是自然风景概念,另一方面是环境观点,而景观概念与这两者产生摩擦的地方就在于此。的确,有时不容易把景观和环境这两个概念分开,尽管关键的一点是,景观包含了人的感知和互动;这种感知不只是视觉上的,还必须包含一些人对某个地方的其他感知因素。"环境"一词也有某种含义，人或动物，它的中心意思是"被围住的"，但用它表明一个概念，即它是由生物物理法则直接产生的更多的结果。

在某种程度上，这类景观概念与美学观点有一些共同之处，即评价景观质量的一个关键因素是它在视觉上的美感程度；但对野生景观的赏评，在很大程度上取决于它的"自然程度"，无论这种自然属性有怎样的含义。但是，景观要素包括尺度这一要素。在环境、景观、野生和自然所有这些领域之间的复杂互动中，都是以它们具有一定的尺度规模为前提的。这表明景观是大的——比一个单纯的花园大，或许甚至比一个或两个农场还要大。这并不与早已根深蒂固的视觉美感至上的景观概念相违背，因为尺度这个要素，即景观规模的大小，可以通过视觉感知而估测。目测到的景观规模很可能是方圆大于 100 米而小于 50 千米（天气好才能目测跨距有多远）。我们认为，近距离的一棵树或一个乡下小屋不算是一个"景观"。生态学和考古学这两个学科在使用"景观"一词的时候，虽然分别在不同的尺度上，且目的也不同，但它们所说的景观都包含了尺度这一要素。

在威廉姆·霍斯金斯关于景观的概念中，认为景观是有历史性的人造产物，有待于人们去解读它，这显然与考古学非常接近，而且，考古学学者和历史地理学学者都接受并沿用了这一观点，但霍斯金斯自己的学科——历史学的学者却并非如此。地理学学者和考古学学者的倾向性通常不同，他们之间存在的差异是，地理学学者通常用过去的事物解释现有的景观，而考古学学者通常试图去重建过去的景观，有时甚至是物理上的重建。但考古学包括的概念还有，为了寻找其他考古遗址而仔细查看景观、亲临现场体验以及使用航拍照片（阿斯顿，1985 年）。彼得·富勒（1972 年）把不进行开凿挖掘、只进行考古实地调查看作是英国特有的做法。目前研究的古迹比传统的史前的考古学距离现在更近得多，甚至是 20 世纪的遗迹，因此，历史学与考古学的区别变成在方法和证据性质上的区别，而不是在时代上的区别。已有迹象表明，伟大的史前遗址被人们看见的那些部分，例如山堡垒和巨阵遗址，只是相应的一系列场景和更广阔场景之中的一部分，而其余更多的部分现已全部掩埋于地下。这就是考古景观的研究领域，例如"巨石阵及其景观"这一说法就意味着遗址及其周围地区，在这一地区内，巨石阵是中心标志，另外，在这一地区内，还包括相关的人工制品和名胜古迹。

最近，在《世界遗产名录》中添加了英国的"人文景观"康沃尔和德文郡西部矿区，它包括 10 块不同的土地，每一块地都具有极为丰富的矿产。

把景观作为"更广阔的环境"而使用，发展成为与"地点环境"这个概念非常接近。为了确定在这个区域里有什么重要特点，因而其他区域承担着一个支撑作用，即根据其他区域显示的有关信息，不仅能显现出这个区域的主要特点，而且可以为解释主要遗址的重要性提供证据。这肯定是一个有用的概念，特别是在有关考古遗产的管理方面，直到主要特点的有效性被质疑之前，都会保持这个概念。其他不同学科的人或当地人或生态学者可能会反对。在这种"地点环境"中，可能会有相当多的活动和开发被限制，或许有人对因考古遗址的重要而限制在此区域进行活动有很大的质疑（特别是在遗址全部掩埋于地下的情况下），这些人会认为，这种限制可能会妨碍进行农业活动或不利于保护野生生物，即便只是单纯地在这里享受一个自己喜爱的野餐也会被限制。例如，为保存巨石阵遗址的地理环境，有一项建议包括在一个隧道里设置 A303 主路，造成很多人不能在常规的（和自由的）方位和角度观看遗址建筑。在意大利或希腊这种拥有太多历史和史前遗迹的国家里，决定保护所有的遗址地点环境，就可能波及全国的大部分地区，而一个学科也因此成为知识管理的垄断者。

美国人倾向于使用"视域"一词表述这样的区域，从这里可以看见某个地点，这就是说，从这个地点也可以看见那个区域。在英国，规划法律将会不仅考虑其他感知因素，还会考虑视觉能见度。现代化发展的声学测距，特别是风力田，是需要考虑的一个重要方面；另外，在工业的发展中，产生有毒有害气味的情况需要特别加以控制，尽管这样控制不一定总有效——经常在 M5 上驾车驶过布里奇沃特的人将会见证。法国对遗址"地点环境"的保护意识甚至更强烈，在法国设立的《建筑、城市和景观遗产保护区制度》（ZPPAUP）就说明了这一点，依据这个制度，2005 年，设立了 475 个保护区。按照制度确定一个遗址和一个古迹，这与"英国的保护区"很相似，确定地点之后，将会限制在它周围 500m 的范围内进行开发活动。

在生态学家看来，景观也同样是有尺度规模的；的确，生态学目前是一个大学科，并且很受尊敬，特别在欧洲中部和东部非常根深蒂固，但现在，在国际景观生态学协会（IALE）的支持下，生态学得到了更广泛的扩展和传播。[2] 生态学是 20 世纪的一门科学，它有两个分支：个体生态学研究一个特定的生物物种在其环境中的情况，特别是这类生物体与其他植物和动物物种之间的关系；与之相对应的群体生态学研究所有生物物种之间的相互交织的关系，包括在某个特定地方存在的能量交换。有时，这些关系或许是真正的共生关系，在这种关系中，物种之间相互需要，没有任何一个

生物体能够脱离其他生物体的存在而存在，但是，真正共生这个词最经常被误用于表达任何一种亲密关系。

图4.4 在德文郡 Zeal Monachorum 附近。三种栖息地共同存在于一个群落交错区域里。

生态学关注的焦点包括各种规模的地方，或许是最著名的栖息地，而它们也可能是很小的壁龛，还可能是较大尺度规模的景观和生态系统："景观生态学最突出的特点在于它强调的是格局、生态过程和尺度规模之间的关系以及它关注的是更大尺度的生态和环境的问题"。[3] 景观生态学使用诸如"斑块"和"基质"这些术语，基于栖息地的异质性和连通性等理论进行研究。它的一个关键特点是强调不同斑块之间的分界。因此，在这种生态意识里，一个景观包括多种多样的栖息地；但它仍是一个水平范围的地方——它存在于平面上而不是高度上。它也包括在其中至少有两个不同的生态系统和很多群落交错区区域——栖息地之间的边界。在生物多样化和经济利益方面，边界地区通常是最富有和最令人感兴趣的地方（图4.4）。

对于在更广阔的领域里进行景观研究，景观生态学最重要的贡献之一在于，它确实始终把研究的焦点集中在生态系统之间的边界及其边界内的情况这些方面。鸟类研究者都知道，那些最有趣的地点是森林的边缘或村落的周边。一个更大尺寸规模的景观是，很多集镇位于两种截然不同的地质区域边界, 目的是使两个地区通过市场的流通, 实现把一个地区的产品供给另一个地区的居民。这是有关选定方面的诸多问题之一。如果你很认真地确定一个白垩丘陵地作为一个区域, 会给乡村和城镇都带来难题, 因为它们坐落在悬崖脚下, 通常, 那里有泉水从白垩地层下冒出。英格兰北部山区的很多郡以下行政区有同样的情况, 那里的荒原受一个低地村或乡镇的管辖。对于那些古老的教区的边界区域的创建, 可享受更优厚的地理条件, 而这方面能够达成共识, 也就是, 每个教区都能分享平原、山坡和地底或后面的山。尽管在生态学家看来, 景观可以容纳很多种栖息地, 但作为一个计划定义系统, 它们总是要有与其他景观的分界线, 而分界区域或许还是会被忽视。对"斑块"的兴趣和"斑块多样性"的重要性以及整个关系网中的相互联系和互通的重要性, 在很大程度上, 一直都来源于这门学科, 并且, 在极其人性化的景观中保留野生生物物种的能力一直在这一观点中获益颇多。

无论如何, 景观生态学一直是一门科学, 而且是多学科的科学, 因此, 尽管其他学科在相关领域的贡献也有目共睹, 但是, 与此同时, 生态学原理和从这些原理中产生的指导纲领一直占据牢固的主导地位。这个领域里, "国际景观生态学协会"历来都是最有活力的组织, 然而, 多学科景观组织的典型特点是, 通常其中的某一个学科的意见就能成为涵盖多方面的决定性意见, 而不是多学科中的每一个学科将自己的意见提交到议程上, 多方共同商定决议。各个学派将提出自己关于景观的概念和观点, 通过圆桌会议进行研讨和商定, 来自很多国家的专家就此议题进行研讨, 试图形成一个共同认可的定义, 并将基于这个定义实施相关计划, 有关这方面的情况将作为下一章的主要内容。在这项工作中, 一定需要回顾景观历史, 全面考虑各个学科在其中的各种贡献, 使景观概念更丰富而充实, 但这个概念定义很难持久不变。

至此, 我们已知道了理解景观含义的两个主要思路: 一个来源于人文景观的概念, 涉及对历史景观的挖掘和了解; 另一个来源于艺术以及对景观美学的关注。与此同时, 我们补充了野生自然景观的概念, 这种景观既可以促进身体健康, 又具有精神层面的意义, 使我们的身心受益, 另外, 我们还讲述了关于"景观是有尺度规模的"这个观点。在所有这些概念中, 大多数观点都强调视觉的作用非常强大, 然而, 在对景观的认识方面, 有一些观点上的冲突, 有一些观点认为, 景观具有历史意义, 而另一些观点则认为, 景观关系到现在和未来的发展。还有一些冲突表现在, 一些观点认为, 景观富有浓厚的情感色彩，这种情感甚至就是景观的内涵所在，这与景观概念中关于防御和所有权的观点有着密切的关联，而另一些观点则认为，景观是一个供学术研究的领域，几乎是纯理性的，并无感情色彩。基本形成共识的观点之一是，认为景观具有一定的尺度规模（比英国的一个郡县小，但一定要比一块田地大几倍）。在很多情况下，景观被认为是上帝赐予的天造之物；只有景观园丁才清楚，可以通过大量的人工劳动而改造景观，而艺术家或许认为，不只是园丁才能改造景观，改造景观也是艺术家从事的工作，虽然只是在画布上而已。还有一些观点认为，属于景观的地方应该是几乎了无人迹的地方，无论是人文景观，还是审美学认定的景观和自然风景景观都应如此。由于逐渐引入了来自欧洲其他地方的景观概念，因此，这种假定和认为视觉作用占主导地位的观点都将有可能会被质疑。

参考文献

Aston, M. (1985) *Interpreting the Landscape: Landscape Archaeology in Local Studies*, London: Batsford.

Elliot, R. (1997) *Faking Nature*, London: Routledge.

Fowler, P.J., ed. (1972) *Archaeology and the Landscape: Essays for Leslie Valentine Grinsell*, London: John Baker.

Hoskins, W.G. (1955) *The Making of the English Landscape*, Harmondsworth: Penguin.

Jackson, J.B. (1985) *Discovering the Vernacular Landscape*, New Haven: Yale University Press.

Olwig, K. (2002) *Landscape, Nature and the Body Politic: From Britain's Renaissance to America's New World*, Madison: Wisconsin University Press.

Rosenblum, R. (1969) 'Abstract Sublime', in H. Geldzahler, *New York Painting and Sculpture 1940–1970*, London: Pall Mall.

Sundin, B. (2005) 'Nature as heritage: the Swedish case', *International Journal of Heritage Studies*, 11/1, pp. 9–20.

Thoreau, H.D. (1854) *Walden or A Life in the Woods*, Boston: Ticknor and Fields.

Tilden, F. (1970) *Interpreting Our Heritage*, Chapel Hill: University of North Carolina Press.

Turner, P. (1987) *History of Photography*, London: Hamlyn.

Worster, D. (1994) *Nature's Economy: A History of Ecological Ideas*, Cambridge: Cambridge University Press.

练习

1. 写一篇论文，中心议题是关于景观所具有的对人类心理健康和精神世界有益并产生积极作用的方面。这篇论文除了包含大众文化方面的内容，还应涉及诗歌和文学领域的内容。或许首先可以从《环境心理学期刊》中找到有关科学依据。

2. 在你所在的地区，找到已被预定为考古遗迹的地方，了解它们是如何被确定级别和受保护的。它们之中有多少是对公众开放的，对公众开放的那些部分中有多少是旅游景点（例如，那里是否有一些游客设施，或者是否实行游览收费）。这个预定的区域环境已被处置到怎样的程度了，视域情况，也是被保护起来和受到控制了吗？

3. 群落交错区。找一个半自然的地方——一块林地、荒地、公共地、旷野、海滩等——画一张包括你感兴趣的物种的地图。这样的地图或许可以显示出一些鸟类的栖息地，或一些种类的植物和蝴蝶的栖息地。地图所显示的也可能是这些物种因迁徙而进进出出所经过的地带。

注释

1. 杰拉尔德·曼利·霍普金斯，《斑驳之美》。

2. 国际景观生态学协会，网址是：http://www.landscape-ecology.org。

3. 维基百科，网址是：http://en.wikipedia.org/wiki/Landscape_ecology（2011 年 5 月 22 日以后，网站对外开放）。

5 欧洲圆桌会议

前面几章所讲述的很多观点在很大程度上是倾向于英语文化的景观概念，而且基本属于英国式的景观概念。当来自"欧洲委员会"成员国的景观专家汇聚一堂、共同讨论建立一个《欧洲景观公约》（ELC）的时候，每位代表都各持一套自成体系的观念，这些观念丰富有力，有时甚至与英国专家的观念不相上下。这种情况愈演愈烈，在1993年布洛瓦会议上已尤为明显，在会议上，艾德里安·菲利普斯率先提出《公约》（1992年）供代表讨论，而其中的部分内容早在《欧洲景观公约》之前在1993年的《地中海景观纲领》[1]里也有表述。由于现在的情况是，欧洲委员会实际上包括了全欧洲的国家，除了欧盟（EU）成员国以外，还包括俄罗斯（一个拥有大量景观的国家）和土耳其，因此，在达成统一的方面则难度更大。大家试图达成共识，但无论在任何问题上，能够实现达成共识或许都会令人感到不可思议，虽然可以达成一个分歧较少的观点，但这并不能说明大家达成了共识——这仅仅是在没有特别反对意见的情况下，大家就一些词语的问题取得了统一，但这只是使各个国家（和各个代表）认为，大家都在分享同样的概念，然而，很难知道的是，这些共同分享的概念是否基于真正共同的理解。这与对颜色的概念有点类似：例如，我对"紫色"的概念是基于我对它的认知和感觉，而你对"紫色"的概念是基于你对它的认知和感觉，两种认知和感觉可能非常不同，虽然"紫色"作为统一的词表示"紫色"这个概念，但在不同的人眼里，"紫色"或许各不相同。

幸运的是，欧洲委员会仅使用英语和法语两种语言，但是，其他国家在提交会议上表达自己的观点的论述中，仍会使用自己国家的语言表述一些词语。针对英国的景观概念和德国的景观概念（landschaft）之间的区别，一直都有大量的论述，特别是肯尼思·奥尔维格在这方面的研究工作（2002年）。在德国的景观概念里，"所做的"比"所看的"要多得多。虽然景观一词在

图 5.1 Tonning,
德国北部。景观旅
店餐馆。

英语和德语中的词根相同，但英语中的景观一词的后半部分"scape"明显含有"具有一定程度"的意思。在这个含义中，我们不仅包括了在视觉上感知的那些地域，例如城镇和海景的面貌，而且还包括了在听觉上感知的广阔的音域，它意味着景观包括一个地方周围所有的声音——或许那个地方是音乐厅，然而，它就是通过声音感知的景观。奥尔维格的研究揭示了英国与德国在景观概念方面的重要区别，他提出，英语中的景观一词起源于 17 世纪，产生于皇家和贵族的观念——景观是一种或许只能被它的拥有者所理解的事物，或许并不能被那个地方的劳动者所认知。没有人认为自己的耕作是在景观中，劳动者感觉到的只是在一块土地上进行劳动而已。这个概念强调视觉优先的作用和审美学的观点，这也正是我们所看到的、在英国的景观概念中一直延续着的一个基本观念，甚至到如今仍在延续。然而，在德语中，景观"landschaft"的含义是在某片地域中的一个独立的地方，特别是在沿着从丹麦到荷兰的海岸的德国北海海湾地区。被称为"landschaft"的地方就是在某片地域中的一些独立的小单元式的地方，它们之中有一些仍保存至今（图5.1）。这种类型的地方不仅代表着具有一定面积的一块土地，而且这块地方在很大程度上是由那里的居民及其祖先通过劳动建造而成的——确确实实有很多这

样的地方，例如，经过世世代代建造的围海堤防建筑和排水的低田地区。这
是极为民主的观念，全体人民共同付出劳动以及共享劳动的权利和责任。在
德国，这种观念始终推动着景观建设领域的发展，因此，德国人认为，自己
就是自己国家景观的创造者。在可持续景观的创造领域，在景观园林设计领
域，德国一直处于遥遥领先的地位，很多值得参考的最新"自然的"植物种
植观念都源自德国。德国代表团和英国代表团在很多方面存在分歧并不足为
奇。事实上，德国的确尚未签署《欧洲景观公约》，然而，这很有可能是由
于在德国实行的高度民主和政府权力下放以及把一个地区里的利益权力下放
给那里的很多不同的土地所有者而造成的结果，在这样的情况下，不可能取
得一个大家都认可的共识。

法语里的景观一词是"paysage"，在其他拉丁语语言里的这个词都类似，
例如西班牙、意大利、罗马尼亚。在法语里，"paysage"一词与"pays"和
"paysan"这两个词都有密切关联，正如之前在我们讨论景观的人文概念时
所提到的那样。由维达尔·白兰士领导的法国杰出的地理学校特别关注有
关"pays"含义的确定及其绘图，"pays"的意思是相似的景观的一个单元
部分，植被和人文传统，包括农作物。它也许也包括奶酪和葡萄酒或当地
特产的其他酒。一个"pays"类似于所谓的景观的特征区，但后者是由专
家定义的，而前者则应是人文本身所显示的特征，正如我们在第一部分看
到的，例如塞纳河附近的克桑·诺曼德，或以泡沫酒和没有树木的开放景
观而著称的香槟地区。[2] 在偶尔的情况下，这些"pays"与法国大革命之前
的古老省份有关，或也可能与现代的某些部分有关，但是，通常它们比以
上两种情况中的任何一种都小一些，并且，与"景观尺度规模"密切相关。
另外，"pays"是"paysan"——或农民栽培的结果。在法国的观念里，农
民这个词并不等于农民工或只是指乡巴佬之类的人，在英国，农民一词或
许是这个意思，但是，在法国，农民这个词的意思是一个小型农场的主人，
拥有属于自己的一小块土地，依靠在这块土地上的劳动成果供养家庭，再
把一些盈余的东西拿到当地的市场上交易，了解和明白这个观念是很重要
的。"paysan"在法国人的精神和心灵世界中是一种最重要的形象，尽管有
时它会让人想到精明和贪婪，但这种形象完全不代表愚昧，因此，景观的
概念与小型的家庭农场以及在那片土地上的生产和劳动成果紧密地联结在
一起——"terroir"（图5.2）。以这种法国式的理念，比较难以牢固形成这
样的景观概念，即大多数景观是在城市或城市边缘地区，或是工业的、沿
海地区的景观。在前面已经讲述过，法国也是在重要的城市景观的发展过

图 5.2　法国的里永。当地的市场展示着那个地区的各类土特产。

程中享有盛誉的国家，尤其在巴黎的拉 维莱特就是一个大规模的豪华景观的实例；另外，在正规的园林设计方面非常专业，这不仅体现在城堡和市政公园等景观中，而且，在卢瓦尔河畔肖蒙的年度展览中也有所显示。法国有著名的设计师，包括景观设计师，其中有一些几乎家喻户晓。[3]

　　当斯拉夫语系的国家加入欧洲圆桌会议时，使用的景观一词常常与捷克语的"克拉伊纳"相似。例如，从乌克兰使用的名词中可以看出。这个词含有强烈的"领土"寓意："我们的"地方必须防守且要保留边界线。在俄罗斯，有关景观领域的杂志名称就是《Territoria》。一眼瞥过地图上的巴尔干半岛诸国，至少在早于 1990 年的地图上会显现出一个庞大的国家，它的版图与西欧国家的总和差不多，但在很大程度上，这是由于第一次世界大战胜利的盟国，尤其是伍德罗·威尔逊总统的强行宣传而产生的结果。实际上，多种语言及种族混合在一起是一个更加复杂和精细的问题——仅从 20 世纪 90 年代南斯拉夫的解体中就可以清楚地看出这个问题。甚至在更偏西北的摩拉维亚等地方，一个村的人和与其相邻村的人使用的语言不同，并且这种情况很普遍（例如，在罗马尼亚的马扎尔人和德国人），另外，这些人信仰的宗教或许也不同（天主教、东正教和伊斯兰教）；因此不可避免的是，所有这些很小的区域也被倾向于当作景观，至少当地居民认为如此。很多现实情况是，他们的"pays"保留了不同于他们形成的单一民族国家里的人文内涵，这种差异远远多于在法国、德国或英国的人文差异。

通过以上讲述的各种景观概念和各个地方对景观的不同定义，使我们不难理解，为什么在有关景观的问题上会经常存在争议，而这些讨论往往集中在有关乡村景观的问题上，我们也不难理解，为什么引出的结论是需要保存这些景观并对它们进行保护，而不是对景观进行开发。当我们看待景观的时候，在潜在的意识中，往往有一种社会观念，即认为那些对保护景观有需求并为之努力的人都是景观的拥有者；除了土地所有者本身，还可能有获得授权的几代居住者。在诸多有关景观问题的争论中，总有一些人比另一些人获得更多的平等。新的——乡村的——相对富有的外来者移居到郊外——这是一个最显著的族群，但大多集中在欧洲北部和西部。如果是向南部和东部迁移，乡村中产阶级化的概念不会变得这么显著。

在这些争论中，另有一个引人关注的兴趣点是，使用非英语和非法语的语言产生的额外问题。不仅是他们在争论中常常使用第二种语言——他们虽然对字典里关于景观的概念有确切的理解，但对英语和法语词汇中所隐含的暗示却只有模糊的理解；然而此外，他们或许一直比较熟读美国书籍，美国式英语在表达一些词汇的意思上，也存在微妙的差异。正如第3章所论述的，在美国式的概念里，景观充满了"野生特性"，但不仅如此，在地理文献中也有几乎与之相反的推论，认为景观是"计划中的产物"，以至于景观完全可以被很好地设计并制成一个景观规划图，在这种情况下所使用的词汇非常相似于法语里的"pays"。很多英国文学作品深受美学传统的影响并出自美学传统，建筑物被看作是景观，因此，景观非常之多。所以，在那些由英国人规划设计的景观中，正如在"历史特征评价策略"中，有一个推论是，在这个区域里，显示出其中的大多数景观具有一定的共性特征，这与"这个区域是一个景观"的概念完全不同。不足为奇的是，我们的欧洲同事们常常很难达成共识，甚至有关最简单的定义的理解，要取得一致意见也颇为不易。

在每个国家里，景观这个概念都以其自身的学术形态而存在，通常倾向于被框定在一个或两个专业领域的知识范畴内，不过，这样的情况常常会受到来自其他专业领域的种种争议。在社会团体之间，对于土地和景观的掌控权的争议主要源自权力集团的想法，但在学术方面存在各种不同的见解，由于各方的争议，仍无法形成知识界的权力集团。甚至更为常见的是，同一个大学或同一个系的一个学科的研究人员在使用同一个词时，各自想要表达的意思也许不尽相同，而且彼此并不太了解。因此，导致的结果是，在圆桌会议上，各个代表的意见不仅代表各自国家的语言所承载的含义，而且还代表各自学科的内涵。杰伊·阿普尔顿曾在一次会议上画了一系列圆圈，可以看出他们都重叠在中间部分。每一个圆圈代表一个学科，其中有一个叫"景观研究"，这就是他们重叠在一起的地方。因此，每个景观专家都觉得与自己的学科相关联，但他们都一直寻求与其他学部的理由共通的部分；而之后，当他们尽力描述这种共通理由时，可以看出，似乎这个共通的理由其实并不完全共通。[4] 当然，接下来所谈到的不需要特别细微精准，它并不是描述确实的情形，而只是一个大体上的轮廓印象。意大利的风格很像是一个设计师，这或许因为意大利有太多千年以来精心建造的景观。甚至意大利的花园的风格也明显带有设计建造的特点，而不是自然的——自然环境通常因人的意愿而被建造，而且，意大利的国土频繁受到地震和火山灾害的影响，因此，不足为奇的是，在所有的规划中，建筑设计师处于核心地位；也或许因为意大利确实比更北部的国家少一些对大自然的浪漫情怀。

　　法国的高等教育体系包括"学校"。这些学院是他们的专业领域里的教育和研究中心，"国家高等景观学校"（ENSP）是景观专业领域里的教育和研究中心，坐落于凡尔赛，使用部分宫殿场地。法国的这种情况势必会影响他们构建美好景观的态度，而且，ENSP 的核心专业是园林建造——然而，法语里的 paysagiste（景观）一词不能被单纯地翻译成某个意思。在法国也有景观产业，那些实际建造新公园、管理林地、培育新植物的人被称为景观工程师，他们与学术界的结合程度比英格兰学术文化中的普遍情况更为紧密。但法国也以它的地理和哲学闻名，地理和哲学是法国各级教育中的重要学科。景观核心观点中的哲学思想大多来自法国（福柯、布迪厄、德里达等），不仅如此，而且他们运用的哲学基本观点也非常重要。这些年来，我确实对英国的研究基金的申请情况进行了评估，并不断找出"这项研究的重点是什么？"而后，我发现，在同样对法国的申请情况进行评估的时候，标注的只是"理论是完美的，但你在实践中实际要做的是什么？"

　　北欧国家比欧洲的南部国家对自然景观的关注程度高得多，最有代表性的很可能是生态学家，因为生态学家的研究内容与生物多样性的问题紧密相关。而且，现在，北欧对在英国标准里所认为的那些极具野生特色的地方，例如古代的农田等这类"人文景观"更感兴趣。的确，在瑞典南部，各个历史阶段的一些农场被有意识地保存下来，那里非常重视考古实践，正如我们在第 1 章中所看到的。同时，在那里，或许对景观的重视多于对生物多样性的重视，然而，在景观的人文因素方面需要强调的是，完全由人工设计的人文景观不利于野生自然界——尽管我们在这方面的态度肯定还在变化之中，以至于目前在评价有关展览时，人们固有的评价要素是，人工园林需伴有野生生物，例如在切尔西，英国皇家园艺学会（RHS）的展评；另外，英国确实希望把花园里是否有野生生物作为花卉大赛中的评价标准之一。[5]

在德国的景观观念里，民主化程度非常高，如我们所看到的那样，极其关注景观的建造。他们的景观设计师在设计时非常注重生态观念，这方面一直处于世界领先地位，而且，他们的自然环境保护系统也非常强大。在德国，一个国家公园通常就是一个"不允许进入的地方"。此外当然还有，第一次世界大战后，德国需要重建一些景观，满足他们对故乡的热爱（家园），这种需要使他们一直拥有一种强大的动力，因而采用务实的解决方案，同时，严格遵循生态法则。[6]在德国，人们对当地的地方依恋非常浓重，这在浪漫主义运动中的他们的艺术和音乐里都有所反映，造成这种地方情结的主要原因是，在19世纪中期以前，德国是由很多个小公国组成的。

那些位于老"铁幕"以东的国家不可避免地因其多年的社会主义思想影响而沿袭他们的景观观念。很多这样的国家把他们的景观看作是爱国主义思想中具有深刻意义的一个要素，当民族主义受挫时，他们会竭力维护。他们没有心思考虑创建一个平衡的整个欧洲的景观。但是，他们的景观设计师和规划者也仍采取非常积极主动的方法对待未来的景观。由于人口流动情况非常严重，因此在很多乡村里，无法追溯当地居民很多代以前的情况。图5.3所示的是人口匮乏问题地区的状况，第二次世界大战结束后，由于苏台德的德国居民被依法驱逐，那里变成一个边疆地区，之后不再有人居住。因此，景观规划者难以采取有公众参与的景观概念。如同西欧国家的普遍情况一样，他们也同样一直信服专业知识的重要性；但是，两者都不能完全认同民主商议的必要性。每当景观专业的学生进行他们的毕业答辩论述时，如果被问到"当地人的想法究竟是什么？"他们通常都茫然不知所云。

因此，俄罗斯的规划师、德国的园林设计师、瑞典的生态学家、意大利的建筑师和法国的哲学家／地理学家，再加上英国的考古学家，都将汇聚一堂，共同研讨景观的问题。目前，在考古学领域里，虽然我们也看到在景观概念方面仍有另外不同的观点，存在少许微小差异，但已形成了一个达成共识的景观概念。在从事研究有关"英国的遗产"问题的工作人员中，考古学家是重要的组成部分，他们在制定管控遗迹的计划方面提出建议，

图 5.3　捷克的波霍日，在奥地利边境。在这个景观区域里的绝大多数居民已迁离此地。

如同建筑历史学家在制定管控建筑的名单方面提出建议一样。因此，研究有关"景观"保护的问题时，考古学家能够很好地担当这方面的职责。由于他们所受的专业培训的影响，以及受到威廉·霍斯金斯、迈克尔·阿斯顿等人工作成果的影响，使他们在对景观进行评价时，把历史重要性当作首要标准。对于布鲁塞尔人谈及的"人文景观"，威斯敏斯特人很可能把它理解为"历史景观"。在英国，也有无数的、种类繁多的被保护的景观，因而可以看出，景观主要是用来保护的，而不是用来开发的。

　　这样一个不同的工作组应该能对"景观"这个概念进行全面的定义，这个定义完全可以写入覆盖整个欧洲的公约里，这确实是一项肩负众人之托的非凡职责。完成这项职责之后，"ELC"继续进行有关工作，并向政府部门提出请求，目的是保证每个地方的景观都能获益。这个定义是："人可以感知的一个地区，它的特征是，自然的因素和／或人的因素产生作用和互相影响的结果"。就某些方面而言，这是一个极具颠覆性的定义，并且意味着现有的很多有关景观的常规概念因不能真正符合这个定义而不得不受到质疑。首先来说，在这个定义中，一个景观是指一个区域（这个定义并没有表明这个区域可能有多大的面积）。一个景观不是一幅图画或一个区域的代表性展示，而是本身就存在的一个区域。图画（以及以文字或声音或舞蹈等形式对一个地方的描绘）或许有助于我们了解人们对那些景观的观念，但它们本身并不是景观。我本人的观念在经过了一个艰难的发展过程之后才认识到，景观只存在于人们的想象中，因为，每个人感知的景观都与别人感知的景观不同。但这也需要修正，因为一个区域具有真实的存在状态。然而，当一个景观不仅存在于人们的想象中时，这个词的含义是人们能够感觉到它。这就引起了各种各样的根本性的观点。例如，南极洲有没有景观？当然，目前很可能没有人感知过那个地方，哪怕只是那里的任何一块陆地，如果人们对它有所认知，也只是通过媒体。但是，我们现在能够以此推测的是，最重要的景观是那些被更多的人能够更多感知到的景观，被人们感知较多的景观比其他景观更重要。或许这也意味着，对景观的感知程度是衡量景观重要性的一个要素。如此看来，在英格兰，最重要的景观不是诺森伯兰国家公园的一些偏僻的角落，而是伦敦的皮卡迪利广场。这是景观理念中的一个重要转变，因为，在景观领域里任何专业的研究人员，或许只有造园技师除外，绝大多数景观工作人员以往一直关注的是乡村或野生自然景观——相对来说是那些没有人的地方。

这个定义的第二个要点是，认为不需要区分自然景观和人文景观之间的不同意义。确实，没有使用过“人文景观”这个词。景观或是自然形成的，或是人为制造的，在欧洲的理念里，认为景观可以是俄罗斯的那些人工色彩极少的地方，也可以是那些不再有纯自然色彩的我们的城市，然而，在这个定义里，不包括“荒野”这个概念。这个定义里的概念与《世界遗产公约》的概念有所不同，在《世界遗产公约》里有“人文景观”的类别，并且，分类是根据景观的人文现象、而不是自然现象，因此，监管部门是“国际古迹遗址理事会”（ICOMOS），而不是“国际自然景区保护联合会”（IUCN）。[7] ELC 也没有说明每个景观应有尺度规模。像北欧平原那么大的地方可以是一个景观，而像我的花园那么小的地方也可以是一个景观。它们不是全部整齐结合在一起的，或完全嵌合的，而是相互包含和重叠的。

这个《公约》的另一个突破点是，认为欧洲景观包括陆地、海洋和淡水湖以及欧洲大陆的整个表面。因此，不再需要补充任何地方，包括城镇景区和海景。所有地方都被涵盖其中，并不企图指定特别地区，但也没有建议应该废除目前指定的被保护地区。《公约》承认一些景观需要保护、一些景观需要管理以及一些景观需要改善，这些景观特质清楚地显示了一些质量评定方面的问题,但在《公约》的内容里并没有试图说明这点。然而,它的中心意思是,所有的景观,每个人的景观,都需要被关爱;并非只有那些"出色的"少数景观应该被指定和被保护,其他景观也理应得到眷顾。在对待景观的看法上,这是一个重要改变,尽管如此,想要真正做到却将会困难重重。这样做的意图是把对景观的掌控权下放给使用它们的民众;要求必须有公众的参与,但国家政府和地方政府都不会轻易放弃他们的权力,专家们也不会。

本公约与《欧洲人权公约》(ECHR)源自同一个机构,而且,《景观公约》始终贯穿人权观念,虽然本公约并没有十分明确公民在景观问题上有哪些具体的法定权利,但明确了公民至少有权参与关于景观问题的决策。这与其他形式的景观保护有所不同,景观管理团体没有被授予合法权利。精心保护好景观的工作应发自每一位感受景观和利用景观的人,同时应在国家和政府机构的支持和援助下实施。"联合国教育、科学及文化组织(UNESCO)的世界生物圈保护区"新版本同样希望有一个从基层向上层的保护过程。这样或许还能产生很多有价值的项目,这些项目常常缺少资金,而且极易被忽视。目前,难以想象《欧洲景观公约》将如何辅助解决我们所面临的景观领域里的非常艰难的决策问题,例如风电场景观和海平面上升方面的问题。

虽然希望寻求的是除当地人以外的参与者,但如果当地人的参与能起决定性作用的话,就很难预知许多处在建设中的、具有国家或国际意义的那些重大发展。实际上,一直以来,坚持奉行公众参与肯定引发了在重大研究项目中的难题,即如何将有效的未来规划与真正的双向公众参与相结合;尤其是法国环境工程研究机构一直以来特别投入研究这个领域的问题(贝朗-达尔克等,2008年)。意大利的普利亚区一直在网络上公布所有的统计信息,并制作了一个互动网站,使所有的人可以登录,并就景观问题发表具体的评论意见。公约的法律效应也一直在发挥作用,在斯堪的纳维亚尤为显著,通过涉及景观、法律和公义的研究项目可以明显看出,非常关注如何平衡各个领域的利益相关者在使用土地和进入景观方面的权利(琼斯,2006年)。毫无疑问,可持续性的发展引发出一个特别的难题(欧洲理事会,2006年)。

从很多方面看来,似乎公约认可的景观概念是在本书中被称为"人文景观"的概念,尽管在英国关于景观的普遍观念里,从来没有这样明确的定义。景观是实际上确有的地方,对这些地方的处置,应该由与之利益相关的各方团体共同商议和决策。以美学观点对待景观,往往把对景观质量的评判标准混同于美学标准，在很大程度上忽视了景观的内涵对景观质量的重要支撑作用。这种情况是随着后现代美学理论的盛行而发生的。在公约里，对视觉作用优先的观点存在争议。文字所用的仅是"感觉"一词，意味着还应包括其他感官的感觉。然而，之所以委员会的专家们对文本提出评论意见，恰恰说明已经假定了视觉的优先作用，尽管这或许只是反映了在看待景观方面，很多文化和专业都基于视觉作用优先的观念。

因公约而产生的直接成果之一是，持续在意大利和加泰罗尼亚建立"景观观测台"；加泰罗尼亚的"景观观测台"一直得到了巴塞罗那地区政府的资金支持，这个观测台致力于绘制景观地图、勘测景观和监察景观的变化。在欧洲范围内形成了百家争鸣的情况，使欧洲国家能够相互分享良好的实践经验（有时是分享失败的教训）。瑞士的道路和铁路不断发展，通过这个有趣的现象，可感受到瑞士对景观的关注。意大利的里奥莱娜·斯卡佐斯教授通过收集全欧洲的有关信息，编写了三卷详细资料，其中列举了很多有关规划和质量控制方面的案例（斯卡佐斯，2001年）。

因公约的出现，我们的景观将发生一些变化，而变化的程度是多大将一定会是一个引起争议的问题，同时，随着各种相关案例被呈上法庭，不可避免的是，在一定时间以后，因公约的出现而带来的景观变化的情况将会显现出来，这种情况带来的结果是，需要为未来制定判例法。在公约的应用方面，辅助性应用规则在极大程度上是被不同的民族和国家以及下一级的低阶机构按照各自不同的理解而实施的。当然，也有一些签订公约的国家认为，他们完全能够在不增加任何成本的情况下履行公约的规定，因为他们为达到公约的要求做好了一切准备。时间将会说明一切。也有一些国家，他们或许对一个并未传达出清晰权力的会议决定持有怀疑，在这种情况下，民主的政府都不会将其视为国际条约和必须履行的义务，即使违反，也不会作为案件提交欧盟法庭。现在正在试图把公约的一些规定作为形成一项欧盟指令的基础，这方面已有所进展。必须大力加强推进这些规定和要求成为一项指令中的规定，目前有很多国家，例如法国就是其中之一，将会发现要求公众参与将与一项指令不兼容。强制参与不可能有很好的效果。

其中的一个特点是，需要"认可景观在法律中是作为人们生存环境的一个重要组成部分，它是人们所分享的人文和自然遗产的多样化的一种表现形式，也是一种人们的认同的基础"；同时，对于一些国家而言，包括英国，或许这具有一种挑战性，在这些国家里，这个词一直在很大程度上被忽视了其法律含义，尤其因为本书这个部分涉及的所有晦涩的问题。他们也必须"为广大公众的参与建立程序"，不仅要考虑个人的抉择，而且还要涉及有关政策。就有关景观问题进行培训的要求包括"在相关学科领域的学校和大学的课程里，应强调景观具有的价值和对景观进行保护、管理和规划所引起的问题。"毫无疑问，这类教材起到一些传播作用。[8]

在第一部分里，我们追溯了几个世纪以来对"景观"含义的诠释和理解，目前，有很多国家，以及在一些学科中，终于对景观的定义达成了共识……当然，仍有持不同意见、不认可共识的。毫无疑问，具有法律约束力的全欧洲公约所包含的任何细节使我们不会再被学术界关于景观含义的那些争论所困扰和牵绊。但是，我们目前进入了一个相当奇怪的境地。如果景观是指具有任意尺度的一个地方，是人们用其感官能够感知的地方，如果景观不仅是一个具有生态和经济的地方，也是一个具有人文和社会维度的地方，那么，景观与没有（和确实）受益于某个相关学科学术培养的普通民众在日常生活中所说的"地方"一词又有何区别呢？格雷厄姆·费尔克拉夫的答案是"地方是具有地域性的，而景观则不一定必须具有地域性"[9]，同时提出，公约或许会引发一个全欧洲范围的景观，具有主要的地方特色，但仍将具有独特的欧洲风格。几乎可以肯定的是，无论如何，还会存在很多不同的景观概念。美国也有自己对景观的诠释，唐纳德·梅宁（1979年）提出了 10 个有关景观的概念，而且他们不太可能会减少这个数目。[10]

参考文献

Berlan-Darqué, M., Y. Luginbühl and D. Terrasson, eds (2008) *Landscape from Knowledge to Action*, Versailles: Editions Quae.

Council of Europe (2006) *Landscape and Sustainable Development: Challenges of the European Landscape Convention*, Strasbourg.

Jones, M. (2006) 'Landscape, law and justice – concepts and issues', *Norwegian Journal of Geography*, 60/1, pp. 1–14.

Meinig, D.W. (1979) 'The Beholding Eye: Ten Versions of the Same Scene', in Meinig (ed.) *The Interpretation of Ordinary Landscapes*, Oxford: Oxford University Press, pp. 33–48.[10]

Olwig, K.R. (2002) *Landscape, Nature and the Body Politic: From Britain's Renaissance to America's New World*, Madison: Wisconsin University Press.

Phillips, A. (1992) 'Proposal for a convention for the conservation of the rural landscapes of Europe', *Paysage et Aménagement*, 21 (October) (with *Landscape Research*), pp. 94–101.

Scazzosi, L., ed. (2001) *Politiche e Culture del Paesaggio: Nuovi confronti*, Rome: Gangemi.

练习

针对一个你熟悉的重要景观问题进行研究。它可以是有关一个风力田或其他能源发电站的一项主要发展建议，或是一项重要的住宅建议，也可以是有关一个受保护景观的指定。围绕以上选择的问题，研究《欧洲景观公约》在其中的影响以及它在问题的争论中如何起到引导作用和控制程度。目前，《欧洲景观公约》已成为英国法律的一部分。

你同意费尔克拉夫关于地方的定义吗？即地方是当地的、有地域性的观点，而景观不是吗？

注释

1. 有关地中海景观的具体问题，除了近期的《欧洲景观公约》的部分内容以外，1993年的《地中海景观宪章》（塞维利亚宪章）所涵盖的内容比任何其他资料记载都更为详细。

2. 法语"champagne"一词在中世纪英语里是"champion"；champion景观是那种开放的、未封闭的土地，主要位于英格兰东部和中部地区。

3. 例如米歇尔·科拉茹、雅克·库隆、阿兰·普罗沃斯特。

4. 它是"景观研究组"的起源。

5. 英国皇家园艺学会参加布鲁姆大赛，详情请登录网址：http://www.rhs.org.uk/britaininbloom/index.html。

6. 电影《家乡》是对德国人的地方观念的一个经典展现。

7. 国际古迹遗址理事会的网址是 http://www.icomos.org；国际自然保护联盟的网址是：http://www.iucn.org。

8. 引自《欧洲景观公约》的5a、5c和6bc章节。通过很多方式可以找到，但最直接的方式是登录网址：http://www.conventions.coe.int/Treaty/en/Treaties/Html/176.htm。

9. G·费尔克拉夫的论文"一个超越环境主义和地方主义的景观"在《景观促进发展者》中发表以及2009年10月在奥纳普的"瑞典土地利用大学"的《欧洲景观公约》的内容中发表。

10. 10项内容是：景观是自然的造化；景观是一个栖居地；景观是一个人工产物；景观是一个系统；景观是一个难题；景观是财富；景观是一种意识形态；景观是历史；景观是一个地方；景观是具有美感的。

拓展阅读 2　异国差异

　　就同一个景观而言，外国人与本地人的看法有差异，当然，或许就景观的外在特征而言，外国人与本地人的看法相同，而在多样化的欧洲大陆却很可能不是这样，但无论如何，一个外国人对某个景观的观念与当地人的观念之间存在根本性的差异，尤其是一个外国游客到此一游之后形成的景观观念更是如此。其特征之一是，很多移民到法国或西班牙的人会发现，之前他们曾到那些地方的时候，完全是以一个旅行者的眼光去观察和体验的，或许通过文字的描述，或许通过那些"旅行者一瞥"之类的东西（厄里，1990 年），很可能是在夏季的一个旅游胜地。而当他们成为一个当地居民的时候，对这些景观的看法与之前到此旅行时的看法会完全不同。通常，一个地方的情况应既包括景物情况，也包括人的因素。

　　"外国人"的观念构成的原因不可避免地取决于"本地人"的观念构成的原因。本小节的内容显然基于一个典型的英国式的观念，但或许其他北欧国家也有类似的认同观念。对于其他国家而言，或许这只是一个研究议题，从而揭示这里所表述的异国观点——所谓"外国人"，相对于掌握真实情况的"本地人"而言，是否确实因通过不同的视角和以不同的目的而产生不同的观念。

　　无论是本书、还是其他资料，都已经讲述过大量的有关贵族游学旅行的情况及其在景观观念的形成历史中的重要性。最初的游学旅行的目的地是意大利，但必不可少的是要经停巴黎。通常，佛罗伦萨和罗马是必须都要停留较长时间的两个地方，同时也可选择那不勒斯作为另一个重点停留的地方。威尼斯常常被选作一个单独要去的目的地，由于在 19 世纪的大部分时间里，威尼斯被奥地利统治，这种情况致使它虽然非常著名，但直到 1866 年它成为意大利的领土以后，威尼斯受青睐的程度才达到顶峰。从此以后，它成为一种城市景观原型的典范并保持至今，人们能够立即辨认出这种风格。

　　前往国外旅行的机会不仅受限于战争，而且受限于交通运输的危险。轮船在很大程度上改变了受限的情况。航海固然有风险，但至少可以计划行程。经迪耶普至法国的轮船航线的开通，实现了乘轮船到巴黎，经蒂尔伯里和奥斯坦德到莱茵，而且，可乘半岛东方轮船公司的轮船穿越整个地中海，特别是可以到达 1840 年代的圣地（巴勒斯坦）。

19世纪中期，意大利仍是英国文化旅行者的主要目的地之一，而在北欧的大多数国家，情况也确实如此，并且，热衷于意大利的旅行偏好久盛不衰，甚至在墨索里尼时期也是如此；但是，法国也成为了人们感兴趣、甚至是更感兴趣的地方——起初是布列塔尼渔港，它很快就与类似的英国村庄连接起来，之后，法国蔚蓝海岸景观迎来了旅游热潮。一些旅游热门景点的知名度逐步在国外扩散，其传播过程非常明显。最初，人们偏爱著名的旅游胜地：埃菲尔铁塔、泰姬陵、金字塔、佛罗伦萨大教堂。之后是其他周边的景点，但通常是在城区，景观素材被一一发掘出来，从佛罗伦萨到锡耶纳、圣米尼亚托和圣吉米尼亚诺。后来，乡村景观也是如此被传播和扩散起来。随着对金字塔的旅行热潮大大衰退，阿拉伯富有地方生活气息的绿洲小村庄又唤起了人们的兴致。

很久之后，飞机为英国人外出旅游提供了更大的方便，岛内的人可以出国旅行，也可以去其他的岛旅行，同时，人们仍乐于乘轮船旅行。如同火车票的情况一样，自从出售三等舱机票以后，平民大众也可以乘坐廉价航班到贵族时尚者曾经去过的地方旅行，最为引人注目的是地中海沿岸和群岛。地中海地区的景观不仅在当地人们看来非常重要，而且在北欧国家的人们看来同样如此，有关内容将专门作为一个小节讲述（见小节3）。有关"异国差异"这个特点的研究，有一个最简单的方法是，查看曾到你自己的家乡旅行的人为吸引其他游客而写的文章。这些文章有很大的局限性，往往浮于表面，而且常常只是针对某个季节的情况，忽略了所有的具有争议的问题。人们通常在移居到国外生活以后才发现，之前在假期里到此一游所了解到的只是迷人的风景，而真正的情况是隐藏在背后的社会现实。

Urry, J. (1990) *The Tourist Gaze: Leisure and Travel in Contemporary Societies*, London: Sage.

拓展阅读3　地中海沿岸地区的景观

地中海沿岸地区可以作为其他很多地区的一个景观教学示范。迄今为止,它仍然是世界旅行中最重要的目的地,它不仅像西班牙多南那和法国卡马格地区一样,以其生物多样化和野生动物的独特魅力成为主要的旅行热点地区,而且,它还具有丰富和多元融合的人文内涵。它的人文内涵不仅包括了埃及和圣地文化,还包括希腊和罗马神话以及经典的建筑。因此,那里有意大利的文艺复兴建筑和西班牙的摩尔式风格。气候和具有火山岩特征的景观,尤其是在意大利,由于战争的出现,这些特征一直保有另一层特殊的文化意义。在更近的年代里,它的独特魅力还包括太阳、沙子、大海,当然还有充满魅力的圣特罗佩和性感的碧姬·芭铎。

传统的地中海沿岸景观在现实中一直处于遭受严重破坏的状况,大量的游客和新居民的进入使这种被破坏的状况不断延续。最为人熟知的是沿海海岸的不断开发活动,例如西班牙海岸的开发,另外,在现实状况下,大面积的土地被遗弃,包括那些曾经充满生机的梯田。不仅农民发现,以服务于旅游业的劳动作为谋生方式比从事农业劳动更省力,而且,目前,那里的大量地区被外国人所拥有,并已成为他们的第二故乡,这使传统农业再度遭受破坏。在西西里岛的很多人都记得,那时,驴车在道路上来来往往,一代人因此而致富。在土耳其和巴尔干半岛诸国的某些地方,这种变化过程仅用了十年的时间。

地中海沿岸地区布满了外国定居者,并且一直有大量的移民进入,包括摩尔人、希腊人和罗马人(因此,卡拉布里亚有一些专说希腊语的村庄)。从那些鲜为人知的西班牙"海岸犯罪地区",到希腊群岛和土耳其或黑山共和国的现代房地产购置地区,都分布着从北欧来的新居民。当然,除了个别的有故乡荣誉感的居民以外,很多原有的本地居民被因此而产生的市场所吸引,脱离了自己的土地,转向其他经营活动;新进的居住者几乎不从事农业劳动,有的人即便看管他们的土地,但却并不用心呵护。

无论如何,现实中的地中海沿岸地区的景观并不是想象中的那样。这个地区的景观成为时尚景点是因为19世纪中期的那不勒斯湾颇具魅力,而且,有关它的图画被带回北部地区。白色的房子以及半圆形罗马瓷砖的红色屋顶,而且房屋并不是直线的线条造型。在它们之间,可以一览蓝色的大海最美的景色,还有尽收眼底的点点渔船。在接下来的 150 多年里，这种图像化的描述方式几乎没有改变，但地点却发生了改变；随着那不勒斯湾不再是时髦的景点，开始出现有关意大利东部海岸以及有关法国蔚蓝海岸的图画——尤其是 1920 年代出现的塞尚的风景绘画，使之成为继普罗旺斯海岸之后的又一个主要旅游胜地。温斯顿·丘吉尔是沿海岸远远的一个孤独的人物画像。西班牙马略卡岛也是富贵和名流阶层旅游的目的地，但西班牙布拉瓦海岸是继西班牙阳光海岸和西班牙白色海岸之后的又一个战后的旅游胜地。1980 年代，旅游胜地转向希腊群岛，而土耳其海岸也在近期成为旅游胜地。那时，尽管有关希腊的图画或许包括了东正教教堂，而不是天主教教堂，但这种图像化的描述方式仍未改变。但在此之后，这种意象与现实相碰撞，开始新建"度假胜地"；在希腊和土耳其建造了这种度假村，房屋模仿来自索伦托的原始图像，供不断涌入的旅游者居住，却与当地民俗相处甚少（见图 13.4）。房屋由棕榈植物建造而成，从而强化其特有的意象。地中海沿岸地区的主题公园围绕着海边慢慢扩散，多样化的地方特色已逐渐消失，取而代之的是一个整体化和模式化的形象。

6 对景观的其他感知因素

　　我们已经多次强调了人们在感知世间所有景观时，视觉因素占据的主导地位，但现在，需要适当强调一些人们感知景观的其他因素。欧洲景观公约只提到，景观引发人们的知觉和感受，虽然专家组在公约文本上所评注的观点仍认为视觉作用是首要的，但这并非特指人们感知景观仅仅依靠视觉。的确，人们对景观的概念首先受视觉作用的影响，一直以来，视觉作用优先的感知方式根深蒂固，这种方式的主流思想深深扎根在视觉艺术领域里。野生自然景观大多属于风景类型，是依靠视觉主导的感知方式，人文景观包含的意义远远不只是眼睛能看到的，且往往超出视觉感知的内容。如果认为景观的要素仅是视觉图画，就会忽略景观也可以被嗅觉和听觉所感知的意义。学生需要不断注意到，在对景观的论述中，往往会浪费很多时间过多强调视觉作用的首要性，因为最终会发现，两个支持者对论证的主题持有不同的观点。如果把注意力放在诗歌和小说作品中，在以景观为主要描写对象的作品里，并没有显示太多视觉作用的重要，而在那些抒情的文字中，作者除了描写我们从视觉上所能看到的以外，甚至更多地描写感知景观的声音和身处景观中的内心感受。劳里·李的作品《罗茜与苹果酒》就是一个很好的例子。

　　在某种程度上，对感知景观的其他方面的重视，是更加民主化地参与有关景观事物这一进程中的一部分。在景观研究领域，无论是对一张替代图片，还是对过往的印证，我们正在寻求听取和融入更多的大众化的观点，更多地关注景观对大众的意义，而不是以一种高深的、专业的、美学研究的观点去理解景观的含义；因此，我们重新再看人们喜爱的地方，其实，人们喜爱这些地方不仅是因为美学观点认为的外在美，而更多的是因为这些地方激发了人们内心的感受。在被采访时，人们描述自己喜爱的地方，往往包含了多种对景观的感知因素，这些因素奇妙地交替、综合而平衡。在描述这些地方时，人们通常理所当然地重点描述哗哗的流水声、鸟的鸣叫声、脚踩沙滩或岩石的感觉和气息、山地牧场的气息或山洞的阴湿气味，甚至是在当地的小酒馆里品尝的一顿非常美味的午餐，而在自然而然地描述这些之后，人们往往接着就会道歉说："描绘的这些内容不属于景观学的范畴吧？"但或许这些都确实属于景观学的范畴。

声音

以讲述声音的作用作为讨论的开始，并不说明声音是感知景观的另一种优先因素，这是因为从一些实验的结果来看，声音的作用或许与视觉的作用同等重要。马德里的一个研究组曾对在校的学生做过实验，给学生们看有关一些地方的图画，同时，在他们的周围制造不同的声音；而这些声音不需要与图画的内容相匹配，这些声音包括交通车辆的嘈杂声、蝉鸣、鸟叫、风声、城市的喧哗声；要求学生们根据所见图画和所闻声音的信息，按印象深刻程度，说出所感知的这些不同的地方，实验结果发现，声音感知的作用至少不低于视觉感知的作用，在一些实验里，声音的作用甚至还高一些（卡莱斯等人，1992 年）。这类实验或许受某些技术的影响，因为声音录制技术高于图片幻灯片显示技术，所以声音的真实度更高，但无论如何，实验结果可以充分说明，"我们只喜欢我们所能看见的景物"这种观点是不全面的。我们也可以喜欢我们所能听见的，尽管这个结论并不足为奇，因为人们一直承认音乐可以激发深刻的感受和具有强大的力量。近期的一个研究报告表明，给胎儿听莫扎特的乐曲是有价值的，而且，在任何一次火车旅行中所听到的声音，足以引发人们感受众人逃离世界的场景。伴随放牧人吹着排箫的悠扬声，音乐历来都是组成田园生活传统的一个完整的部分，一直以来，音乐是描写农牧民的作品和田园艺术中的一个要素。托马斯·哈代的村民组成的乡村乐队的长期传统保留至今。[1]

鸟的鸣叫声是最能让我们联想到大自然的声音之一，因此也是使一个地方富有浪漫感觉的一个组成部分。作曲家热衷于研究鸟鸣并把这种声音引入音乐作品中，或许最著名的代表乐曲就是贝多芬的田园交响曲（第六乐章）。人们尤其熟悉布谷鸟在夏天里的鸣叫声，英国有一首古老的无乐器伴奏的合唱歌曲《夏天即将到来》，歌曲的合唱部分就是高唱布谷鸟的鸣叫声。在调频电台古典音乐年度最流行音乐调查中，沃恩·威廉姆斯的作品《云雀》通常高居排行榜的前十位，它是少数因被重视而用于景观领域研究的作品之一，它的研究者是雷维尔（1991 年）。如果想要统计鸟的数目，几乎是靠听鸟的叫声进行判断,因为一些鸟不易被看见,而它们的叫声却容易被听见——例如,蝗莺的颜色暗淡,而且深藏在灌木丛中,这种雀形目鸟很难被人注意到,但它们发出的嘈杂声很明显,如同鱼线轮的声音一样引人注意。事实上,或许视觉作用和听觉作用有均衡的功效;一种感知因素最强的时候,另一种感知因素则最弱。红腹灰雀虽然有耀眼的颜色,但声音却最不引人注意,然而,雀形目鸟的外形则是最不引人注意的。因此,雀形目鸟的声音却能够使人深切地感知景观具有的生动和魅力。无线电广播和电视里都播放鸟的鸣叫声,但往往发出的鸟鸣声很不真实!但有了鸟的鸣叫声,可以表明所描绘的是完美的乡村场景,以至于所有的户外风景都必然有鸟鸣相伴。形容户外的夜晚,必然伴随一只黄褐色的猫头鹰的叫声。像在英国这种气候温和的地方,或许值得注意的是,最好的歌唱者是夏季候鸟,因此,人们通过它们的鸣叫声,更好地感知季节的变化。它们的鸣叫声因不同的时间和不同的栖息地而不同。相对而言,在生殖季节,清晨的鸟鸣声饱满而高亢,但在 8 月末的中午,它们就会沉默无声。然而,认为仅在乡村才有鸟鸣是非常错误的想法;在英格兰,穿过避险车道的行人都可以听见鸟的鸣叫声,很快就会发现鸟鸣声增多了,表明它们邻近人类居住地。田地里,尤其是灌木篱墙这些地方非常寂静;有食物的地方就是鸟类会去的地方,在乡村,或在花园。

身处景观中,用一点时间倾听,很快会听到两种类别极其不同的嘈杂声,一种是周围的,一种是突发的。而连续的声音,不管是令人愉悦的,还是令人生厌的,无论是交通的车辆声、传输线的嗡嗡声,或是潺潺的河水声,都会很轻易地被忽略。虽然这些声音可能巨大而嘈杂,以至于不得不有意避开,但仍需一段时间之后,才会特别注意到它们的存在。如同眼睛能够极其敏捷地捕捉到周围发生的动作一样,耳朵对突发的声音极其敏感,它可能预示一种威胁。这些声音也许是脚下草丛里的沙沙声;或是低空飞行的飞机伴随多普勒效应的隆隆声;或是当地少年骑着他的新摩托车,但因消声器正在被修理而发出的突突声。

除了鸟的鸣叫声以外,风声和流水声也是乡村景观里非常显著并受人喜爱的两种声音。在诗歌和散文里,充满了对它们的描述,例如,风掠过松树发出的飒飒声或层叠的潮水涌入沙滩的声音。很多花园的设计者试图建立、有时也试图重造这样的体验;草坪尤其适合营造独特的音响场景,伴随风吹着东安格利亚的麦田,如同人工创作的风弦琴声——尽管这些声音很快会变得乏味。为了避免鼹鼠挖自家的草坪,可以使用一种技术把它们引向邻家的草坪，在地下埋一些瓶子，这些瓶子露出不同的长度，周围就能听到瓶子发出的各种音调的声音。

因此，尽管声音这一因素极少被研究，但它是非常值得关注的一个方面，任何一位规划监管人员将会证明这一点。[2] 在确定发展方案的定位的规划立法中，把声音干扰问题作为一个考虑的因素。在当今这个时期，景观领域最重要的问题是——风力田或安格利亚景观——涡轮机本身的声音和风在那里呼啸的声音都是很重要的问题，这种声音的干扰或许与视觉上的干扰同样重要。对于其他很多噪声程度低的开发活动也同样如此。目前，声音问题得到了重视，西蒙·伦德尔对全英国范围内的声音安静程度进行了测绘，这是一项首次尝试的工作，具有建设性和指导意义。曾经出现一个明显的难题，正如研究视觉问题一样，测绘安静程度相对比较容易，但在测量因声音而产生的愉悦程度的工作中，却会有更大量的争议。[3] 绝对的安静使人非常郁闷，但哗啦啦的流水声，再加上不断的鸟鸣声，这些声音的分贝会很高。

嗅觉

1930 年代，沃恩·康沃尔开始进行一项研究，试图在他的家乡锡德茅斯附近的区域，测绘出气味宜人的地带（康沃尔，1935 年），尽管如此，在景观研究领域，对气味感知景观方面的研究比对声音感知景观的研究少。在人脑中，对气味感知的部分非常邻近人脑的记忆中心区。并且，被广泛认可的是，对气味的感知与记忆本身有紧密的关联。如此看来，气味对我们产生的作用常常大大超过我们所意识到的。在某些场合，气味的作用非常明显。在英格兰诺森伯兰郡的沿海地区，有一个看起来简朴而漂亮的村落，克拉斯特是英国很普遍的渔村之一，并不引人注意。但克拉斯特以腌鱼闻名，当东边的风吹来时，岛上的几英里内都飘散着烧烤腌鱼的香味（图 6.1）。

由于工业产生的许多气味令人生厌，因此，许多世纪以来，西欧国家把产生有害气味的工厂驱逐到城市的东部。风向自西向东，导致可怜的东部居民承受有害气体的折磨。制革工厂和胶厂的气味尤其令人讨厌。一些地方有其特殊的气味，例如，经常在萨默赛特沿 M5 旅行的人都会闻到那个地方特有的气味。布里奇沃特的玻璃工厂的气味常常弥漫在道路上，巴罗因弗内斯散发的那种气味蔓延到一些富裕的郊区。捷克摩拉维亚南部的莱德尼采坐落在莱德尼采 - 瓦尔季采公园的著名世界遗产景区中，但由于乡镇所处的地势低，导致下水道的污物污水处理系统发出的难闻气味扑鼻

图 6.1　英格兰诺森伯兰郡的克拉斯特港口，人们闻到烧烤腌鱼的香味，感受它诱人的魅力。

而来，不利于当地的旅游业。虽然直到 19 世纪中期，伦敦都可以作为国内最重要的景观和城镇风光的绘画题材，但有关伦敦景观的绘画却很少，从伦敦皇家学院夏季展览的展览目录上就可以清楚地看出这一点，在某种程度上，这肯定是受大恶臭时期的影响（1858 年夏天），那时，巨大的约瑟夫·巴泽尔杰特下水道还没建成。

在嗅觉因素方面越来越国际化或许也属于全球化趋势的一个方面，地方独特性的意义会消失。然而，尽管每个城市的遗产景区都宣扬其独有的特色，但它们看起来却越来越相同，它们的气味也越来越相同，特别是所有的工艺礼品商店都飘出肥皂味。很多作家以往的作品里都描述过不同国家具有的不同味道，除了制铅工业散发的气味，还有食品的气味以及各种类型的气味，它们或受人喜欢，或不受人喜欢。很多园林设计者进行大胆的尝试，在设计中主要依靠气味这一元素，通过使用很多草本植物来实现。特别是很多地中海沿岸地区的植物有强烈的气味，可以吸引传粉昆虫。有时，这些园林被宣称是为盲人设计的，尽管视力正常的人也有嗅觉（维里，1989 年）。

味觉

味觉与嗅觉有紧密的关联，但是，最初，似乎人们并不认为味觉与景观有关联，这不仅因为景观属于户外场景，而且因为人依靠味觉感知的时候，通常是在室内。但是，这种忽视味觉在感知景观中的作用的观点在很大程度上只是英国人的偏见，而其他地方，特别是法国就没有这种偏见。terroir 这个词概括了法国的观点，它的意思是"这片土地的所有产物"，在法国的大多数城镇都至少有一家商店专门涉及 terroir。当然，这里包括葡萄酒和其他饮品和白酒，另外，还有诺曼底苹果酒或皮诺夏朗德这类饮品；但除了这些饮品以外，还会包括很多当地特产且因此闻名的产品和菜肴，其中一些会被明显地贴上类别标签以防止其他地方用同名的假冒或伪劣产品。勃艮第不仅是一个人文景观所在地；而且，人们还可以通过购买和品尝当地的红葡萄酒而感受到它独特的魅力。[4] 因此，法国人通过观看（或许还依靠嗅觉和听觉）感知景观，而观看是用眼睛，只能感知 terroir 所显现出来的。英国人很少这样感知景观，但如果只通过观看，则几乎无法感知一些景观的魅力，例如，萨默赛特中心地区的景观——它深深地卧在草丛和金凤花中，放牧着奶牛——这是切达奶酪的故乡，却并不广为人知。温斯利代干酪和柴郡平原的情况也类似。terroir 的名品中最著名的是葡萄酒，其次是奶酪，但也有公认闻名的肉类产品，例如，布莱德布雷斯。[5] 近来，注重保留牛和其他家畜在它们的原产地的地方品种，这很可能会在很大程度上形成视觉多样性，而且肯定会相应关联到当地的日常饮食，而烹饪学领域会把当地饮食作为一个地方的特色，并使之成为地方特色的一个重要组成部分。

以上这种感知景观的方式远远超出了只把景观作为审美现象的感知方式，也有很多人，例如皮特尔主教，他提出，人们甚至可以通过胃感知景观；至少，在北欧，独特的小麦丰收的景象非常迷人，而小麦是当地人最重要的主食。因此，田园诗般的丰收景象（18 世纪的托马斯·琼斯等作者描绘的景象），直接引发人的联想，联想到能够吃到的很多面包，或许，时常歉收这种更特别的景象也可以使人联想到附近居民遭受的饥饿。不容置疑，英国的最受喜爱、颇具特色的景观之一是长年放牧的牲畜在田地上吃草，通常一年到头都有这样的景观，吸引众多的旅游者。19 世纪中期，T·S·库珀的摄影图片（在 F.R.Lee 的景观中添加了牛羊，1848 ~ 1856 年期间）非常受欢迎，而这样的图像极易直接触动人们的味蕾。或许也会有人研究素食动物和杂食动物对这些地方是否有同样的偏好。

图 6.2 在北海赤足蹚水。在瓦登海,可以进入海边淤泥地(一个国家公园)的人们必须赤足,即使在这里的11月也不例外。

触觉

最后,讨论触觉这一感知因素,这里再次提及,每当阅读有关景观的文学作品和诗歌的时候,都会充分体现出触觉感知的重要性。流到脚趾间的沙子会使一些人享受到自然界的有趣,但也会使一些人感到危险和不适。野餐郊游或许是用触觉感知的方法享受景观的一个最明显的例子(法语词组 fete champetre 直接表达了场地的概念),野餐郊游用触觉和味觉感知景观,人们在寻找富有弹性的草垫,这作为前景的感觉,就像在描绘乡村景象的画面中。

为了让孩子们亲身感受真实的大自然,园丁们特意使用不同树皮的纹理,例如通常使用具有奇特质地的树皮引起孩子们的注意,然后让他们通过触觉区别不同的树种。在德国北部和荷兰的瓦登海,国家公园官方机构要求,所有进入海滩泥沙地的游客必须脱掉鞋袜,充分体验赤足踩在海滩泥沙上蹚水的触觉感受(图 6.2)。或许为了实现一个明确的目的而利用触觉感受,例如,为了区分不同类型的油,最容易的办法就是把油涂擦在手指间,通过触觉感受进行判断;但触觉的主要价值是身体接触外界而产生感觉。步兵战士或商业人士经常因周末有特定的任务,有机会被允许进入某个景观地区。但用几个小时的时间躺在一个沟里,绝不是欣赏景观的真实面貌;园丁的情况也是一样,在园林里感受这个地方的时候,也正是用铁锹进行劳作的时候。把触觉感知景观的描述作为主要元素融入作品中的作家是罗杰·迪金（2000、2008 年），体现在他关于野外游泳和林地景观的作品中，触觉感知水和森林这两类景观比较容易激发人的感觉，其敏感度高于其他感官。

参考文献

Bishop, P. (1990) *Consuming Constable (Diet, Utopian Landscape and National Identity)*, Nottingham: University Department of Geography, Working Paper 5.

Carles J., F. Bernaldez and J. de Lucio (1992) 'Audio visual interactions and soundscape preferences', *Landscape Research*, 17/2, pp. 52–6.

Cornish, V. (1935a) *Scenery and the Sense of Sight*, Cambridge: Cambridge University Press.

Cornish, V. (1935b) *The Scenery of Sidmouth*, Cambridge: Cambridge University Press.

Deakin, R. (2000) *Waterlog: A Swimmer's Journey Through Britain*, London: Vintage.

Deakin, R. (2008) *Wildwood: A Journey Through Trees*, London: Penguin.

Revill, G. (1991) 'The lark ascending: monument to a radical pastoral', *Landscape Research*, 16/2, pp. 25–30.

Verey, R. (1989) *The Scented Garden*, London: Random House.

练习

这一章的练习非常明确，就是到户外，在你感兴趣的地方，用各种感官去感受。

1. 用半个小时的时间在同一个地方坐着，记录你听到的、闻到的、触觉感受到的所有东西。包括留在记忆里的曾激发的感觉。如果把眼睛蒙上，用一个小录音机会有所帮助。一般来说，在一个没有旁人的地方更有趣。

2. 试着蒙着眼睛或尽可能接近蒙着眼睛的状态，走一条你熟知的路。然后再走一次，试着用听到的声音辨别方向，同时用嗅觉和触觉感知来帮忙。

3. 选择一个县，在那里寻找和勾画出这片土地的所有产物的特性：本地特产和有地方特色标志的食物和饮品（或许还有工艺品）的名称。寻找当地家畜的品种。看看这些产品有没有被贴上保护标签？

注释

1. *Yellowstone: The Music of Nature*，Mannheim Steamroller，1988。

2. 规划政策指南注解 24 是关于噪声问题的。

3. ASH 咨询机构的西蒙·伦德尔开发了测绘安静度的第一个方法，供交通部门用于 1991 年的一项研究。安静度的等级基于 44 种不同的因素，针对这些因素，根据人们感觉是否安谧的程度进行加分或减分，测绘安静度等级的高低。安谧并不等于没有声响、没有活动和建造。研究表明，很多乡村活动，例如农田劳作和步行，以及自然界的声响，例如鸟鸣和牛哞哞叫，都会增加人的安谧感。

4. 2002 年，法国把 Vignoble des Cotes de Nuit et de Beaune 列入申请世界遗产的暂定名单。

5. "受保护的原产地名称"（PDO）、"受保护的产地标志"（PGI）和"传统特产保证"（TSG）是欧盟法律规定的原产地标志，目的是保护地方特产食品的名称。取得 PDO 最高等级应具备的条件是，整个产品必须是传统的，并且制造产品的全过程（预备、加工和生产完工的产品）都在这个特定的地区内，因而获得独特的性质。

拓展阅读 4　旅行

大家常说，旅行可以开阔思维，而且旅行肯定与人对景观的兴趣和欣赏景观密切相关。确实，《欧洲景观公约》在对景观定义的观点中主张，景观是能被人感知的地方，如果这个地方不允许人进入，就不能算是景观；只有在被感知的情况下，这个地方才可被称为景观。现在，"地方主义"和有居民的地方的普通景观有很大压力，但很显然，这种压力大多来自在周游世界的过程中体验过愉快的人，而且，这些人仍然还会继续旅行。那些没有任何旅行经历的人可能不会对地方主义这一概念有多少感知。

从那些受欢迎的景观地区可以看出，它们之所以受欢迎，其中便利的交通这一因素更为重要，甚至比这个景观或这个地方本身受人喜欢的程度还重要。一些讲究制造情调的先生们和女士们、艺术家和作家——也许会骑马去北威尔士或湖区，而不会选择任何其他的交通方式，如果他（她）们有充足的动机这么做，追求时尚就是动力。一旦通往景观的地区开通了公路，特别是火车可以到达，这些景观就会变得不稀罕了，非常追求时髦的人就不得不去别的地方。例如，康沃尔海岸直到1860年代才变成热门景点，这与本地铁路的开通有密切关联；但这并不能解释雪墩山早在1800年就极受游客喜爱的原因。早期的很多游客每天很早起床，在早餐前就到达景点游览，那里的游客遍布几英里。

在维多利亚的伟大发明创造中，铁路的创建和相机的发明共同把景观这个原来只有少数精英者才拥有的知识财富变成了大众的喜好，无论公路有多么重要，在这一点上，仍比不上铁路的作用。托马斯·库克是第一家旅游代理商，其业务始于1841年。起初，铁路沿线本身就是令人感兴趣的景观旅行的目的。即使有很多乡村火车站（最著名的当然是艾德斯乔普），但火车的行驶路线大多都在城镇之间，因此，铁路沿线大多都是一种城市现象。在乡村里，除非也建有公路设施，否则都太不可能有最基础的设施。铁路的出现为特别喜爱景观旅行的人大大增加了便利条件，在国内可以很容易实现从伦敦或其他大城市去往偏远地区的乡镇。一定会有很多偏远的乡镇坐落在海边地区，可以探求体验它们周边的景观和海岸。

很多地方仍处在一种"审美的阴影"中。博德明沼泽不太引人注意。它比达特穆尔小，地势低，趣味性小，而且更偏远。什罗普郡是一个令人喜爱的风景如画的县,但再乘一小时火车就会到达贝图瑟科依德周围的真正的山区。神奇的苏格兰南部高地与壮丽的苏格兰高地相比则黯然失色。自从落基山脉对游客开放后,卡茨基尔和阿迪朗达克山脉就迅速失宠了。最奇怪的是,把景观的可达性作为评价这个景观质量的一个因素,但大多数经验表明,景观的可达性非常关键,即便在汽车时代也一样。

随着道路交通的发展,去往英国郊外越来越容易,最初只能骑自行车,后来可以开汽车。脚踏车俱乐部的作用很容易被忽视,但在1930年代的一段时期里,一些骑摩托车、带着黑白相机的人游览景观所拍摄的图片,通过摄影出版商、很可能是通过奥当斯出版社的发行,引领了当时人们对某些景观的偏爱。道路本身就可以构成图画,就像随风吹过的河流的河湾可以构成图画一样。多年以来,汽车代表一种自由,特别是中产阶级,有汽车意味着在周末的时候想去哪里就去哪里,而在这样的自由中,很难再捕获到其他一些日子里出现的高速公路上的交通堵塞、黄线和超速摄像头这些场景。

道路本身就可被当做重要的景观,另外,道路也是文化遗产的重要元素。宾夕法尼亚州收费公路是一个官方的历史景点,但最著名的是卡米诺至西班牙的圣地亚哥·德·孔波斯特拉。然而,众所周知,为游览景观而进行相关道路开发的提议目前大多是由旅游局想方设法实施的工作。例如,浪漫之路从乌兹堡开始,经过罗滕堡和丁克尔斯比尔,穿过巴伐利亚,到达新天鹅城堡旁边的福森;此外,还有很多其他的也贯穿欧洲。瑞士人特别重视从他们的公路网看到的景观。很多人还是享受在星期天的午后驾车旅行。

第二部分

景观是如何被认知的?

7 景观是一种共同遗产

在最近 40 年的景观研究中，有一种观点认为，人类具有很多共性特点，景观是以人类共性特点而引发的、对人有吸引力或令人生厌的那些地方（就像恐怖电影也会吸引人一样，有些地方因其具有令人生厌的特点而成为景观），另一种观点则认为，判断是否属于景观的唯一标准是这些地方含有自然的、或社会的、或人文的元素，而在以上两种观点之间存在的难点一直是这 40 年来景观研究中的纠结问题之一。事实上，景观很可能同时符合以上两种观点，尽管史蒂文·布拉萨（1991 年）这样认为，但这仍没有形成共识。在此，我们回到那个基本的立场，即我们对景观的偏好不是非常理性的，而实际上，在很大程度上受情感的支配。不足为奇的是，在浪漫主义时期，景观作为一种艺术流派，在所有艺术中占据最主导的地位。毋庸置疑，理智型的人确实很难相信景观会同时符合以上两种观点，因为在这两种观点中，一种观点的基础是，景观魅力是由人类共通的知觉能力而感知的，而另一种观点的基础是，对景观魅力的感知源自人们在社会和经济中的特定地位。而另有一些人却没有这种理解上的困难，似乎完全可以同时接受这两种截然不同的观点。从我的窗户向外望去，穿过 20km 的绿地，可见达特穆尔的最高山冈。在我看来，达特穆尔是一个供中产阶级上流人物休闲和军训的景观，不禁使我想起诗篇 121 这句话——"我要抬眼仰望群山，我的救助将从那里降临"——这会使我深刻地感受到，在浓厚的人文含义中，群山所承载的精神意义。

因此，在接下来的章节里，将有一个类似于布拉萨观点的概述，首先查验那些认为人类感知具有相似性的观点，然后转向或许可以分解来看的那些因素，有些或许是很明显的因素，例如性别和国籍，而其他一些因素确实不太明显，例如社会地位和"内在性"。可以肯定的是，一些合理而无争议的、通用的物理特性：我们有双眼视力，朝着脸前方看，两眼相距约 10cm。这对视觉敏锐度和视觉的三维立体感有很大影响。两眼相距越大，三维立体感越强。我们有完好的色彩视觉，而且，在我们捕获大千世界里各种信息的时候，视力发挥了最主要的作用。尽管我们的听力也具有敏锐度，但方向感远不如视觉，且听力只局限于容易被探测到的那些音调的声音范围内。这也随着人的年龄的变化而变化，因此，研究野生鸟类的人都清楚地知道，年纪越大就越没有能力听出微小的声音，例如松树高处的戴菊莺高音调的短促尖叫声。我们有一个嗅觉感官，但它非常弱，或许还不如狗的嗅觉那样训练有素。

相对于 21 世纪，在 18 世纪里，人们对合理性的质疑及因此而产生的困惑比较少，人们想当然地在能够获知的那些法则里认知景观的魅力。这就是理性时期，理性对这个领域产生作用，就像理性也对大多数其他领域产生作用一样。当然，这也是少数上层集团的时代，对于景观，很少听到为此耕作的劳动人们的声音，而这些在土地上耕作的劳动人民很可能以另外一些非常不同的观点看待景观，因此，在印证富有和受过良好教育的上流阶层对景观的偏好的时候，我们仍欠缺把其他阶层考虑进去。最重要的人物是埃德蒙·伯克，他既是一位审美学的思想家，也是一位重要的演讲家和政治家，那时，人们仍坚定地认为（至少在英国）景观属于艺术和审美学范畴。

尽管还有其他重要人物，例如绘画家威廉·贺加斯和"旁观者"的创作者约瑟夫·阿狄生，但是，只有伯克清晰地定义了景观中的"美丽特性"和与之感觉不同的"雄伟特性"的概念，这主要是在艺术方面，但也延展到了户外景观范畴。在论述美国的景观和野生自然的章节里，已经涉及了雄伟宏大的景观。或许很久以后，才能把这种二元性归因于也属于一个生态方面。因为，具有美丽特性的景观是宜居景观，为人类的健康生存提供有利的条件。那里会有水，无论水是轻轻地流淌着还是静止不动的（但不是污浊迂腐的）。河流和湖泊会轻轻泛起涟漪，蜿蜒流淌着。缓缓的山坡，没有峭壁险峰；还会有柔和的色彩（需要回忆一下罗伯特·亚当，他创作的著名的柔和色调的室内装饰，是这类活动的一部分）。每当形容美丽特性的时候，通常多次使用"阴柔的"这个词，当然，这对以后将讨论的性别问题也会产生影响。目前，更多的植被种植在团簇的树林中，而不是在郁郁的大森林中——森林沼泽的概念确实意在于此。这似乎很像兰斯洛特·布朗设计的一个景观园林，如果是这样，也并非偶然，因为，他受伯克的影响非常之深，而且，海德公园里的 S 形的蜿蜒风格是美丽特性概念中很重要的部分,而这种 S 形的审美概念因贺加斯及其"线条美"的概念而被颠覆(特纳,1999 年)。

理解"美丽的"这个词的使用和定义,会使我们立刻意识到,需更加慎用语言描述景观。如果用"美丽的"这个词描述阿尔卑斯山脉或南极洲或撒哈拉大沙漠,马上就会让人感觉到,由于没有理解这个词的含义而造成用词不贴切。那些被称为美丽的景观,应是尺度规模较小以及有温和感的景观。这种景观概念极易使人联想到 18 世纪的著名景观园林,威廉·肯特和兰斯洛特·布朗两人都曾致力于设计建造这种类型的景观,白金汉郡的斯托留有他们两人的杰作——或许是在所有的景观园林中最有影响力的——他们是最著名的业内人士,另外还有业余爱好者,这些人都是对艺术一知半解的贵族,以及像霍尔等人这样的其他富人族群,这些人本身就是威尔特郡斯托海德的设计者,但这都是在 1759 年以完整的形式发布这个概念之前。参观这类园林的每位游客不仅能感受到那里布局的精妙,而且有仿佛进入古典神话的感觉。布局精妙本身很重要。把这些场地设计成看来完全是"自然的"需要花费巨大的代价,还要有诸如地主外出不在这种荒谬内容的离奇故事;交通完全发达的情况下,为了外表好看,也要把死树种植在周边;或如同桑德森·米勒所发现并从事的工作那样,建造一些完整的大建筑物以使废墟看似是自然的,然后再尽力吹嘘。但是,乡村附近的老百姓,或甚至城镇有产阶级的游客也许并不像法国农民那样更在意这些地方看起来是否是纯自然的,法国农民显然以凡尔赛宫或法国沃勒子爵城堡以及公然投资建造遍布全国的城堡的法式风格而炫耀。而且,为了追求建造效果更似纯自然,通常不顾当地本来的环境条件,例如,在斯托海德,确实进行了开发搅拌黏土技术以用于填埋湖泊,在那里的一片白灰底面上——通常不会再有湖。

雄伟宏大的景观并非很受欢迎,阿普尔顿对伯克等人描述的宏伟景观与人类理想居住地之间的关系进行了探索,发现并研究两者之间存在的明显的负面关系(阿普尔顿,1975 年)。雄伟宏大的事物(以及"极大的"或"令人敬畏的"和"宏伟的"等这些词在被使用的时候,时常作为同义词或至少是意思相近的概念)对人类产生不利的影响;山冈是山脉,有陡坡和峭壁;小河是瀑布下的激流;天气是突变且无常的;草木和植物不受人类掌控。沙漠和山脉是宏伟的景观,英国最著名的约克郡谷地就是这一类的典型代表,它之所以成为吸引游客的景点,正是因为它的雄伟宏大。雄伟宏大的景观对人的吸引力在于,人们需要亲自体验它,或许这与恐怖电影对

人产生吸引力的感觉相似。因此，人们在体验撒哈拉大沙漠、南极洲和阿尔卑斯山脉的时候，或许感觉它们比介绍上描述的更加宏伟壮观，也可能感觉不如介绍上描述的那样宏伟壮观；但在英国，就要在岛屿、湖区，苏格兰和威尔士以及奔宁山脉的偏远地区找寻——若伴随惊涛骇浪则更添魅力，而无论是伴随惊涛骇浪，或是原本具有的博大宽广，大海都确实是宏伟壮观的。建造宏伟的景观如同恐怖电影一样不断耗费资产。在德文郡林顿附近的岩石山谷里，游客会感觉似乎"血液在岩脉里冻结"。这个地方未曾有过重大改变；只是我们现在不再那么容易被感染了（图7.1）。有一项理论提出，英格兰宏伟景观对人们的吸引力很快就会消退，甚至连不列颠群岛和欧洲（即使在1800年左右，那里有确实颇具魅力的阿尔卑斯山脉）也同样是这样，再看美国——哈德逊河谷、尼亚加拉大瀑布、黄石国家公园及其西面的约塞米蒂公家公园，情况亦如此（罗森布拉姆，1969年）。

　　18世纪也沿承了景观欣赏方面的两重性，这种两重性源自一些曾受古典文艺复兴时期教育的罗马作家，而这就是牧场风格和农耕风格的区别，这在第3章曾经讨论过，牧场和农耕这类田园诗般的景观都属于那种完全可以被

图7.1　林顿附近的岩石山谷。18世纪的宏伟景观，而在今天看来，却如此平淡无奇。

人为掌控的景观，但牧场风光中含有放牧的人们（这个名字仍然在被广泛使用），而田园风光是农耕景观。牧场景观、游牧生活一直常常被认为比农耕景观更高一筹，这并不只在欧洲的田园风光图画中才有所表现。日常的景象是，男人照料牲畜，同时，女人在农田里耕种。在很多地方，非常典型的是非洲，那里的游牧部落供养着统治集团、特别是军队，而游牧部落与当地的农耕部落之间有冲突，往往是农耕部落被降服。这很可能与随着放牧者及其牲畜搬迁而容易摧毁农民的生计有关。即使是在美国西部蛮荒地区，牛仔与希望定居在那里并从事农耕的人之间发生的争斗，如同牛仔与印第安人的浪漫史一样，具有同样重要的意义。在这种特殊的争斗中，主要武器是带刺的铁丝网，这也是能决定胜负的武器，在美国和在澳大利亚都是如此。无论是田园风光，还是牧场风光，或许都属于"美丽的"景观类型，都是非常理想的人类居住地，而仍很明显的是，通常认为牧场风光历史更悠久；不管那里是否真的曾有过放牧活动，在通常的概念里，广大的乡村农舍景观显然属于牧场田园风光传统里的一部分。在那里，厨房花园位于墙的后面，不为观光的游客开放，但来访的客人或许有幸参观那里的菜园并欣赏那些颇有名气的特色，例如菠萝园[1]或温室、花房。

1790年代，在"美丽的"和"宏伟的"景观的两重性概念之外，出现了似乎是介于两者之间的第三种景观概念，即"如画般生动的"景观类型。从这个词本身可以看出，毫无疑问，在这个观点中，把景观视为一个图画对象，呈现在两个维度中。在所有关于景观的概念里，这个观点一直都是最具创造性的。在这个方面，最重要的创始人是威廉·吉尔平，但还有很多其他人，包括诗人尤维达尔·普赖斯。他的家乡是赫里福郡，与1794年著名诗歌"景观"的创作者理查德·佩恩·奈特是同一个家乡里的近邻；那里的乡村景观，既不像遍布低地的英格兰，也不像群山密集的威尔士，那里的确属于很有代表性的那种"如画般生动的"景观的类型。这种景观远比"美丽的"景观更粗犷，但不如"宏伟的"景观那样富有凝重感，也不像那样气势磅礴。在树林里（但不是广袤的森林）以及在山谷的两侧之中，一条条河流在常春藤覆盖的桥下蜿蜒流淌，在密集的岩石间流过，伴随着仿佛在歌唱的咕噜噜的水泡声，形成一道道水弯。一些河流特别受人喜爱，例如怀河、沃福河、布里斯托·阿文河和达夫河。在人们看来，蜿蜒流淌的河流总是别具魅力的，因而吉尔平提出，一条蜿蜒流淌的、盘绕成一道道弯的河流本身就可以作为一个画面的背景。然而，那时，关于"如画般生动的"景观的特性，仍存在很大的争议，而在这一点上，也不可能达成共识。被严重毁坏的村舍还可以算是"如画般生动的"景观吗？

在这方面最显著的表现是意大利景观和一些画家的绘画作品，这些画作大多被收藏于"游学旅行"介绍中，例如洛林、普森、杜埃和罗萨（那不勒斯风格，非常接近于"宏伟的"景观类型）。一些地方自封的专家，例如埃克赛特附近的奥克斯顿的约翰·斯威特，这些专家通过游览周围的郡县，建立一套关于"如画般生动的"景观的标准，从而确定属于这种类型的旅游景点，以便游客直接得到相关资讯，抑或通过画册中收集的有关内容得到相关资讯。大多数郡县的一些地方被挑出来，专门作为艺术家最青睐的旅游地点，因此，在这个时期里，可以不用旅游地图的概要介绍。正如安德鲁斯所述，一些"如画般生动的"景观的游览路线已在绘画作品中被精确地描绘出来，并可作为准确的信息供游客参考（安德鲁斯，1989 年）。

我们已经讲述了 18 世纪和 19 世纪早期所有的景观审美概念，在结束这个话题之前，有必要补充的一个方面是浪漫主义的概念。在这个时期的很多书本中，在描绘那些确实属于"豪华的"或"宏伟的"景观的时候，都会用"浪漫的"一词作为"豪华的"或"宏伟的"同义词，而这种情况下，或许这个景观略微缺少一些群山般庞大的气势。但在文学、艺术、音乐作品中，浪漫主义的含义总是关联着浓厚的情感。最好的作品很可能就是简·奥斯汀的《理智与情感》，其中表达了两者的不同特质。前者表达的是 18 世纪的理性特征，而同时总是伴随强烈的浪漫主义情感。因此，类似沃兹沃斯和拜伦这样的诗人以及类似贝多芬这样的作曲家，还有类似斯科特这样的小说家和类似特纳这样的绘画家都属于这一类型。在某种程度上，浪漫主义的典型作品惯用的一个部分就是，景观肯定会被作为一种与浪漫主义紧密关联的艺术现象，并且与"自然"景象密切关联。的确，为了寻求"情感上的渲染"效果，通常假设自然景象和景观，特别是天气情况与人的癖好特点、事件和情绪有相互关联的作用。作品中的主角或政治事件悲剧的发生通常伴随着暴风雨，而不是在风和日丽的天气里；而且，发生的地点通常是在一个洞穴的深处、宏伟的景观中，而不是在一个繁花似锦的夏季草场上。

原本想以介绍具有普遍意义的概念作为本章的开始，但是，我们一直越来越沉浸在英国的（甚至是英格兰的）人文观和历史观当中。而这些观点也在全欧洲具有非常普遍的意义，在这些观点中，很多都确实来源于古典和基督教的理念，而这些理念并不能被当做普遍理念。但是，这些理念具有相当强大的影响力，足以影响整个西方世界。即便在当今，确实也会有这种令人奇怪的情况：当提到"迷人的景观并非只是上帝所赐"这样的观点时，读者或听众常常对此惊讶不已并难以置信——我们都知道，一个美丽的地方难道不是要靠我们自己的劳动才能被创造出来吗？

近些年来，我们开始不断思考这个问题"我们喜欢什么样的景观以及原因是什么？"的确，这个问题或许是杰伊·阿普尔顿所做的研究工作中最重要的部分，他在1970年代里提出"景象庇护理论"这个理论（阿普尔顿，1975年）。这个理论包括两个基本支撑点：对人有吸引力的景观包括两种，一种是非常适合人类居住的宜居的景观；另一类是自己特别喜欢看的、同时又是能让自己不被看到的隐蔽的景观。这或许与是否是宜居的并无直接关系；或许倒是相反的关系。同时，人们或许喜欢那种可以维持和供应生活所需一切的地方，人们也喜欢体会某种挑战，使自己变得更勇敢，这是能够让人成长和进步的一个关键素质，看护孩子的家长都有这种亲身体会。因此，从另外的角度或就不同的方面而言，"宏伟的"景观也有吸引力。人类天生是杂食动物，而且有捕猎的欲望，正因为如此，所以人类喜欢看到、而同时又不喜欢被看到。人们需要有能力辨别哪些动物可以成为自己的猎物；同时也要知道，人类或许聪明，但却既不如非洲猎豹跑得那么快，也或许没有能力战胜一只熊。因此，为了不会成为一些动物、当然也包括人类本身的猎物，能够躲藏起来而不被发现，是一个好办法。人类也需要像园林里的鸟类一样隐藏自己。

因此，阿普尔顿试图分析景观如何对人产生吸引力，他的做法是，考察对景观的能见度——景象——并且提出，一个地方在视觉上的能见度是通过全景和深景两个方式来体现的。如果说，视觉能见度这个短语起源于军事界，也是合乎常理的，因为，景观领域的学生不可能比军队的步兵更仔细和周到。全景的视觉能见度基于它的水平维度，最理想的是360°，但适用于那些宽阔而广大的景象。深景是在视觉上非常狭窄的一个景象，类似于管窥，或许如同沿着一条街道看到的景象，水平维度非常有限，但也会因此而感觉到，更容易控制视觉能见度。他进一步补充了两个关于深景的要素：沿着一个深景观望，有偏转的地方是一个景点，例如，沿着一条河流或一条街道观望，某些地方会向左或向右有一些偏转。这显出一种动感，人们被那些有弯曲的地方吸引，并在那里游览一番，而接下来再沿河观望——似乎又到了新的一段（图7.2）。另外，通过窥视孔观望的深景也在垂直维度中，视野非常受限，如果我们沿着一条街道观望，而街道两旁的树枝在我们的头顶上空交织在一起，则视野会更受限；这会让人们陶

醉于视觉上的可控感，如同从一个洞穴或防盗门上的一个观望孔向外看的感觉一样。

　　在很多观点中都有关于"第二前景景点"的说法——这些说法提出，观望者可以找到一个更好的视角，从这个更好的视角观望，可以看到更多的景象，至少可以看到之前没有看到的一些景象。这个景象可能是一个山脊，或者可能是一个教堂的钟楼，也或许只是一个平地。阿普尔顿坚持的观点是，具有某种象征意义的标志性景点，不必一定保证人们能够亲临其境；教堂的钟楼是具有象征意义的标志建筑，但也可以拒绝进入。在很多情况下，有前景装置的艺术家关注的焦点是深景的景象或风景的主体，这种现象被称为"repoussoirs（在画面中为突出某个部分的效果而加重色彩）"。在大多数情况下，加重渲染的部分是指示某目标方位的形体，但有很多"repoussoirs"并不是特别明显，或许是一块岩石，也可能是一根柱子。使用这种前景装置的摄影者很可能是为了故意在图片中渲染某个部分，也很可能仅仅是为了图片整体结构对某个部分的需要。这种看待景观或景观图片的方式，即把它作为潜在生境，是一种确定其内涵的方式。这与古老的审美学观点非

图 7.2　深景中的偏转。阿普尔顿提出，道路中的弯曲之处就是一个在前景景观之外的第二景点。

常不同，它的基本点是突出具有和谐与平衡意义的抽象特征。有时会试图将所谓的审美特性进行量化，例如用"黄金分割"这样的定义进行量化。但这仍然与人类生存的意义几乎没有任何关联；所有这些几乎总让人觉得像一种神秘的潜在知识，通过它可以让我们认识"像我们一样的人们"，就像是一条校友领带。

庇护场景也同样重要，树林是典型的庇护场景。如果在树林里为孩子们举办聚会活动，孩子们一定会在那里捉迷藏，而这似乎就是十分自然的事情，这是由于人对这种地理环境的直接反应而导致的。在没有树木的景观中，也需要有庇护场所，而在这种情况下，需要人工建造庇护场所。或许，树林里的农舍就是最好的例子，霍贝玛关于这类场景的作品非常多，其他艺术家和作家也对此有很多描绘。这类场景还有一个特点是，农舍的门不必一定要打开，因为农舍有门只是象征着一种保护功能，即使门不打开，也给人以庇护的感觉。在描绘这类场景时，艺术家普遍的习惯是"在场景中设计树的构图"：在一些景观图画中，画面上确实有一个人在一棵树下观望景观，但在大多数图画中并没有人像，只有树枝攀缘在树的顶部、垂在树的一侧，这样就足以使观看者相信，在这个场景中，可以得到充分的庇护和安全感。艺术家的这个习惯具有普遍性，而且非常有效，我目睹过这样一件事，一个房地产公司聘请一位建筑摄影师为一座建筑物拍摄，有一位助手手拿树枝，仔细地固定在指定的位置上，以使摄影师拍摄的建筑图片中有树枝的衬托，以显示这座建筑环境具有最佳优势。一个有趣的现象是，针对在场景画面中设计树的图像这种情况，可以清楚地发现，艺术家在场景画面中设计"构画树"的理由与"此地居民认为这里宜居"的理由具有一致性。

有一种特殊类型的庇护场景被称为"coulisse"，这个词的原意是剧场里两侧的隐蔽处。这种场景有些类似于沿途有偏转地带的深景，而它给人的感觉或许类似于一种普遍的体验，当人们沿着海岸行走的时候，不断看见一个又一个海岬，每走过一个海岬，它就在身后逐渐远去、消失。走过一个海岬，还想再向前走，希望看见和到达下一个海岬，因为，那个海湾又将是一个理想的隐蔽场所，将是能够避开他人视线的隐秘之处；然而，通常令人失望的是，到达时才发现，那里也早已有其他人了。图 7.3 显示的正是这样的景象。伸进草地的灌木丛如同海湾的海岬，增添了风景中的动感和神秘感。

另外，阿普尔顿还在他的研究理论中提出了第三类概念，称之为"隐患"。

他并未提出所有的景观都含有实际存在的、确实会带来危险的隐患，但是，他提出，在那些非常有趣且对人有吸引力的景观中，都含有引发危险感的事物，例如，一幅画或摄影作品中显示出带有某种危险感的景物——它或许是一条狗或其他动物，也或许是一条难以跨越的河流或一个篱笆，也可能是类似暴风雨那种危险的天气景象，尽管在图画中带有危险感的景物只是某种象征而并非真实的存在，但它们仍能引发人们的兴趣。如此景象能够触动人们的兴奋感，在那一刻，使人们感到它特有的魅力。

　　阿普尔顿的观点基本上来源于艺术视角，有关这一观点，最后还要强调的是，或许应该记住"景观的暗面"这一概念。约翰·巴雷尔在他论述绘画景观的书中使用了这个词语（1980 年），而无论是字面上，还是寓意上，它都有用处。从字面上来看，它是景观绘画中的一种固有手法，通常，图画的一面是树林或深不可测的森林，另一面是光天化日之下的风景——前者隐藏着危险，后者是祖露的公开活动场所。两种场景的植被的分界处也成为特别有趣之处，这就如同对于生物学家来说，"群落交错区"这种地带是最有趣的生物多样化聚集区。与此类似，人类居住区常常在两个地带的连接处，因此促进了在两个地区之间，用各自地区的产品进行交易。尽管在我们已有的概念里，认为"森林景观"或"高沼地"属于在本书的一些

図 7.3　威尔士的格力吉诺格。草坪和灌木丛宛如剧场里舞台两侧的遮蔽处。

拓展阅读里所定义的景观类型，但通常它们是非常受关注的边界地区。隐喻含义中的景观的黑暗面所表示的"黑色阴郁"一定是以真实情况为基础的；的确，阴郁的树林比敞开的景观更具危险性，在敞开的景观中，那些将要来临的危险至少可以被看到。森林里很可能隐藏着种种危险，而这些危险可能不仅来自动物，也可能来自人类。一些歹徒和强盗在森林里隐藏，在荒野中行凶，就像罗宾汉、迪克特平那样。难怪现代城市几乎就是所谓的"混凝土建成的野兽世界"。

接下来将讲述基于环境心理学的卡普兰斯景观理论，在此之前还要强调的是，阿普尔顿从未提出他的关于景观吸引力的观点是对景观问题的完美解答，尽管景观吸引力是景观概念中具有普遍意义的因素。对于景观的理解，在他的观点中，还有很多没有研究的部分，这些非主流因素也应被认可，例如性别、民族和受教育程度等这些因素也会改变人们的观点，而人们的观点不会完全一致。一些明显比其他人更具幽闭恐惧症或更具恐旷症的人，更喜欢隐蔽场所或前景景象。我有一个朋友，他曾推荐我到洞穴里享受景观，但那里使我感到恐惧，对我来说，没有任何吸引力，而对他来说，在广阔天空下的旷野里就会感到很难受。后来，阿普尔顿自己又进而写了一本书，这本书有一个绚丽的名字"我是如何制造世界的"（1994年），在书中，他尽力描述和分析了不同景观偏好中的个人因素，每个人对景观的偏好源自他自己儿童时代的境况和生活经历。

雷切尔和史蒂芬·卡普兰于1989年出版了他们的著作《自然的体验》，他们的观念牢固建立在科学实验上基础，通过科学实验，产生出一套思想，为阿普尔顿的理论作了补充。当然，在那些实验中，调查对象基本都是在美国大学里学习的大学生，很难确定的是，对这类人群的调查结果在多大程度上能够代表大众的普遍态度和特性，因此，实验的结论肯定会有一定的偏差。另一方面，包括了一些观察到的和可重复的实验，而且，阿普尔顿所作的研究主要是关于使人感兴趣的概念启示。尽管如此，这些研究构建了一个有用的观念模型，它是沿着两条思维主线的观念：第一条思维主线涉及的是，人类需要了解呈现在眼前的景观，并且，也需要允许勘察和探究景观。第二条"思维主线所涉及的是，在提取……信息的过程中所需要的一定程度的推理"（卡普兰，1989年：52）。一些信息是显而易见的，同时，也有一些信息需要进行研究以及必须有更多的解释和理解。通过把这两个思路结合在一起考虑，可以得到四个有区别的概念：四个概念分别是一致与相干性、易理解性、复杂性和神秘性。如果一个景观很容易使人辨识和了解，并且它的构造及其内含是显而易见的，那么，这种景观被称为是"一致与相干且条理分明的"。如果一个景观需要人们用较多思考和理论推断才能理解它，那么，这种景观被称为是"可读懂的"。一致与相干性的概念说明，对景观的理解所需要的因素是直接明了的，但易理解性的概念说明，对景观的理解需要通过引用更多的推论和知识。从这个意义而言，一个农家宅院通常是一个属于易理解性概念中的景观，因为我们可以了解那里的各种各样的器材和建筑的用途，因此，易理解性既存在于景观含义所涉及的信息中，同时也依赖于每个人的个体内在差异，在对景观的理解方面，两者同样重要。

复杂性——在一个风景和场所中所包含的事物的数量，它的丰富性或多样性——也许吸引人，也许不吸引人。一个较复杂的景观如果伴随着较高的一致与相干性的特点，它"会形成较好的视觉效果"，这样的风景和场所是丰富多彩且吸引人的。

神秘性的概念说明，人们在理解景观方面仍然存在未知部分，这个因素的含义是"涉及……希望未来能够获知更多"（卡普兰，1989年：55）。道路中的弯曲处（阿普尔顿关于有偏转的深景的理论）是一个典型的例子，但是，由于景观被很多能够形成图画的设备进行了制作，因此添加了制作人的情感色彩（图7.4）。经过人为加工而形成的图画存在的问题之一是，图画上的景观与实际景观之间具有怎样的关系。参与调查活动的回答者对摆在面前的图片上的景观的评价究竟在多大程度上符合亲自看到这些景观的真实面貌后的评价？对这个问题的答案似乎应该是，我们不得不非常谨慎小心，以免呈现景观图片的方式会导致答题者偏于从艺术角度评价景观，而不是根据实际的景观偏好进行评价。因此，观看画廊里白墙上展示的水彩画的感觉并不能等同于亲身体验图画中的实际景观的感觉。在一间黑暗的房间里放映彩色幻灯片或彩色电影会使感觉更逼真，这不只是因为我们曾对幻灯片或电影所展示的场景有过一些实际的体验（克罗和金布利特，1992年）。

尽管卡普兰所描述的对象是自然风景，但在城镇或有人存在的景观中同样也可以产生神秘性。好的景观设计师常常会有一些巧妙的方法，让身处景观中的人们总是感觉似乎仍有前所未见的更多的景物还可以去发现：蜿蜒的羊肠小道；栽培的植物仿佛预示着另一个出口；各式的门也好像可以通往一个又一个地方。显然，一个完全简单易懂的场景不可能有太多的神秘感，非常小型的城市花园就是有这类问题的场景。凯文·林奇在他的著作《城市形象》（1960年）中涉及了"易读性"问题，并认为这与我们对

图 7.4 布尔加讷夫,克勒兹河。从这里看到一个伴随着偏转的远景,但也伴随着许多神秘色彩。

景观的解析能力有关。人们通常会用相似的方式解读一个城市,这是由于人们有过对城市的体验并知道城市的规律。在城市里,通常都有若干条道路从市中心辐射向远方,以及围绕市中心的若干圈环形道路。当一个城市的基本运行规律不同于城市的普遍规律时,我们会因不能了解它而产生恐慌,例如,大多数阿拉伯城市、麦地那中心就是这样的情况。甚至一些英国的城镇也很难使人了解,一般来说,这是因为它们都有自己的错综复杂的历史(例如,普利茅斯或特伦特河畔斯托克),也可能是因为受到其他重要因素的干扰。这种情况在海滨胜地最为普遍,内陆的运行规则在那里的闲逛区域或海滨沿岸并不适用,因而需要用不同的方式去解读那里的情形。

林奇的研究主要贯穿一个城市的情况，同时运用路径、边缘、区域、路标和节点等概念。它是在景观评价中的一个专业性极强的元素，但它确实提醒了我们，即使在最深处的乡村，具有一定含义的路标对于人们了解当地的情况也是至关重要的。

本章自始至终所涉及的几乎都是在视觉意义上的概念。几个世纪以来，在景观研究领域，关注的几乎都是在视觉意义上的景观概念，视觉意义也一直是景观概念里的核心组成部分，最为明显的是，从艺术角度看待景观则更是如此。然而，后来又形成了一些关于景观的概念，认为景观是被人认知的地方，这显然使景观概念不再仅仅被视觉意义所占据；我们也在前面几章中看到了有关这方面的一些含义。在对景观的研究中，认为景观是一种视觉现象的观点占据了绝对的主导地位，因此，我们需要不断提醒自己，我们对景观的实际体验却并非如此。有很多人的体验是，声音的作用在感知景观的过程中也非常重要，而且，尤其是如果把声音这个要素融进卡普兰的概念，很容易得到合理的解释。大自然中的声音（和城市里的声音）、周边环境的声音一定会对人们了解和认知这个景观有很好的提示作用（我知道听到的是什么声音并且它与我能看到的景物有关）或者声音还与这个景观的神秘性有关（这是什么声音？它与这个地方有怎样的关联？）。它还可以使人们很好地区分单纯而清晰的音响范围（这里所有的声音听起来都来自同样的场景）与相干且和谐一致的音响范围（这里的声音分别来自不同的声源，但所有的声音合在一起是和谐的）。气味也可能与景观相一致，也或许不一致。

参考文献

Andrews, M. (1989) *The Search for the Picturesque: Landscape Aesthetics and Tourism In Britain, 1760–1800*, Aldershot: Scolar.

Appleton, J. (1975) *The Experience of Landscape*, Chichester: Wiley.

Appleton, J. (1994) *How I Made World: Shaping a View of Landscape*, Hull: Hull University Press.

Barrell, J. (1980) *The Dark Side of the Landscape*, Cambridge: Cambridge University Press.

Bourassa, S.C. (1991) *The Aesthetics of Landscape*, New York: Belhaven.

Burke, E. (1759) *A Philosophical Enquiry into the Origins of Our Ideas of the Sublime and the Beautiful*, London: Pall Mall (reprinted Aldershot: Scolar, 1983).

Kaplan, R. and S. (1989) *The Experience of Nature: A Psychological Perspective*, Cambridge: Cambridge University Press.

Kroh, D.P. and R.H. Gimblett (1992) 'Comparing live experience with pictures in articulating landscape preference', *Landscape Research*, 17/2, pp. 58–69.

Lynch, K. (1960) *The Image of the City*, Cambridge, MA: MIT Press.

Price, U. (1794) *An Essay on the Picturesque, As Compared with the Sublime and the Beautiful ...*, London: J. Robson.

Rosenblum, R. (1969) 'Abstract Sublime', in H. Geldzahler, *New York Painting and Sculpture, 1940–1970*, London: Pall Mall.

Tate Gallery (1982) *James Ward's Gordale Scar: An Essay in the Sublime*, Exhibition catalogue.

Turner, R. (1999) *Capability Brown and the Eighteenth-Century English Landscape*, **Chichester**: Phillimore.

练习

1. 挑选一些你喜爱的景观，这些地方不仅是从图片上看吸引人，而且实际上也确实吸引人，尝试用阿普尔顿的观念和卡普兰的观念解析这些景观。这两个理论体系能否为这些景观的迷人之处提供有力的说明？如何通过对景观的改进而使其变得更加有趣？

2. 拿一张你知道的城镇的地图，尝试用凯文·林奇的观念分析这个地方是怎样被人了解的。然后，把你关于那里的路径、边缘、区域、路标和节点的分析情况与那里的居民的想法进行对比，核实你的分析结果是否符合社会中人们的实际感知。

注释

1. A pinery 的意思是一个种植菠萝的菠萝园，不是松树。它是一种珍贵的财产，在菠萝园的门柱上或许会有一些被制造的石头菠萝，作为菠萝园的显赫标志。

拓展阅读 5　地图

很多学习过地理课程或有过侦查经历的读者都有地图的应用知识，特别是地形测量部门（OS）能够通过使用地图非常有效地实现航行的目的。这里提供了一些思路，使地图的使用价值扩展到景观研究中。

使用地形测量地图

·关于因设定教区边界而起源的历史景观。在 OS 系列地图上，它们的比例是 1∶25000，但已不在 1∶50000 的系列中了，不过，它们在那些古老的 1∶63360（1——英寸）地图上。尽管这些边界区域发生了一些重要的变化，但它们总体上是撒克逊起源，因此可以了解当时的安置意义以及近期新增了什么。

·试着在城镇里找到英格兰教区教堂和行政区的边界。这两者很可能会显示出一些重要的历史分隔，随着海洋开发，这些分隔迹象现在已模糊了。

·选择一个你对那里的步行小路和主要道路等各条交通路线都有探查兴趣的教区作为研究对象。以平等的态度看待和研究每一条路线，你会发现与连接所有场地的中心地区（很可能是教堂）相连的当地交通系统。

·确实去探查所有的公共用地。许多这样的土地在地图上以 1∶25000 的比例显示，被称为"可到之地"，但这两者的含义并不相同。

·在场地的占用日期和目的等方面，常常会引起关于场地边界的问题。

历史地图

·古老的 OS 地图能表示出非常多的变化，作为场地边界（在比例为 1∶25000 的地图上）或作为已建成的地区（在比例为 1∶50000 或 1∶633600 的地图上）。后者在郊外地区尤其有趣，可以看出各种各样被开发的地产变化过程。

·第一版 OS 地图（1-英寸）在现代的复制品中可以找到。它们可追溯到19 世纪早期，但也有之后的变化，例如加上了铁路。

·18 世纪以前的地图也可以提供有用的信息，但它们也清楚地表明地图上突出的部分是不同时代的重点。现代地图突出的部分是道路和休闲活动方面的情况。在那些18 世纪的地图上，很可能突出显示的是贵族的乡村地产的情况。

意境地图

·在从人们对景观体验和景观爱好的回答中提取信息时,意境地图是一种很好的途径。

·请回答问题的人画出一个"他们的"地方的地图,另外还有他们定期到访的地方,并且尽量画出他们认为属于自己所在地区的区域边界。这样也可以显示出他们的历史和他们自己的家园的情况——在他们所在的县/国家/世界里,哪些是他们认为重要的地方?

·意境地图的另一种版本是描绘一个有游客的地方,如同凯文·林奇的作品《城市形象》所展示的那样。在这种情况下,可以请被调查者画出一张地图,例如,这张地图或许是他们在伦敦游览两个小时以后画出来的,也或许是他们在伦敦游览一天以后画出来的,还或许是他们在伦敦游览两个星期以后画出来的。这是他们度假时或度假后的一项有趣的练习活动!

教区地图

"公共基础部门"发布实施"教区地图项目",很多教区不断致力于制定一张能够标明人们认为的教区里所有的重要地方的地图。这样的地图是典型的"圈内人的地图",它突出标示了 OS 没有标示出的这个区域内的各类地方,这些地方或许是某些事件发生的地点,或许对孩子们来说是重要的地方——七叶树——等。起初,"公共基础部门"也要求艺术家制作有关"他们的地方"的地图。这些地图很有趣,但往往全都是带有他们自己个性特色的巧妙的地图。在我曾参加的一次展览中,大多数参观者对艺术家的地图进行了快速浏览,然后他们花费了几个小时的时间查看当地学生或"妇女协会"制作的地图。人关注的总是人,从来都是如此。

Lynch, K. (1960) *The Image of the City*, Cambridge, MA: MIT Press.

拓展阅读6 参与和交流

如果想了解什么才是人们认为重要的景观，需要让人们共同参与进来，与人们互动显然是一个必需的关键要素；在所有遵循《欧洲景观公约》的国家里，目前的确已作为一项法律，要求必须有人们的共同参与。但是，需要旷日持久的过程，才能获知人们对景观的偏好，而且难度也较大，因为人们对于景观的认识极具个性化和感情色彩。可以用很多种方法进行这项研究工作，其中，人类学家尤其具有专业技巧。可尝试各种方法，以下是一些思路。

·让人们与你交谈。有纸夹的笔记板和调查问卷固然有用，但无法揭示人们的情绪反应。理想的情况是使人情愿与你交谈，而不是故意去跟人搭讪——在酒吧里、遛狗的时候，或坐着画画的时候，你都有机会使人与你交谈。如果你的出现不会使人有威胁感和伤害，别人就会把想法告诉你。接下来，你需要巧妙地把交谈的内容引导到你需要的话题上（有时，你可以用提问的方式，故意说一个有关某个景观的传言，例如"是不是真的要铺设一条路穿过那里？"）。当然，最后，你需要懂得技巧结束谈话！也有丰富的现成的建议，用以实施目标群体的访谈或半结构式的访谈，两者都能产生相关的、有用的结果。无论你使用怎样的技巧，都要花费很多时间，才能得到很有价值的结果。

·要记住的是，很多人回答关于他们喜爱的地方的问题时，并不一定实话实说，正如表达他们的政治立场的情况：通常，他们自己也不十分清楚为什么这对他们来说是重要的；或者，这是一件别人管不着的个人私事；或者，他们不想让这事被成群的游客毁坏了；或者，他们在这里"消磨时间"。在交谈中，如果很难分析出他们的景观偏好，那么，要了解他们的动机就更加困难。大多数人从不反问自己的旅游动机，他们到某地游览时，总会编造一些能被社会所接受的理由作为他们的游览动机。这并不说明他们故意骗人，而是或许他们自己蒙骗自己；他们只是连自己都不知道为何而来！

·从事这类工作时，你需要平衡两个要素：一方面需要分析寻找相同性、模式的受访者的意见；另一方面需要引出受访者自己的语言以使你能够获取真实的想法。这两个方面都同样重要。忽略第一个方面就不会得到有用的分析，忽略第二个方面将导致人性的缺失。当受访者所答非所问时，他们很可能是在用自身的表达方式阐述一些出人意料的见解。在问询"国家托管机构"志愿者的工作情况时，一位应答者提到总部的工作人员不提取我们的意见，还提到"套装没有耳朵"。现有一篇以此为题的文章！

中央政府和地方政府机构安排了大量的"公众参与活动"，而这只不过是为给政府早已内定的决策增添民主色彩而已。政府让公众参与意见，但其实无异于将已经决策的结果告知公众。或许需要记住的是"教育"意味着"规划诱导"。阿恩斯坦梯级（1969年）一直是表明公众参与程度的有效的图示方法（图 C.1）。

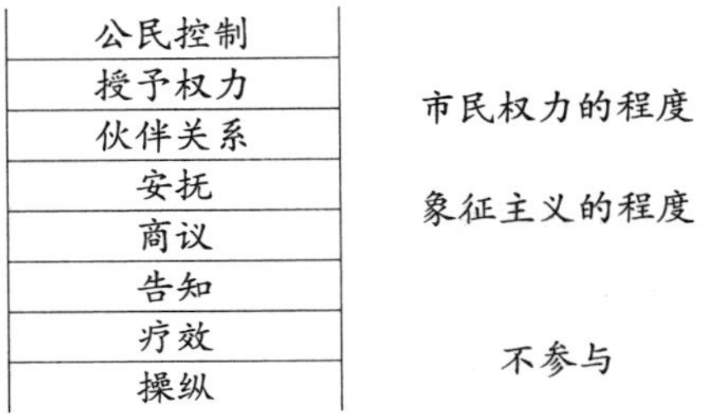

公民控制	
授予权力	市民权力的程度
伙伴关系	
安抚	象征主义的程度
商议	
告知	
疗效	不参与
操纵	

图 C.1　阿恩斯坦的有关参与程度的梯级图示

完全可能有很好的实例充分证明，想要在景观问题的所有方面都实现圆满的公共控制，是一个不明智的目标，特别是，当实施范围只是某个地区时，所谓"公众"仅局限于当地人，尽管如此，从事研究的人和制定政策的人应该清楚的是，现在处于哪个梯级，以及应该达到哪个梯级。

Arnstein S.R. (1969)' A ladder of citizen participation', *Journal of the American Planning Association*, 35/4, pp. 216-24.

8 景观感知的个性化差异

　　无论人类在对待景观的态度和偏好方面有多少共性的部分，人们对景观的感知一定存在很大的个性差异。我的妻子很不喜欢森林；她在森林中感到不安全并有威胁感，她平时散步的地点肯定不会选择在森林里。而我的感觉却不同，我不喜欢大多数大城市。例如，伦敦、纽约或香港等引人入胜的著名大都市完全不是我喜欢的类型。有些景观偏好方面的个体差异或许完全受个人生长经历所养成的个人习性的影响，杰伊·阿普尔顿在他的著作《我是如何制造世界的》（1994年）中，试图解开这些个人因素之谜。但有些属于更广范畴的原因，或许是与我们过去常提到的大量所谓"透镜"因素有关的某种原因。这是一种暗喻，像是眼镜制造商使用的老式眼镜，这个暗喻的意思是，试着用一个、两个或更多的透镜校正戴眼镜人的视力。这种模式类型似乎并不普遍，因此这个暗喻的作用不大；更多的作用是，这个暗喻再次表明了那个古老的观念，即景观是视觉上的，或主要是被视觉感知的。在这些因素中，有些是固化在每个人身上的（不是类似"透镜"这样的褒义词），诸如性别、年龄这类因素；但另外还有文化属性的因素，例如人们的民族差异、受教育的情况、"内在素质"的不同。一些人肯定也会认为，在这里所讲到的因素中，性别因素属于第二范畴。在这一章里，将讲述这些因素和相关研究成果，也有一些具体的剖析，这必然会占用较长的篇幅，然而，人们对于某些方面的理解还会存在很大的差异。

年龄

　　年龄是一个很明显的因素，但是，在把因年龄而产生的影响归于经历的作用之前，或许值得先关注的是，随着年龄的变化，单纯因身高的变化而产生的作用。摄影一直以来的优点之一是价格低廉，而如今用数码相机摄影的费用几乎为零。如果你喜爱景观，肯定经常散步观赏景观，而且，还会在日常的散步中，不断拍摄照片，在途中或许每走 20 步就会拍一张照片，而这些照片通常都是从你膝盖以上的位置拍摄的。因此，引发了一个有益的启示：现在你走过的这条路在你年幼的时候看来，似乎是一条很大的路，当你年幼的时候，宽阔的海滩在你眼里像广袤的沙漠。年幼的时候，或许觉得当地的一个有运动场的公园也是很大的，甚至大得令你惶恐。孩子们喜欢乡村和城镇景观"模型"，或玩具房子，这是很正常的事。而且，孩子们对地面景观的关注远远多于成年人。生物工程学者能够组织和建造符合人们的平均身高的工作场所；而很多人都不属于这个高度，仅仅由于身高的不同，就会导致人们对这个世界的感受存在差异。

年龄因素远远比以上那些复杂得多。心理学家在对自传式记忆的研究中，发现并承认有"回忆高峰"现象，这个现象是，人们更倾向于回忆那些发生在青春期和成年早期的个人事件（10 ~ 25 岁），对这段时期的回忆多于对人生中其他时期的回忆，但这种现象会因个人情况不同而千差万别。这种现象之所以产生，或许是因为这段时期是我们获取更多新体验的时期，至少对每个人自己而言，在这段时期里经历的新事物会比在其他时期里经历的更多。在英国，这段时期被视为"一所大的学校"和脱离家庭环境后的最初阶段。对于很多成年人来说，很难从记忆中挖掘出 10 岁以前的记忆，而另有一些人却能够记得在两岁时的整个白天里发生的事件。有一个显而易见的问题是，我们不能确定这些记忆是否准确。大多数人都有重返孩提时代的故居的经历，只是想找回对那时的记忆里的种种事物，特别是在有关距离和方向方面的记忆，而结果往往是错误的。这的确意味着，人们标记事物的年代和记忆景观时，往往依据孩提时代的记忆。我们 10 岁的时候觉得这个世界是"好的"或"正常的"。之后，觉得这个世界越来越不可思议，尽管我们认为它一直在不断地发展、改善或衰退。英格兰有一档电视节目名为"心跳"，制作于 1990 年代之后，但它反映了 1960 年代农村公安工作的情况。很多年轻学生以为它是演绎历史的古装剧；但我和我的同龄人知道，它的确是警务工作的真实写照。它所反映的往事应该发生在 45 年前的一个时期里，而非常难得的是，能够留有对这段往事的记忆。而我在汽车出现的某个时期，甚至能记住它们所有模型的名字。

那些有关我们熟知的地方的老照片总能令人着迷，这是符合人之常情的。但我们会发现一种现象：如果让新员工观看一个历史悠久的公司的老照片，新员工更快从中发现某些信息，并以此推断出照片所隐含的一些信息，而老员工从中发现这些信息的速度比新员工慢；如果一个人一生中的大部

分时间在同一个地方生活，以后就不容易再适应另外的地方，也不容易适应在更广的地理环境和历史文化背景中生活。鲁德亚德·吉卜林提出"那些只了解英格兰的人，其实对英格兰又了解多少呢？"[1]这个问题批驳了浓重的地方主义观念。超乎寻常的是，很多英国的乡村几乎一直很少有改变：除了道路标记和符号以外，很多乡村几乎没什么变化。布瑞恩·古迪（1988年）审视了1930年代有关北安普敦郡乡村未来的那些危言耸听的警示预告，结果发现，实际上，在1990年代里，并没有发生任何破坏性的变化。但在大城市地区的工作场景却又是另一番情况，或许变化速度最快的地方是城镇边缘的景观。

　　另外，以一种极其反叛的角度来看，我们正在将有生之年的过往经历变成公式化的历史，有些令人遗憾。1968年的"布拉格之春"导致了之后的战争，在布拉格的瓦茨拉夫广场上，摆放着为纪念于1969年牺牲在这里的扬·帕拉赫而设立的临时性的、小型纪念物（图8.1）。1990年代中期，为扬·帕拉赫而设立的临时性的、小型纪念物是一面破旧的捷克旗、一些花和一张照片。那时，在有关纪念物的问题上发生了争议，争议的问题是，能否将这个纪念物更换成与附近的瓦茨拉夫国王的雕像类似的铜质纪念像。在我的学生们中，反应各异，也出现了意见分歧。对于我和一些年长的学

图 8.1　在布拉格的瓦茨拉夫广场上，为纪念扬·帕拉赫而设立的纪念物。

生们而言，对那段历史和当时的感受记忆犹新，当 1968 年的捷克起义遭到镇压、坦克在广场上横扫而过、一片惨状的时候，我们身在西方，明知那里正在发生残酷的战争，却根本无法帮助受难者，那种痛苦和绝望的感觉刻骨铭心——如果把"我们的历史"化身为以一座冷冰冰的铜像而代表的公式化的历史事件，会使我们感到恐惧并难以接受。而对于年轻的学生们而言，没有经历这段历史，没有这种曾经的记忆，很容易接受以铸成毫无情感的铜像的形式纪念这段历史。任何一个景观，对于不同年龄的人而言，它的内涵或许各不相同，因此，不同年龄的人一定都能在其中找到自己感知的意义，一个沙坑能让孩子们喜爱，也能让年长者热爱，或许在年长者的记忆里，它就是年轻时曾经遭遇过的投弹留下的痕迹。

皮埃尔·诺拉（1996 ~ 1998 年）在"对地方的记忆"方面进行了非常细致的研究，其中有很多类型，但战争纪念馆、纪念物或墓地会成为铸就民族意识的地方，它可以是一个常规的墓地，也可以是类似纪念碑那样的纪念物。美术传统艺术家保罗·高夫也对这种类型的地方进行了细致入微的观察——在加利波利和其他地方（高夫，2000 年）。纪念碑或景观的意义应可以体现在很多方面，对不同时代、不同年龄的人具有不同的意义，对一些人而言，它们能够唤起一种鲜活或深刻的记忆，而对另一些人而言，它们能够作为历史教科书的一部分。在很多这样的景点和曾经的战场地点，试图为参观的游客营造当时的真实氛围，以产生"身临其境的共鸣"；但是，在营造的氛围里，并没有设置导致濒临死亡或伤痛的危险，虽然游客仿佛是身在其中，但却无法重演实际战争中最精彩的部分。

性别

现在我们开始讨论有关性别因素作用的问题，这是一个很难确定的问题，几乎没有确定的结论，而且，有关这方面的研究非常少。男人和女人对景观感知是否确实不同、是否赋予同一景观的含义也不同？我不想参与辩论有关性别作用的原因是先天所成还是后天教化的问题，尤其是因为，我认为这两种假设似乎都没有足够的证据。但无论如何，有一些要素是非常明显的，例如在西方国家的历史长河中，地球一直是被女性化的。在最初有关环境保护运动的主要著作中，继 1920 年代的《尘暴地区》之后，还有一本关于土壤腐蚀的书，名为《强暴地球》（杰克斯和怀特，1939 年）。而这种用词方式所反映出来的是，很长时期以来，地球如同在遭受男人强暴的女人一样被人类破坏着。将地球女性化的假想并不针对地表以下的部分，甚至在 18 世纪伯克等人的作品中，也没有这种倾向，而在那时，伯克也无法区分"美丽的"和"雄伟的"之间的差异，在对"美丽的"进行描述时，并没有不断提及柔软、温和、曲线这类包含女性特征的词汇。而在其中，"大自然"一词的第一个字母通常是大写字母，它象征着一位女神，她充满魅力、取悦于人，好似一位娇羞的情妇。从亨特和威利斯（1988 年）摘自《天才之地》的散文中可以看出，将"大自然"假想为女性几乎是共性倾向。在宗教较为盛行的时期，至少在基督教世界里，人类在精神方面和人文关系方面都处于极为单一的历史时期，这绝非荒谬的夸张。在中世纪的世界里，人们几乎将自然界视为需要战胜的敌人。因此，人类在与自然界的对抗中，与上帝结盟、祈求同力。从这种单纯的角度上看，其中的女性色彩非常模糊暗淡，并没有将之女性化。由于女人有能生育孩子和生理期的特点，女人通常被看做是比男人更接近自然界的人。事实上，认为人是因原罪而出生的，这个概念所包含的更多的意思是，人的出生是自然而然的事情（因为是在原罪中出生，所以是有罪的），而在这个概念里，较少含有性方面的道德异议。从那时起，很长时间以后，大自然被看做是上帝的杰作，这是浪漫主义和超验主义的基础理论之一。无论如何，女人具有更多的自然的天性，男人常常因此而感到极为不安，涉及这个方面的最著名的人或许是约翰·拉斯金或爱德华·芒奇。只有在 20 世纪里，大自然才不被看做是神的象征，但它仍保持了宗教意义。神的形象从图画中淡出，而"自然的"变成了一种道德价值标准，并非其相反的一面。

　　因此，"祖国母亲"是常用的表达方式，而并不是"祖国父亲"，很多国家都有象征自己祖国母亲的标志。俄罗斯的"祖国母亲"雕像或许是最知名的有象征性的国家标志，而英国以"不列颠尼亚"为象征，她是一个非常勇敢、刚强、具有男子汉气魄的女子形象；法国的标志形象是"珍妮"，似乎是一个更年轻和柔弱的女子，而这样的形象或许更富有女性特征。马克斯·厄恩斯特的著名画作《美丽法国》所展示的景象是，卢瓦尔河和歇尔河交汇在一起并环绕着一个年轻女子的身体。这个国家本身被赋予了女性特征，是恰似美丽的年轻女子的美丽法国。尽管年轻的自然女神形象和大地母亲的概念或许不同，但可以肯定的是，将地球比拟为女性的认识观所产生的时间远远早于基督教的认识观。公元前 20000 多年前建造的"维伦多夫的维纳斯"象征着大地母亲，这类古老的小雕像确实更富有浓郁的成熟感。盖娅也是一位女神，但她不是上帝。女学者卡罗林·麦茜特（1980 年）一直致力于大量的研究工作，将地球比拟为女性并作为有机的宇宙观的核心，论述了 17 世纪的科学对地球生态的摧残。

不能十分肯定的是，这些因素是否会真的造成男人和女人对地球和景观产生确实不同的看法。女人容易接受大自然被女性化的概念，男人也一样。简·奥斯汀的著作中的女主角们懂得欣赏大自然，如同男人一样，用阿谀之词赞美大别墅花园里的景致。是否因为女人通常擅长制作各式各样的园艺？在社会普遍意识中，越来越倾向于女人适合园林领域，在世界的大部分地方，女人过去是、或许还将是耕作的农民——她们在田地里从事播种和收割的劳动，而男人们外出打猎或放牧，也许只是坐在大树下聊天。因此，极其大量的园林工作通常都由女人承担，特别是当男人忙于农场事务或其他生意的时候；但仅在 19 世纪，才有女性成为专业园林设计师，最显著的例子是格特鲁德·杰基尔，她们的建树曾在教材中占有一席之地（比斯格拉芙，2006 年）。一个私人花园可以清晰地表现出它的主人与自然界之间的关系及其在自然观方面的偏好，当然也可以看出，女人制作的花园与男人制作的花园是有所不同的。确实有很多实例表明，很多男人制作的花园明显地反映出男性对自然界和领土的统治欲望，而且男人极其容易以这种符合男性特点的模式建造花园。为路易十四而设计的凡尔赛宫花园（汤普森，2006 年）或安德烈·勒·诺特尔为在子爵城堡的富凯而设计的花园都是同一个构思，主人矗立在中央的位置，通常不是在地平面上，而是高于地平面至少一层，而且是在主楼层，主人傲然矗立并能够俯瞰广袤的全景。这意味着，我所看到的一切全都属于我！或许德文郡 Knightshayes 法院花园的情况同样确实如此，那里原本是草坪风光，但被一家纺织厂破坏和占用，纺织厂的利润所得财富用于建造希思科特 - 艾默里家庭花园（图 8.2）。或许人们认为，女人建造的花园通常都规模比较小——如同一些户外房间相互关联的网络，每个都能相互看见。像这样精湛的花园有很多，其中很多是格特鲁德·杰基尔的杰作。最显著的例子是肯特的西辛赫斯特的维塔萨克维尔别墅，但后来我们发现，其中更多的设计理念是出自她的丈夫哈罗德·尼克尔森，而不是维塔。通常的惯性思维是，相对于男政治家而言，女政治家会在世界政坛中起到更柔和的作用以及减少生硬的声音和做法，但事实上并不明显，从玛格丽特·撒切尔、果尔达·梅厄或英迪拉·甘地的情况可以看出，这种惯性思维不切实际，因此，通常惯性思维认为，有关地方的舒适概念方面，女人会比男人更敏感、考虑更多、设计会更舒适，但这种想象也不一定符合实际情况，还需要大量的事实证明。到目前为止，在这方面所作的研究非常少。

图 8.2 Knight-shayes，德文郡。在希思科特－艾默里别墅可以俯瞰草坪以及希思科特纺织厂。

现在，虽然弗洛伊德关于景观应被看做是性的象征的观念已非常过时了，但景观与性别、甚至性之间或许确实存在一种更直接的关系。无论如何，将一些景观看做是女性身体的比喻的确是远代时期的情况，并且有很多地方的名字非常清楚地体现了这种情况。苏格兰高地上有很多"奶头"形状的景物，落基山脉最前面的山峦是大提顿山脉。或许有很多其他地方的名字具有生殖器的含义。设立在德国卡塞尔的一个地理学家学校非常看重这种观念，保罗·谢巴德曾描述山谷像大腿一样，并基于这种含义，想象它是令人愉悦的（仅令男人愉悦吗？）（谢巴德，1961 年）。当然，还有捷克地理学家哈纳·斯沃博多娃描述道路穿梭并横插在景观中，这种描述似乎明显具有性和性交的含义（斯沃博多娃，1993 年）。具有性象征意义的景观是否确实有作用以及对各个地方的感觉不同是否一定是由于性别不同而造成的，这两者之间没有必然联系。

在摄影和艺术中，常常将景观赋予女性身体造型以达到迷幻效果，例如在比尔·勃兰特的作品中（1980 年），以女性的体态展示了长长的海滨沿岸景观，还有德加的图画。[2] 爱德华·韦斯顿也使用了裸体造型来描绘景观，其中的人体和景观两者浑然一体、无法分辨。在这种风格里，偶尔也会使用男人的身体造型，例如在戴安娜·贝利斯的作品中。[3]

无论如何，景观还有另外一个与性有关的作用，这种情况是在有农作物的场景中体现的，在文学和艺术作品中，有关这方面的描绘非常之多，在这里值得一提。在大量的文学作品和电影中，尤其是从 1930 年代追溯至今，常常有这类景观与性联系在一起的场景，例如一对男女在干草堆或玉米地里翻滚。在 19 世纪的小说里，女主人和男主角常常一起在玉米地里散步。在之后的年代里，一个典型的例子是"罗西与苹果酒"，其中也有此类情景，情景是在格洛斯特郡斯拉德山谷，也是与引发性行为有关的场景。[4]霍尔曼·亨特的图片"被雇佣的牧羊人"再三体现了自然的生殖力的象征含义[5]，图片描绘的是发生在乡村果园里的男欢女爱，一个被雇佣的牧羊人放牧的时候，置羊群于不顾，任凭它们散乱游荡，自己只专注于调情。可以这样想象，那时可能农场主的儿子一直在专心看管羊群。这种想法又与伊甸园里的亚当和夏娃有关联。对地方的感觉可以是完全性感的。假日别墅里浪漫的情人幽会是被频繁描述的老套情节，广为读者熟知的是佩勒姆·格伦维尔·伍德豪斯作品中的描述，或在阿加莎·克里斯蒂的作品中也确有这种描述，在凡尔赛宫的花园和很多其他著名的花园里都确实发生过这种情景。藏在花园的凉亭里，可以满足需要隐匿的安全感。

宗教

亚当和夏娃使我们联想到的纯粹是宗教，宗教作为一个因素存在于我们的想象中，这种想象如同性别因素问题一样，从根本上是危险的，尤其是在一个通常被认为是后基督教国家讲述这方面内容，就更是如此，当然，并不只是在基督教国家，也包括在有很多其他宗教的国家，即使是基督教国家，基督教本身也分很多教派。辛哈（2006 年）就印度景观和宗教情况进行了研究。这里讲述两个主要问题。第一个问题是，英国景观和欧洲景观在多大程度上被全面浸染了基督教的内涵，如同艺术、文学和音乐等，其他主要文化领域都在一定程度上受到基督教的熏陶一样。在我们非常广大的地区发生的那些最优秀的文化事件都包含宗教内涵，其中的宗教意义是它们不可或缺的组成部分，如果对宗教元素没有一定的理解，就完全难以理解这些精彩活动的意义。如果说在景观中有大量古老的地方的名字涉及性的元素，那么，在景观中也同样有大量的地方的名字具有宗教意义。现在，国家里的各行政区以民间教区为边界；但至少在乡村，这些行政区边界在很大程度上与现存的教会教区边界紧密联系在一起，自从诺曼底人对英格兰的军事征服之前到现在，情况都如此。如果某地有两个或更多的教区都用同样的名称，最常用的辨别方法之一是根据教区教堂的贡献——例如迪平·圣·尼古拉斯和迪平·万圣。另一个常用方法是参考其所有人的名字，但很多情况是教堂，例如在萨默塞特的休斯·伯里埃皮斯科皮。英国的教区教堂通常被一个墓地围绕（与之不同的是，意大利或法国的教区教堂通常更多的是被一个方形广场围绕），字面上通常是位于村庄的心脏，正如它曾经代表着精神意义。如果教堂不再位于居民区的中心地带了，很有可能是居民区的位置发生了迁移，而不是教堂的位置有变化。教堂通常都是一直位于最古老地点的最古老的建筑。1950 年代，在亚瑟·米描述各个县的书中显示，教堂和其他的宗教建筑占所有入口的百分之七十（例如，米，1939 年）。

英格兰的教堂对景观的影响或许最广泛和深入，但并不是唯一的。异教的场所也有非常重要的影响，并且在某些情况下，它们与基督教教堂有明显关联，例如在拉兹顿或埃夫伯里。在威尔士、康沃尔和苏格兰的大部分地区，一些不墨守成规的独特小教堂非常醒目，特别是当它们被建造在一些居民区之间的位置时，看上去就更加显眼，这是为了节省费用的做法。这些独特的小教堂现在通常单独存在，大部分都是空的，普遍来说，最初的宗教建筑被改变为居住的地方，或是在城市里被变为办公的地方。有一些已变成了酒吧，这使它们的创建者深受打击，并极力反对。罗马天主教堂是新的，可追溯到 1830 年代至今（在改革中失去了他们的所有原始教堂），因此，这些教堂很少被列入遗址名录，因而不可能永久占有社区当地的位置，并且大多数是在城市的。他们甚至是在过去的，乃至现在的基督教教区里，非常不和谐，似乎具有对抗性，不仅在北爱尔兰，其他地方也有这种情况。因此，对很多人而言，罗马天主教教堂、卫理公会教堂或圣公会教堂是一个禁区，是属于异族人群的地方。由于现在英国出现了清真寺和印度教寺庙，这种被排斥的感觉也变得越来越值得注意。显然，印度教教徒和穆斯林在教堂里或教堂周围都会感觉自己是局外人，当然，很多基督教教徒——以及那些有基督教背景的人——在穆斯林和寺庙中，肯定也会有被排斥或自己是局外人的感觉。不可避免的是，这种建筑物是给异族人群贴上的"另类"的符号。这说明，大教堂作为很多城市里最显著的公共建筑，现在对相当多的市民而言，是为某类人专用的，即便是对所有人都开放，也会使人产生被排斥的感觉。尼古拉斯·肖尔在格洛斯特一直就这个问题进行研究（肖尔，2007 年）。

在这种"外乡人"的感觉中，有一部分是由于不知道应该怎样做而产生的。很多景观和地方都有其特有的约定俗成的行为规范，而外来者并不一定知道。在海滩可以穿的衣服或许在海滨大道另一边的酒吧里就不适合穿。我们或许都知道，不能穿鞋进入寺庙，但还有很多更细微的规矩是我们不一定知道的。在英国，在葬礼上不允许拍照，而婚礼恰恰相反（婚礼往往是拍照最多的场合）。在教堂里如同在图书馆里一样，都要求有安静的氛围，在不同的教堂里，行为规范也不同。在俄罗斯的教堂里，男人和女人不站在同一侧；在天主教教堂里，跪拜是很普遍的，但如果是在那些并不墨守成规的小教堂里，没有得到特别声明就不能跪拜。即便是类似这种很小的尴尬，也足以使人感到自己是外来者而产生被这个地方排斥的感觉。现在，一些教堂的习俗仍盛行，其活跃程度超过了在这样一个后基督教国家里所期望的那样。在这里，通常定期有游行活动，这种情况是因为一些人希望通过教堂这种场所寻求法律庇护，尤其是当一些移民在这个国家的合法身份尚有争议的时候，就会特别容易发生这样的情况。自 1623 年以来，这种情况一直没有被英格兰的法律所认可，这个事实并不重要——它仍然得到大众的关注并使政府感到尴尬。乡村景观的一个教堂塔除了代表一种生存寄托的意义以外，还能在多大程度上承载着安全的内涵？定期做祷告的基督教教徒在这方面的感觉是否会比另外那些仅仅在这种文化中生长的人更强烈？

宗教的实践活动、信仰和读物在多大程度上对我们的景观有所影响？在某些方面，这种影响显而易见：在印度，牛被奉为是神圣的，这种观念对印度的景观（经济）产生了明显的影响；在伊斯兰国家，田间和场院里没有那么多被放牧的猪。在基督教里，羊是一种有象征意义的动物："他牧场的羊"与"加大拉的猪群"意义相似且可相提并论。当然，只是最近几十年，猪才被提升到一个代表浪漫色彩的地位，尽管伍德豪斯和布兰丁城堡的皇后猪或许是更早期的例子。拉斐尔前派画家的宗教导致了在很多乡村图画中，羊占有主导地位。鸽子也有重要意义；并且，虽然在圣经里并没有具体指明，但的确苹果被看做是一种具有诱惑力的果实。19 世纪，有一些书除了描写迷人的地中海度假之旅以外，还描写了圣经土地的树，以及无花果树和橄榄，它们具有圣经的权威。还有犹大树，传说犹大用这棵树的树枝上吊了，以及黎巴嫩的雪松是其他进口的东西。其他的意义或许可构筑整个文化。很明显的一个例子是，对于沙漠的看法，圣经和古兰经的观念与北欧国家的观念非常不同，北欧国家认为沙漠具有负面意义。沙漠是一个神圣的地方，能够使人静思和修心，远离尘世的喧嚣；作为神的世界，它具有积极的价值并在人类之上。在沙漠上进行坦克大战，在居民看来，并不仅仅是破坏一个地方这么简单和无所谓的事情，而是对神圣的土地的亵渎。

"神圣的空间"的概念远远超出了被看做是与特殊宗教有关的那些地方，相当多的地方属于这个概念范畴。几个世纪以来，"圣地"一词被用来特指以色列、巴勒斯坦以及约旦和黎巴嫩的大部分地区，而这片土地的圣洁足以产生十字军东征。19世纪，人们对"圣地"的向往致使一些最早期的轮船服务兴起，而这正好是半岛东方轮船公司（P & O）的愿望；同时，那些被称为神圣的地方也深深吸引着游客和朝圣者。耶路撒冷或许是在所有的地方中最神圣的地方，在很多诗歌里常常用它比喻天堂（例如新耶路撒冷赞美诗），由于它被奉为"过于神圣"的地方，因而导致的结果是，目前，在耶路撒冷已有过多的宗教种类。那里有穆斯林圣地、卡尔巴拉·什叶派、贝拿勒斯·印度教。神圣的地方有很多，或许还涉及有关"巨石阵"的争论（本德，1999），那里被现代异教徒看做是"他们的"宗教场所，类似的情况还有，很多人把格拉斯顿伯里看做是"他们的"宗教场所。至少在英国的景观中，有很多零零散散的地方都被称为神圣的地方；从最古老的"地形测量部门"的地图上能看出，除了教堂遗址、修道院和大教堂以外，还有很多地方有圣威尔斯。很多场所一直被视为神圣的地方而且是特别神圣的圣地，之后却不得不被去掉神圣的色彩，为世俗的目的而改为他用。

随后出现了一些可以通往这类场所的路线，其中，欧洲最著名的例子是通往圣地亚哥—德孔波斯特拉的公路网络，此地连同通往路线一起被列入《世界遗产遗址》的名录。穆斯林朝圣者打开了通往圣地的道路，但最特别的是麦加朝圣，到处都出现了通往神圣之地的道路。英国有通往诺福克的沃尔辛厄姆的道路以及通往坎特伯雷的圣托马斯神社的道路，另外还有最初的、早已设计好的通往大教堂的路线。在比利牛斯山脉的卢尔德和葡萄牙的法蒂玛至今仍具有重要意义；对于那些朝圣者，我们必须也补充一些世俗的起因，其中最著名的或许是从巴勒迪克到凡尔登的神圣的路径，原来是在第一次世界大战中供那里的法国军队使用的。即便是在一个非常小的局部地方，很多人行便道也被有意用作通往教堂的道路，人们被强制参加教堂的活动，葬礼必须按要求举行。在我们广袤的荒野地上，可以看见为前往葬礼而搬运棺材的沿途中留下的古代尸体的痕迹。

一直以来，已有很多人对旅游者与朝圣者之间的区别进行过很多论述，特别是那些涉及为参观公众讲解大教堂的人。在米兰大教堂区域，可以明显看到"禁止游客入内"的标志。但看起来，旅游者与朝圣者之间的区别

图 8.3 卡米诺圣地亚哥。在法国的一个村庄，这个（扇贝）壳表明通向圣地亚哥－德孔波斯特拉的朝圣之路。

远远不是如此简单。朝圣者并不总是充满坚持不懈的虔诚，也没有执着到可怕的程度，乔叟的坎特伯雷故事集就是一个例证。现在，成群结队的人来到圣米歇尔山，不过是买一些俗丽而廉价的旅游纪念品用来当做到此一游的留念而已，而这种繁盛的景象看起来像是很多人怀着强烈的宗教信仰而前去朝拜，似乎没有太多不同，但实则不同。例如，在前往圣地亚哥—德孔波斯特拉大教堂的人群中，或许有宗教信仰的人和没有宗教信仰的人确实以不同的视角体会这里：很多失意的人，期待在这里体验一种宗教的洗礼，而也有很多人来到这里仅仅是出于对学习知识的兴趣，他们或许也希望获得一种被很多人称之为精神境界的体验（图 8.3）。

如果把贵族板球场和温布利体育场也算作这类场景，似乎有些亵渎神圣，但新闻界常常使用"神圣的草坪"一词。加的夫阿姆斯公园的威尔士橄榄球场关闭后，人们为享用球场的草坪而支付昂贵的费用。在这种情况下，本来只是一块普通的草坪，却被附加了特殊的意义。

活动

另一个研究较少的视角或因素之一是活动。随着景观主要具有视觉和美学意义这种观点的产生，似乎艺术家的观点占据主导地位。艺术家对最好的景观进行定义——而不是林务员、司机或遛狗的行人。但最新的、在欧洲普遍认可的定义——"一个被人类感知的地方"——并没有表明哪一

部分人拥有优先权，甚至更具有偏向当地居民的大众化意向。因此，现在我们应该认为，在河边钓鱼的人或行人、甚至是一个正在为一个野餐寻找空位的人都能提供有关景观质量方面的定义。当然，这些人的意见的重要性和相关性并不一定是相同的。一些活动与一个特别的地方或特别的景观类型有特别的关系。另一些活动或许在所有的各式各样的景观中都具有相同的趣味性。画家、鸟类观察家和行人或许都会在某处或多或少地陶醉于他们各自的活动中；但画家在某处只能画出那里的景物，鸟类观察家也不得不去有鸟的地方才能观察。漫步者会在途中选出自己喜欢的那类景观并享受其中，而这里所说的漫步者是指以休闲为目的的行人，并不是那些为了到达某处而行走在路上的人。有时，他们的选择完全不趋同于传统概念中的"美丽如画的迷人景物"类型。鸟类观察家往往会被平坦湿地、沼泽地吸引，并且常常还会发现荨麻和荆棘覆盖的废弃荒地的邋遢杂物，以及藏有让鸟类如获至宝的生活所需品的废弃建筑物。骑自行车的人非常清楚自己的需要。他们个性独特，能够发现非同寻常的景观魅力。可以看出，野生动物爱好者对生物多样化的湿地有特别的偏好，这种偏好影响了人们对一些地方的观念，这些地方是像萨默塞特平原这样的景观（不是传统观念中的有魅力的景观），以及更多正在从沼泽地变为珍贵湿地的地方（图8.4）。它的

图8.4　萨默塞特郡的沙普维克荒地。在传统观念中，它并不是吸引人的景观，但随着强调生物多样性的新观念的出现，它正在迅速成为有魅力的景观。

出现早于早期形成的湿地观念,早期的湿地观念认为,湿地像"荒芜的沙漠"一样枯燥乏味,但具有奇妙的知识趣味;而它们却成为人们散步的地方,尤其是在英格兰北部地区,那些住在拥挤的城市里的人非常向往去开放的湿地散步。由于喜爱新鲜的空气和运动,使人们终于认识到"湿的沙漠"其实是颇具魅力的地方,而且很多湿地已成为最早的国家公园,在精心设计下,保持着它们的魅力,有很多人称之为美丽的景观——尽管18世纪的权威专家对它们不屑一顾,认为这些地方枯燥乏味并加以轻蔑的绰号。

方法

在讲述有关其他感觉的一章中,提到一个练习活动,要求你安静下来,用半个小时左右的时间感受一个景观,记录你对这个景观的感受。在做完这个练习之后,或许你会发现这个练习活动很难再进行下去了,因为它漫无目的,不过只是单纯的感受而已。很多人发现这个练习非常令人失望,这种结果是一个尖锐的提醒,使我们清楚地认识到,我们与景观之间的关系通常充满了目的性。有时,我们进行一项活动,例如某种运动或探险,如同在最后一节讲到的内容,但我们对景观的感受也不能真正脱离我们所使用的记录方法,也就是说,我们想要的或许是拍一张照片、绘制一张水彩画、记录景观里的声音,或者是写一篇有关地理或植被的文章或写一首诗。我们想要的结果将从开始就一直支配我们的感受。从一个层面上看,这是非常明显的:一个想要记录声音的人一定不会选择那些寂静的地方!但情况或许更微妙,一个人可以通过构建一个图表以展示某些类型的景观,而这些景观同样也被水彩画画家选用作画并以此与油画画家比美;黑白摄影师想用黑白照片战胜彩色摄影师和录像制作者。有时,原因是非常明显的:雕刻家选择建筑作为雕刻对象,而不是树叶,原因是用于切线条的刻刀作为主要工具更适合雕刻建筑,而不是树叶;而因为水彩是一种具有冲洗特性的物质,所以常常极易被选择用于描绘有水的景观——河口、河湾或河流、大海或一个下雨天的场景。我们甚至要学会通过新的技术去欣赏新的景观。直到立体派出现以后,英国艺术家才发现用灌木篱墙围成的乡村圈地的棋盘图案;在印象派艺术家涂抹技术出现之前,描绘果园的图画很少,这项技术出现以后,艺术家才极力寻找适合使用这项技术去描绘的对象并进行实践。在摄影技术发展的过程中,很早的时候,摄影师就认识到,黑白摄影特别适合描绘表面结构的状态,威廉·福克斯·塔尔博特拍摄的干草堆就是一个很好的实例。墙壁和硬质的地面成为一种特别受欢迎的描绘对象,在下雨天里的一条铺着鹅卵石的街道的景致成为北部地区（英格兰的）具有代表性的惯用的画面模式，出现于 1930 年代的摄影师的作品中，并在之后反复被习惯性地用来描绘"加冕街"。伯特·哈代尤其擅长描绘这类景致。在严肃艺术摄影领域里，黑白摄影持续被优先选用作为影像描绘方法，直到 21 世纪出现了杰姆斯·拉斐留斯这样一位摄影师，他坚持运用黑白摄影的方法是为了突出渲染他拍摄的乡村景观的绿色。[5] 随着彩色摄影取代了黑白摄影，而且彩色印刷也变得非常廉价，常常出现于现代出版的导游手册中，因此，新的景观变得比较流行了。多彩的农作物的图案、满园的鲜艳花朵（或杂草）、缤纷的梯田（最著名的是位于马尔托伯莫里的海港周边的别墅，被用于儿童节目"吧啦莫芮"之后，其重要性变得更加明显），所有这些都显示出完美的效果。随着电影和摄像成为记录某地的主要方法，对动作和声音的描绘变成了主要的需求。而摄影所能描绘的只是静态情况，因此常常被用于表现不包括人的景物。新的景观是充满风、运动、人们的行为和声音的动态景物。因此，近期以来一直强调的是，在景观概念里，仅包含视觉感受是不够的，必须包括更多的要素，而之所以会突出这种概念，是与表现景观的技术本身有所关联的。景观也常常是舞台或进行活动的竞技场。

参考文献

Andrews, M. (1999) *Landscape and Western Art*, Oxford: Oxford University Press.

Appleton, J. (1994) *How I Made the World: Shaping a View of Landscape*, Hull: Hull University Press.

Bender, B. (1999) *Stonehenge: Making Space (Materializing Culture)*, Oxford: Berg.

Bisgrove, R. (2006) *The Gardens of Gertrude Jekyll*, London: Frances Lincoln.

Brandt, B. (1980) *Nudes: Bill Brandt*, London: Gordon Fraser.

Goodey, B. (1988) 'Turned out nice again', *Landscape Research*, 13/1, pp. 14–18.

Gough, P. (2000) 'From heroes' groves to parks of peace: landscapes of remembrance, protest and peace', *Landscape Research*, 25/2, pp. 213–28.

Dixon Hunt, J. and P. Willis, eds (1988) *The Genius of the Place: The English Landscape Garden 1620–1820*, Cambridge, MA: MIT Press.

Jacks, G.V. and R.O Whyte (1939) *The Rape of the Earth: A World Survey of Soil Erosion*, London: Faber & Faber.

Mee, A. (1939) *Dorset: Thomas Hardy's Country*, London: Hodder & Stoughton (but this series covered every English county).

Merchant, C. (1980) *The Death of Nature: Women, Ecology and the Scientific Revolution*, San Francisco: Harper.

Nora, P. (1996–98): *Les Lieux de mémoire*, Paris: Gallimard; abridged translation, *Realms of Memory*, New York: Columbia University Press.

Shepard, P. (1961) 'The cross-valley syndrome', *Landscape*, 10/3, pp. 4–8.

Shore, N. (2007) 'Whose Heritage? The Construction of Cultural Built Heritage in a Pluralist Multicultural England', unpublished PhD thesis, Newcastle University.

Sinha, A. (2006) *Landscapes in India: Forms and Meanings*, Boulder: University Press of Colorado.

Svobodová, H. (1993) 'Place in Space as a Topological Fact of Human Existence', in H. Svobodová and J. Uhde (eds) *Place in Space: Human Culture in Landscape*, Wageningen: Pudoc, pp. 97–100.

Thompson, I. (2006) *The Sun King's Garden: Louis XIV, André Le Nôtre and the Creation of the Gardens of Versailles*, London: Bloomsbury.

练习

1. 寻找与你的年龄有明显差异的一组人，与他们一起去一些地方并一起活动，或给他们看一些摄影作品，并针对这些，与他们讨论他们的看法和感受。

2. 绘制一张你所在区域里的宗教景观的地图。应包括教区教堂，还应包括所有的其他教派和宗教的场所。看看犹太人、穆斯林和其他人的分界线分别在哪里？哪些地方是圣地？

3. 在某一天，出去走走、看看，按照你的喜好去做，如果没有特别的喜好，可以参加一个活动团组。这种活动可以是观鸟或彩弹游戏、钓鱼或骑脚踏车兜风。做这个练习的关键点是，在活动之后，要写出在活动中，景观的什么特征显得比较重要。

注释

1. R·吉卜林.英国国旗 [Z]，1892.

2. 请看埃德加·德加的作品《加州的景观》（1892 年），图 73，安德鲁斯（1989 年）。

3. 伊恩·罗伯森，彭妮·理查兹.人文景观研究 [M].伦敦：阿诺德，2003.包括 C·布雷斯.景观及其个性特征 121-40，附有戴安娜·贝利斯拍摄的照片，异国（1992 年）。

4. 劳里·李.罗西与苹果酒 [M].哈蒙兹沃思：企鹅出版社，1959.

5. 在杰姆斯·拉斐留斯的一次私人通信中。

拓展阅读7 林地和森林

"森林"的含义是什么？欧洲的大部分土地用于建造以树木为主的景观，以前这种情况更为突出，但现在，普遍来说，很多国家的树木覆盖率只有30%，远远低于在英国和爱尔兰的树木覆盖率。劳动力比较密集的国家一直致力于砍伐森林（并且，从事一项更艰巨的劳动，根除树木和清理土地以便种植），其目的是为了让农作物生长或发展畜牧业。不足为奇的是，在欧洲的民间传说中，森林是其中的一个要素并起到一定的作用。

这里提到的术语确实令人费解。"森林"一词在历史上有一个与《森林法》有关的法定定义，并且森林是皇家打猎的公园。如果它仅仅是一个公爵狩猎公园，那么它就是一个打猎的地方。有关这方面的情况，最著名的是威廉一世时期建造的"新森林"，这也是他的儿子威廉·鲁弗斯陪伴他死去的地方。森林是一个树木密集而繁茂的地方，但也有一些森林是被很小的树木覆盖的，例如达特穆尔，在20世纪以前，那里严重缺乏树木。无论如何，森林这个词作为形容树木繁茂的栖息地，隐喻的内涵几乎都是负面的，这或许在很大程度上源于德国的民间故事——汉瑟和葛丽特迷失在森林中，或许还有一个与"小红帽"有同样遭遇的人。补充说明一点，第一次世界大战后（仅是商品短缺就可能导致盟军失败），负责种植大面积针叶林的官方机构是"林业委员会"，因此，所有耻辱都归罪于为我们的景观增添浓郁色彩、看似阴森莫测的森林，因而也将负面含义转嫁给"森林"一词。难怪"林地国家信托机构"提出保护古老的树木繁茂的栖息地并种植更多的树木并且选择保护"林地"，而不是"森林"。所以，无论历史的合法性如何，在人们看来，森林是一个阴郁而黑色的、大面积的、很可能是包括针叶树的地方。林地是一个相对较小的、更开放的、整体上更明亮的、大部分是带有原生落叶树种的地方。

根据阿普尔顿的理论，森林是一个可以有庇护感的避难场所，但它也是一种充满风险的景观。孩子们（任何年龄的孩子们）在森林里都会玩一些捉迷藏的游戏，不论森林的经济和生态价值如何，这或许只是因为它符合人类的审美意图——可以发现能隐藏的地方。通观历史，那些在逃跑的人一般都会奔向树林茂密的地方：罗宾汉为躲避诺丁汉郡长，深藏在树林里；电影《皆大欢喜》中的人躲藏在阿尔丁的森林地带；俄罗斯军队隐蔽在大森林里并突围出来攻击拿破仑的军队或希特勒的军队；越共军队同样也深藏在树林里，而美国军队不得不使用橙剂使树叶脱落以暴露出他们躲藏的地方。莎士比亚基金会在《麦克白》剧作中，彻底甩掉陈腔滥调，以森林本身作为背景，刻画出麦克白在邓斯纳恩的勃南森林中遭遇袭击的情景。除了文学作品以外，在艺术中，也用森林表现一种可以避难的场所，例如，在盖恩斯伯勒的景观中，有穿过森林的小道，以及"充满阴郁的景观"（巴雷尔，1980 年）。

但森林充满了危险。或许肯尼斯·格拉姆的作品《柳林风声》使人唤起对森林最美好的感觉，它是景观专业的所有学生都要学习的常规的重要教材。当鼹鼠进入原始树林（有趣的是这里使用的是"树林"一词，而不是"森林"一词），这是非常冒险的行为，因为他并不是树林里的动物。他在森林中体验了种种恐怖，树枝折断的刺耳声和各种怪异的嘈杂声以及孔洞里的窥视和灌木丛里的沙沙作响声都使他非常害怕，直到后来他又一次被绊倒，这次他才发现他终于找到了獾躲藏的地方，然后他就安全了。任何一个曾经独自进入如此深不可测的树林里的人，尤其是在黑夜有过这种经历的人都会有同感。

在欧洲北部国家，最早的景观艺术非常热衷于以森林为主体，而且这种喜好在欧洲北部的大部分国家，特别是在德国一直保留下来。阿尔布雷希特·阿尔特多弗尔等多瑙河学派的艺术家通常描绘在森林深处的一块空地上所发生的事件冲突，其中包括在那里发现的一些很可怕的野兽，例如龙。在接下来的一个世纪里（17 世纪），德国艺术家霍贝玛最著名的、在国家美术馆收藏的非典型类型的作品《米德尔哈尼斯观景》描绘了更常见的森林里的小屋——一个可以躲藏的地方里的又一个躲藏处。在德国艺术中，森林一直是一个重要元素，并且通常主要是与针叶林有关的森林，尤其是天然云杉林。勇敢的德国人抗击罗马军团，最后在托伊托堡山的废墟中获胜，这也有助于塑造出这种德国式的景观艺术典范，而体现这种风格的最常见的表达形式是卡斯帕·大卫·弗里德里希的作品，例如《山上的十字架》。

森林的空地适合栖息，它因此成为与森林相关的一个重要因素，而且，威廉·霍斯金斯关于英国景观发展的解读在很大程度上是以被撒克逊人、朱特人和盎格鲁入侵者占领的低地森林的空地的情况为依据的。我们因此得到了一些地名，这也是一种知识财富，主要是关于空地的地名——那些以 -cott 和 -hurst 结尾以及中间是 ley 的名词。

几个世纪以来，由于人类对铁、烧火的木炭和皇家海军造船的需求，森林里的空地持续被加速扩大，最明显的是，由于木质船的消失，这种情况才趋于衰退。19 世纪中期，森林覆盖率大大减少。在当地博物馆里寻找早期的照片或地形版画，再从中查看一些观点，这是发现这种变化的一种有效方法。通常会发现，现在的景物是完全被树木所遮挡的。但在 1840 年代，树木成为描绘景观之美丽景色的图画中不可或缺的时尚元素。从导游手册里的参考内容中看出，那时人们认为，没有树的景观是贫瘠的、没有价值的——最显著的是白垩丘陵地；由于艺术家们"发现了"达特穆尔山峰，它只是曾被忽视的塔维悬崖和 Erme 河口……那里根本没有树。很多小型植物的林地得以保存下来，通常是由于它们可以作为狐狸隐蔽的地方，所以被人们种植，因为在 19 世纪，最盛行的乡村户外活动就是捕猎狐狸——特罗洛普的作品以及其他人的作品都证实了这一点。森林也是野猪的栖息地，捕猎野猪是中世纪贵族生活中的活动，这是属于男人的活动；而森林是野猪的归宿。

因此，1919 年，由"林业委员会"实施的大面积种植活动不仅涉及木材的安全，而且还为裸露的土地披上了衣服。但是，随着希特卡云杉不断生长和延展到很多地区，并且形成了一种具有独特的文化色彩的植物园区，因此，活动家们早已计划将它们变成国家公园，例如，从诺森伯兰郡和坎布里亚郡的边界区域的情况中，就可以看出这种动向。它们常常被围起来，公众无法进入这个区域——其实，有谁会愿意进入这些阴森森的地方去冒险呢？它们按直线型的一行一行并且是封闭的方式被种植，形成大片的几何形状的荒地，似乎"应该"保持开放的状态，却封闭起来，禁止观光，这片受人摆布的土地如此无助、无奈地待在那里。还有，那里种植了很多"外国品种的"针叶树——云杉、铁杉、冷杉——英吉利海峡开放之前，这些树种都无法进入英国。只有苏格兰松树（樟子松）被认为是属于在本地森林里土生土长的针叶树，其实还有刺柏和紫杉也是本地植物。对这些植物的否定看法是认为它危害土壤，不利于野生生物的生存。尽管在周围的环境里肯定总会有很多排外的意见，但在这些否定的观点中也肯定总会有一定的真实度。针叶植物对橡木类植物的生长不利，但有一些生物特别适合在针叶类植物中生长——例如煤山雀、戴菊莺和交嘴雀。

南·费尔布拉泽（1972 年）以及很多人都强烈提倡在城镇里种植树木，这种想法成为 20 世纪的景观观念中一个备受认可的想法，无论是从美学角度看，还是从覆盖农田的林地生物多样性的角度考虑，种植树木都是一件好事。有一些新城镇，最明显的是在米尔顿·凯恩斯和沃灵顿，种植了大量的树木，而且，在 20 世纪里，人们后来认识到，砍伐森林是对气候变化影响最大的因素，致使种植树木的热潮更为高涨。当然也有例外,因为一些类型的景观,最明显的是石楠地,受树木自然再生的威胁,尤其是白桦树,白桦树通常是森林演替中的先锋树种。鉴于保持景观类型多样性的需要,必须使这类栖息地的树木有一定的空隙,而且要尽可能多种植树木,大部分是本地树种的硬木树木,也有别处的。1989年,一次意外的大风暴横扫并吹到了英格兰南部和东部的大量树木,那次"飓风"事先没有被准确预测到。在约翰和阿德里安·塞尔格伦(1990年)拍摄了很多东安格利亚风景图片之前不久,有人建议,一些年以后回到树木被吹倒的地方去测量景观的变化程度。然而,由于飓风的影响使景观的变化速度比人们所想象的还要快,所以直到那里的残余废物被清理之后,才能再重新建立起原有的景观,而在这之前,为了解人们对此的普遍看法,作了一次民意调查。出乎意料的是,大多数人更喜欢没有树的景观,这也使所谓的景观互助会震惊。而我对这样的调查结果并不惊讶,因为我的妈妈就认为,住处一公里以内的树木会遮挡阳光;但所有关注管理景观的人需要理解的是,种植树木并不是普遍受欢迎的。当然,如同莫罗·阿尼奥莱迪(2008年)讨论的问题,地中海地区有太多的地方现在遭受着二次生长的自然再生森林的延展造成的情况,那些地区曾被作为农业用地,这种情况一直大大减小了景观多样性;现在存在的一种争论是,这样造林是否有利于多样性和有关碳的问题。

因而接下来是哪些树的问题。詹姆斯·乔治·弗雷泽关于民间传说中的树林周围的猛犸象的研究作品《金枝》证实了长期以来的很多物种所具有的深刻含义,并且其中有一些含义确实渗透到当今的、没有读过这些民间历史故事的人的思想中。有关森林深处的"绿人"的传说具有非常强大的影响力,这在我们的中世纪的教堂里有所体现。只不过因为经验和经历,还加入了一些新的含义。榆树曾经是最常见的绿篱树,通常长得最高,曾因受荷兰榆树病的影响,几乎在欧洲的大部分地区灭绝了,这使景观发生了巨大的变化。在遭受这种病的影响之前,站在索尔兹伯里平原上,向北观望威尔特郡河谷,清晰可见的是一片森林。但它其实并不是森林,只是一片生长着很高、很多的榆树的一些面积较小的区域。现在,那里看上去是一个平原。目前,七叶树正处于类似的情况,受到一种溃疡病和橡树猝死病的威胁,这些威胁会对很多物种造成伤害,也正在引起广泛的关注。

不同的树种形成的景观也不同,并且各具其特有的魅力。很多国家都有比较适合自己的树种。洛文塔尔和普林斯(1964年)认识到,英国特别适合种植落叶植物，同时认识到，德国更适合针叶植物的生长；托斯卡纳景观以柱状柏、五针松为主，是伞形的，也用于建造某种场所以及在广告中使用。通常，树就是一道风景，房地产机构的业务助理人员常常举着树枝摆出愉悦人的形状以作宣传，在第7章提到过这种情况。北欧的画家一直大量描绘柳树特有的美丽绿色，或许这与橄榄是地中海的特色有异曲同工之处。在东部地区，出自于沼泽地的白桦林肯定是移植的，波兰和俄罗斯的艺术家都常常以它为描绘对象。

由于"林业委员会"接受处理了以前的难题，大大改善了我们的商业性森林情况。1950年代，继西蒙·贝尔（2004年）的工作之后，任命了著名的景观设计师希尔维亚·克罗为咨询顾问，这表明，在近期的公共部门的森林种植方面，已持续大大加强注重景观的地貌形成和多物种的结合及其更加多样化——包括使用看上去外观各异的多种多样的落叶松属植物（很有用且应该牢记的一点是，在自然树线以上高度，没有非常特定的条件，大型树木不可能生长，在苏格兰北海岸，或多或少达到海平面）。以针叶植物为主的区域周围边界的群落交错带是落叶植物种植带，尽管这会被认为是大肆美化而招致批评意见。另外，为公众能够进入，极大面积的森林区域在很多细微之处都被重新设计，以满足人们的各类消遣活动，不仅是满足步行者的需要，还包括要满足其他形式的消遣需要。在众多各异的活动意图中，将森林资源用于艺术创作是其中之一，最著名的是在格雷兹德尔森林公园、坎布里亚郡可以看到这类情况；但是，现在，几乎每个森林区域都参与创意产业并包括某些类型的雕塑小道。当一片景观区域为一项活动或一个团体的目的所占用时，其他人享用的权力就会受到实质性的威胁，这种情况历来都如此。在森林里进行的拉力赛就是一个明显的例子，但即便是那些更安静的活动，例如在森林小径上展示的艺术作品也会搅乱一些本想寻求自然气息的游客的情绪。一些森林区域被指定为"国家森林公园"，但很多其他区域一直处于有"土地使用权"的状态，以备为娱乐活动所用。"林业委员会"也一直是负责"林地规划审批"的政府机构，补助私人土地所有者在自己的小块林地上种植树木，很多私人土地所有者是小农业主，这使很多小块林地能够组合成一个更大型的林地网络，在很大程度上有利于野生生物。大型私营林业部门历来没有这种慈善补助，并且，在苏格兰北部偏远地区的大部分区域，树木生长的价值非常有限，一直种植针叶植物——主要是为了获得税务优惠和补贴优先，而不是长期利润。

最近一些年，林地的发展致使景观发生了巨大的改变，例如"国家森林"和更近时期在"泰晤士河口"地区的情况。"国家森林"规划是企图在英格兰中心地区建造公众可以进入的林地，位于伯顿和莱斯特中间，并且已经种植了大量的树木。虽然具有商业价值，但主要目的是改善景观并对公众开放（网址：http://www.nationalforest.org/forest）。

最后，再回到森林是一个庇护场所的话题。在森林里，视觉作用非常有限，能见度较小。因此产生了一些连带反应。很多人更愿意撩开树的遮挡并在最宽的林中小路和防火道上小心翼翼地行走；有特殊爱好的人才会选择在茂密树丛中小心翼翼地行走——例如画家迈克尔·加顿。但其他感官会因此变得更加灵敏。在森林深处，人的听力会立刻发挥主要作用，并且，风掠过树木的飒飒声以及每一个脚步声、细碎的树枝折断声、动物的怪异声音和高音戴菊莺的叫声几乎都能被听到。在混杂的感官作用中，嗅觉也是其中的一种，例如，很容易感觉到松树的气味，同样，触觉也异常灵敏，仿佛可以感觉到脚下的针叶和落叶的纹理。在开阔的场所，视觉作用的优势或许明显，但一旦进入森林，视觉作用就会减小很多。

Agnoletti, M (2008) Monitoring the Rural Landscape in Tuscany', Sheffield Conference on the European Landscape Convention, Landscape Research Group.

Bell, S. (2004) *Elements of Visual Design in the Landscape*, London: Routledge.

Fairbrother, N. (1972) *New Lives, New Landscapes*, Harmondsworth: Penguin.

Frazer, J.G. (1890, reprinted 1975) *The Golden Bough: A Study in Magic and Religion*, London: Macmillan.

Lowenthal, D. and H. Pricne (1964) The English landscape, *Geographical Review*, 54, pp.309-46.

Sellgren, J. and A. (1990)' The Great Storm 1987: an assessment of its effects upon visual amenity and implications for the management of new growth', *Landscape Research*, 15/1, pp. 20-48.

拓展阅读8 海岸

海岸与景观概念的关系类似于城镇与景观概念的关系，都略微有些复杂，并且"海景"一词一直以来与"城镇风貌"一词的类型等同。然而，这种复杂性并不是建立在一个合理的基础上的（如同假想乡村就是充满纯真的地方一样），但这在很大程度上是不同类型的绘画之间的历史性的一种艺术区别，在绘画艺术里，存在针对景观、海景和海洋的各种不同类型。有关海洋的绘画针对的是轮船和海港，有关海景的绘画针对的是大海本身。海岸如今已成为人们非常感兴趣的景观——无论是对旅游者来说，还是对现已确实为数不少的选择去海边居住的人来说——海岸是一个如此新奇、能带给人惊喜且充满魅力的地方。然而，通过对沿海居民的一项调查发现，海边也不是一直都受欢迎的地方。通常，教区不会坐落在沿海岸的钓鱼区，而肯定是要位于内陆的中心地区，过去和现在都是这样，通常在教区，根本不可能看到大海，远离有海风和盐雾的感觉。大海上通常会有维京人和海盗。直到18世纪才有人在从房间里可以看到大海的海边居住，他们的房屋通常背靠大海……后来，这样的房屋在20世纪被出售给希望在海边观景的人，他们居住以后，又在房间的背面添加建造了漂亮的大凸窗，这样就可以在房间里向外观望宽广的海滩了。回顾历史可以看出，一直以来，大海基本上被认为是冰冷、潮湿、刮风和有危险的地方。在传统观念或传说中，渔民从来不学游泳是众所周知的，这或许是一种对大海的恐惧心理的后遗症。

18世纪，这种情况发生了巨大的变化（科尔宾，1995年），并且有很多资料记载了乔治王时代的英国（以及法国和低地国家）在海水浴方面的发展情况，最为突出的是在布莱顿码头的情况，还有其他早期出现的沿海度假胜地，包括苇茅斯和斯卡伯勒，尤其重要的是皇室的光顾。1841年，格兰维尔首次发表了有关水疗生活馆的介绍，这在当时的一段时间里一直是无价之宝。这种兴趣迅速发展成为城镇规划中的一个新的惯用词语，滨海区设有旅馆并有面向大海的人行漫步道，这是最重要的街道，有时，与之平行的还有一些从一端到另一端的购物街，这类规划的实例在欧洲及其他地方的美丽的海岸旁边都可以找到。这类规划与一个渔村或河边沿岸居住区的规划完全不同，后者开发的功能更多。在这种情况下，海岸线更为珍贵，不应该变成仅仅是一个人行漫步道，也不应该变成满是仓库和滑道的拥挤之地。任何能够通往海岸线的通道都是一个滑道。

可以沿着海岸修建一条道路作为主干道,与海岸基本平行,但沿路并不是程式化的线条,沿线形状比较随意,似乎不是人为规划的道路,这就是通常所谓的"海滨",因为它曾是海滩。法尔茅斯是一个好的实例,但那里有很多类似地方。对贵族阶层来说,这些度假村成为重要的地方,因而对艺术家和作家来说,它们也成为重要的地方。因此,这些景观变得越来越著名,但在19世纪中期以后,沿海景观的重要程度才超过河流景观,例如在皇家艺术院的情况。典型的早期沿海风景是,从附近的山上瞭望沿着海岸的绵长而延展的曲线,由海岸线形成的画面尽收眼底——大多为双对角线。丹尼尔兄弟在1813年的海岸旅行中创作了很多有关这类风景的绘画(艾顿,1978年)。

18世纪也是发生海战的时期,在拿破仑时代达到顶峰,景观也随之发生了一些变化。海港的景色通常以密集的轮船为主,但这种景象多见于挂在墙上的图画中,而在实际游览的地方却比较少见。还有一个具有很长历史的传统,尤其是来自17世纪的荷兰。一道道船桅排列成很多铅垂线形状的组合,但这带有强烈的民族情感,而且,还环绕着英格兰(或荷兰)的木质军舰舰队。事实上,在对海岸景观的喜爱中,浪漫情怀一直是最重要的元素,科尔宾描绘了沉船的特殊景象,为我们展现了一种非常精彩的、意义非凡且别具一格的景观类型。狄更斯描绘了雅茅斯的景象,特纳也同样描写了那里,这些精彩的描绘是绝无仅有的典范,其主题具有普遍性——迷失灵魂的悲剧,自从坦尼森于1889年创作的诗问世之后,"渡过沙洲"成为一个隐喻死亡的习语。在很多情况下,在漫步道上挤满了俯瞰沙洲的贵族人群,因此,众多的港口都存在安全隐患,例如廷茅斯;并且,当船舶相撞的时候,岸边可以听到船上的惨叫声,但却因救助设备简陋而无能为力。在濒海的海运国家,会发生一些海上丧生事件,尤其是在非常靠近海岸的地方,这是一个国家非常重视和担忧的问题,或许能够有奇迹发生,格雷丝·达林离开诺森伯兰郡的故事就是一个见证——也会发生不可避免的"幸灾乐祸"。

大海所展示出的所有状态都是宏伟壮丽景观类型中最显著的典范,并且,当那些陆地上的宏大景观随着欧洲大陆和美洲大陆的出现而变得黯然失色的时候,大海的宏伟壮观却依然毫不逊色,宁静的时候,它宽广而博大,风暴来临的时候,它汹涌澎湃,给人带来一种迎面袭来的巨大敬畏感。因此,在这个意义上,或许大海的景观是对田园景观的一种补充,经典的康斯特布尔乡村景观已成为英格兰乡村的典型象征。当然,在风暴中波涛汹涌的大海一直也是人们感兴趣的景观——很多艺术家都亲自感受并描绘过风暴中的大海，特纳就是其中之一，他把自己绑在桅杆上，亲身感受大海的波涛汹涌，还有很多勇敢的人拍摄咆哮的海浪，用于每当发生海上风暴时需要播放的电视新闻报道，展示大海的巨浪猛烈撞击海港的场景。

平静的海洋另有一番宏伟气魄，它给人以无限憧憬和自由的感觉。作为岛上居民，所受地方社会的约束似乎比较少。似乎在大海的另一边充满了新生活的希望，还会有新的开始，例如，清教徒前辈移民和继他们之后的千千万万美洲移民。或许它的含义极为丰富，以至于使游学旅行的青年贵族回到家乡，甚至是回到伦敦后，不再受限于原本的道德规范的约束。在国外，可以在开放的赌桌上消遣，可以和女人尽情享乐，至少在传说中是这样。

很显然，海边也是一个非常自由的地方。从海滨人行漫步道走到海滩上以后，你就可以脱掉衣服。至于脱掉多少衣服是合适的，不同的人有不同的看法，还有一个常常引起争议的问题是，在距离陆地多远的海滩上才可以允许脱掉衣服。然而，可以肯定的是，在海边适用的规范不同于常规意义上的规范，在海边允许有更多的自由。不仅在穿着上，而且在行为上，都有更多的自由，因此，对于异性（或同性）之间的交往，海边肯定是一个重要的展示平台——海岸就像一个婚姻介绍所。这种活动在维多利亚时代的英格兰，一直有一个文雅和正规的程序，但在这种场合，当男女约会时，至少可以与其他人保持一定的距离，也不必受细节上的限制。现在，在海滩上有更多的明显使人联想到性的情景，尤其是在明信片上。在海滩上，人们拥有更多的自由不仅表现在与性有关的方面，还表现在其他方面。或许只有在海滩上，才能看到城市里的股票经纪人衣着随意，与家人在一起，笨拙地打着板球；而平日身穿笔挺套装的职场淑女在这里会完全不同于工作时的模样，或许正在吃着冰激凌并与孩子们玩耍。

随着人们对海滨度假胜地的热衷以及黑潭和斯卡伯勒等类似景观的出现，大量能够抵达海岸的铁路交通路线必然也会应运而生。几乎每一个长长的海岸都可以成为一个度假胜地，如果再有绵绵的沙滩就更受欢迎了，类似的度假胜地有：纽基、韦茅斯、克拉克顿、绍森德、伯恩茅斯。长期以来，这些度假胜地被分为不同的等级，这一直是人们所注重的。黑潭特别适合北部工业城镇的工人阶层（尤其是兰开夏郡的工业城镇的工人阶层），而伯恩茅斯属于"高档的"类型。但在环境设施和相关方式方面，两者基本相同，例如，都修建了一个码头，供人们体验海上生活，避免了晕船的问题。或许诺森伯兰郡一些地区的海水非常冰冷，其他地方的大海又非常遥远；但在新兴的度假胜地与生物多样性的重要性之间，存在一种奇怪的、非常规的互补性。广袤的沙滩并不是野生生物种类最多的地方。非常泥泞且岩石较多的海岸不是度假者喜欢的地方。

在19世纪，人们还研究了其他一些因素，康沃尔就是其中最好的范例。在康沃尔海岸，人们可以观赏在遥远之处的暴风雨的风景，是纯自然的、没有任何人为活动的风景，最初，它因此而备受欢迎——有时，巨浪猛烈拍打着悬崖峭壁，有时，静静的海面无限延展到地平线。圣米迦勒山的暴风雨风景尤其深受人们的喜爱。但在19世纪后半期，渔民的形象成为勇敢劳动人民的标志性典范。在英格兰缺乏大量农民的情况下，往往以渔村为背景，生动地体现劳动者的尊严。钢铁工人、矿工或磨坊姑娘一直也被作为这种形象的代表，但他们的工作场景并不令人愉悦。

因此，康沃尔郡的渔湾成为一个颇具魅力的地方，纽林居首位。这些渔民通常属于新教教派的地区，教义非常严格，这使生活在他们中间的艺术家格外小心谨慎（雅各布斯，1995）。但无论如何，勇敢的渔民以及长期饱受艰苦的渔业劳动妇女们划着小船，在大海的暴风雨中，与撞击石屋和猛拍码头的巨浪进行搏斗的景象已成为备受喜爱的景观要素。随着法律效力的加强，很多非法活动受到抑制，以至于这些活动反而变成了带有浪漫色彩的故事。似乎每个海岸都要有一个走私湾，而甚至那些肇事者都成为了传说故事中的主角。约翰·米德·福克纳的小说《慕理小镇》于1898年问世，另外还有1880年在伦敦首次公演的《潘赞斯的海盗》。鲁德亚德·吉卜林1906年发表的作品《走私者的歌》直到1950年代仍是学校的朗诵教材——"亲爱的，当绅士们经过时，请你看着墙！"

从纽林扩展到圣艾夫斯、波尔佩罗、帕德斯托以及其他很多地方，都有以多岩石的渔村而闻名的景观，甚至在康沃尔郡的边界以外还有。在其他乡村地区，也有大量多岩石的渔湾，例如法夫的克雷尔、北约克郡的罗宾汉海湾和威尔士的很多地区。但相比之下，周围的悬崖就不如海湾和小船那样引人注目。在暴风雨中和悬崖上与险恶环境英勇对抗的场景才能突出英雄的人物形象，但只要形成一个渔村景观，就会备受欢迎，不管那里是否有小船（或轮船）以及海港。萨福克郡和苏塞克斯郡成为新的中心地区，还有沃尔伯斯威克、布莱斯堡和拉伊地貌类型。这些地方迅速成为有各自特点的艺术活动中心，但仍集中在一个独特的景观类型。很多欧洲国家开发了相同类型的景观胜地，特别著名的是布列塔尼，但荷兰的斯海弗宁恩和丹麦的斯卡恩也非常著名。

因此，海岸具有丰富的含义，它充满着自由、英勇的色彩和艺术气息，另外，它也具有科学意义。海岸是最容易发现地质特征的最明显的地方，因此，地理科学成果大多来自沿海风险的探测情况及其相关说明。在这方面，最著名的实例是，通过莱姆·里吉斯的研究成果，并结合玛丽·安宁的古生物学探索和其他人的研究成果，发掘出从埃克斯茅斯到斯沃尼奇的一系列相关海岸，它们的组合成为一个世界遗产地。另一个明显的例子是北爱尔兰的巨人岬，它也是一个世界遗产地，以及位于马尔旁边的斯塔法岛上的芬格尔山洞，它既有科学意义，又有浪漫色彩。度假胜地带来的地理学研究热潮或许高于人们对它们的存在和开发的兴趣。生物科学也具有另外一个层面的意义。沙滩是生物多样性较少的地方，但那里有大量其他的具有更为丰富的物种的沿海区域，尤其是在关闭海岸以后的海滩后面的河口和低地湿地里。

在英国，海岸具有的民族主义意义将在第9章里讲述，它与悬崖有着特别的关联。可以想象，这种情况是岛国的一个共性特点。堡垒作为一种入侵防护方法，是防御必需的要素，在整个历史上具有显著的意义——从撒克逊海岸的城堡到亨利八世的城堡，还有圆形石造碉堡、帕默斯顿岛上的建筑和第二次世界大战中的一系列机枪碉堡——这些各式各样的城堡是重要的遗产要素。在有关挖掘海峡隧道的争论中，或许肯定会引起一些排外反应。

1960年代，出现了一个明显的情况，很多英里的海岸沿线开始成为私人开发的场所，这带来了一系列的损失，不仅限制了准入权力，而且还影响了建筑质量，开发了平房、木造农舍和活动住宅以及露营地（皮斯黑文被作为一个特别具有讽刺意义的笑柄）。"国家信托机构"发起了由尼普顿企业获取海岸部分地区并进行开发的活动，同时伴随政府行为，不仅指定了很多英里的海岸遗产地，而且围绕整个英伦半岛开发了西南海岸步道（图C.2）。现在，很多其他海岸地区都有类似的小径，政府建议扩展英国海岸的沿海路径。因此，散步成为海岸的另一个主要用途。然而，这种情况所采用的保护海岸的方式是希望通过这些运作，拒绝无法支付昂贵费用的人到这里度假。在大篷车里或露营地里住宿的度假者或许能清楚地感觉到，他们并不是受欢迎的游客。

在最近一段时期里，冲浪运动以及其他水上运动一直使海岸的魅力大增，以至于新一代水上活动成为水质和海滨安全的保护者，通过进行冲浪活动，可以冲刷污泥，还可以使英国皇家救生艇学会（RNLI）的职责增加海滩救生的任务。几乎每一片海岸地区都似乎必须被用来进行各式各样的水上竞技活动。在河口内，基本上没有冲浪运动，但有滑水运动；而且这里也是无数的涉水鸟（和观鸟者）的主要繁殖地，并且因此也有很多我们最宝贵的湿地遗址，其中有很多是依据"湿地公约"而指定的（见第14章）。

图 C.2　Tregardock 悬崖，康沃尔郡。
"国家信托机构"所拥有的广阔海岸土地的一小部分，也是西南海岸步道的一部分。

岛屿

鸟类也是沿海岛屿的重要资产，其中很多都受到特殊立法保护，例如兰迪岛、斯科莫岛、巴德西岛或黑尔戈兰岛和威桑岛。但岛屿是非常特别的；它们显然有一种特别的价值和意义，它超过海岸被赋予的任何重要含义。岛距离尘世如此遥远，在很多个世纪以前，爱尔兰僧侣感受到岛的魅力，之后，岛屿的圣洁一直被广泛传播，很多岛屿被发现，例如林迪斯法恩岛和爱奥那岛。内陆的经济促使内陆的生活方式发生了改变，但在很多岛屿上，还能感受到它仍保有的那种在陆地上已经消失的生活方式，在这个方面，或许最突出的是濒临爱尔兰西部海岸的阿伦群岛和苏格兰西部群岛（电影《阿伦群岛的男人》和康普顿·麦肯齐的著作展现了岛屿的这种魅力）；但这甚至适用于东南部的那些极受欢迎的岛屿，正如这个笑话所说的：在怀特岛的时间大约是1950年。在一些情况下，如果这些岛屿非常得天独厚，不仅远离海岸，而且气候宜人，还有非常奇特的野生生物，例如锡利群岛，那么，针对这些岛屿，必须建立限制旅游的政策。全面学习旅游文献是认知岛屿意义的一个简单方法，同样适用于认知海岸。

Ayton, R. (1978) *A Voyage Round Great Britain Undertaken the Summer of the Year 1813 and Commencing from the Land's End, Cornwall*, London: Longman, 1814 (reprinted Tate Gallery, 1978).

Corbin, A. (1995) *The Lure of the Sea: The Discovery of the Seaside in the Western World 1750-1840*, London: Penguin.

Granville, A.B. (1841) *Spas of England and Principal Sea-Bathing Places* (reprinted Bath: Adams and Dart, 1971).

Jacobs, M. (1985) *The Good and Simple Life: Artist Colonies in Europe and America*, Oxford: Phaidon.

9　国家（民族）景观

在有关国家（民族）景观方面的研究中，21 世纪里的人们对民族性和国家认同感的极度热衷一直是其中的重要元素，并且，在有关我们如何通过"民族性"这个视角感知我们的景观的问题，已有大量的研究。追溯到 1960 年代，大卫·洛温塔尔和休米·普林斯写过两篇有关景观与英格兰特征的文章（1955 年、1964 年），多年以后，大卫·麦特里斯（1998 年）也就同样的主题发表了文章，所涉及的内容非常广泛。洛温塔尔和普林斯对这些特征有了一定的认识，他们使用了描述性的、而非分析性的模式，或许可把它看做是人们对英格兰景观的偏好的特征；这也就是说，英格兰、苏格兰、威尔士或爱尔兰在各自特征上的区别似乎通常是在一种现象上的区别。的确，有一些研究似乎使人感到，景观概念本身就是英格兰特有的发明并为其独有。然而实际上，在很多国家里的景观概念中都包括国家（民族）意识，例如英格兰、美国、法国和挪威。

在英格兰特征中，一个显著的方面是对落叶树的偏爱，除此以外，还有喜好"立面主义"和迷彩风格的特征。在很多文学作品中都明显表现出对落叶树、特别是对英国橡木（英国栎）的偏好特征。那里的原生针叶树很少——或许只有桧、苏格兰松树和紫杉。其中，只有苏格兰松树能形成森林，虽然它一直也是英格兰南部欧石楠丛生的荒野上的标志性树木，但大部分苏格兰松树还是在苏格兰。自从"林业委员会"1919 年成立以来，大面积种植快速生长的软木树，尤其是云杉，引起景观爱好者的反感。在第一次世界大战期间，由于木材严重短缺，特别是供给战壕作支撑的木材远远不够，因此加速造林成为最首要的任务。毫无疑问，这些早期森林的设计水平极低，至少直到 1964 年，希尔维亚·克罗参与当地救援和植物种植设计工作以后，这种情况才有所改善，更多地注重根据本地特点进行因地制宜，从而挽救了当地危机，在很多地方种植落叶树以点缀环境，从而形成非常重要的生态交错区（克罗，1963 年）。可以确定的是，针叶植物会使土壤发生很大改变，并且，相对于原生橡树林而言，更不利于野生动物的生存。然而，一个好的方面是，这种不喜欢"外来的"针叶植物的排外思想并没有波及对外来落叶树的引进。在这个方面，与德国形成了鲜明的对比，在德国，针叶树森林确实是象征国家和民族的景观，这在德国艺术家卡斯帕尔·达维德·弗里德里希的很多作品中都有所体现，这肯定在一定程度上是因为德国保留了一些天然云杉林。他的作品《山上的十字架》（1807 年）将其精神元素深深地融进了这种观念中，描绘了在一片云杉林中毕露的岩石上巍然屹立的十字架，地点是德累斯顿。

对外来物种的质疑确实存在一定的合理性。确实有很多实例证明，引进其他群落生境的物种会导致一些严重问题，目前，英格兰存在因彭土杜鹃、日本虎杖、喜马拉雅香脂和巨型猪草而导致的问题，更不说灰松鼠和水貂了。这些问题应该引起有关当局的注意。但即便是对一些具体案例进行合理的关注，也常常很容易导致民族主义热情和一种生态法西斯主义的倾向，岛国尤其容易如此。极其常见的是，一个被标榜为"已灭绝的"物种，其实往往只是已在英国消失的物种。在法国或德国，为防止引进外来物种而进行人为干预的观念显然更是愚蠢的。世界范围的物种的传播是全球化的一种体现，也包括病毒的传播——不仅是意外传播，也有很多是为满足经济利益或美观的需要而人为精心策划的传播。美国的农场主很后悔曾经向纽约中心公园引进了很多椋鸟。虽然动机较好，但这种具有国家和民族性的观念极端严重，澳大利亚的植物群和动物群已表现出极易受到外来物种干扰的现象——但澳大利亚仍不实施对羊的禁止。

立面主义体现了英国注重外表的特点。不管在视线中将有什么会消失，在任何情况下都要展现出一个好的表面。这在建筑领域最为突出，建筑的立面或许由琢石或砖块以一顺一丁砌合法而形成；但侧面和背面都是粗糙的碎石墙或由英国花园围墙砌合而成（丁砖层被三个或五个顺砖层分开）。巴思的建筑是这种类型的一个典型代表。新月形王宫是乔治王朝时代的房子中的最宏伟的露台之一，展现出错落有致中的激情；但它的背面却是完全不同的模样。每间房都是不同的，风格各异且形成各自的类型——但都自成一体、互不搭配。还有一个特别的提示，似乎英国人比较喜欢有对称性。新月形王宫中心的房屋选用了双壁柱和较多的凸窗，显然使人觉得那里肯定拥有无数财宝——但那里并不是这样，每个房间的宽度各不相同。同样，在马戏团圆广场的拐角处，整个一圈建筑被三条路分开，在正好是 120°

图 9.1 巴思的马戏团圆形广场。每个区域里的房间数量不同。

的中间位置相交，但每个区域里的房间数量不同（图 9.1）。

英国式花园明显体现了立面主义风格；之所以要确保围绕后面一圈也完全看不到菜地，肯定不仅仅是由于害怕菜地里的沙沙作响声——如同豪华别墅一样，菜地都在围墙内的花园里。高雅和高效不应该是表面上的工作成果，而只是事物通常的方式。像天鹅一样，我们通常把最核心的部分隐藏在视线之外。在乡村，或许这可以通过人们的喜好而体现出来，至少通过"国家公园"和类似的机构对环境的控制和进行修整的喜好可以体现出来——那里的每个树篱都非常整齐地排列着，每个围栏都是新维护好的，而且那里几乎没有一根杂草。如同城镇里的情况一样，如果一片地产有业主，而且是业主自己居住的地方，通常很明显的是，那里的一切都被很好地修整过（但几乎都不如20年前矿工居住的一些房屋露台更干净），因此，在乡村，很容易猜出一个农场是否有主人并在其中居住或有一小部分用于出租。无论如何，整洁度也是评定是否需要对这个地方进行控制的一个指标，而且，得到良好维护的景观似乎也意味着良好的社会秩序。

　　另一个偏好是追求迷彩风格，这种风格显然包含"等级"的意义。如果说英格兰的一座房屋建筑看起来与景观和谐相融在一起，这意味着这座房屋很难被发现，通常它是比较长、比较低矮的建筑，并涂有一种与周围乡村景象的混合性较好的颜色，使人几乎无法分辨出来。用于谷仓、畜舍和外屋的现代波形板屋面材料的颜色通常是灰色、褐色、黄褐色、森林绿和卡其色。实际上，很多绿色的建筑在乡村景色中都非常显眼，因为天然的绿色极少是统一的。当然，有关颜色的选用问题，当地的规划机构有一定程度的审批和决定权，然后，规划者再结合与周边环境进行调色以使效果更佳。"国家信托机构"是这个领域里的一个好向导，它的引导思路在一定程度上带有突出"国家和民族的风格"的特点。洛文塔尔和普林斯提示我们的是，传统的衣服可以体现出共同的偏好：在乡村，居住在乡村别墅里的绅士通常在周末的时候身穿绿色或棕色的衣服，以使自己在灌木绿篱中不易被发现；这种迷彩风格一方面可以方便于打猎或观鸟，但如果需要实施救援，当行走穿过"国家公园"的沼泽地时，迷彩服装会严重妨碍救援行动。在城市里，木炭细条纹的图案和颜色在混凝土建筑中可以相互混淆，难以分辨！在受保护的景观中，电话亭都被涂成暗绿色，好像精心设计而故意不想让人发现，这样做的国家在世界上肯定仅此一个。但最近一些年，增加了红色的电话亭，在人烟稀少的乡村景观中非常显眼，这种做法不但已被接受，而且已成为明信片摄影画面的一种常规图案，尤其是在苏格兰。这种迷彩风格并不是各国都认同的共性偏好，如果去挪威旅行，就会发现那里根本不存在这种偏好，挪威人口很少，但有大面积的针叶树、峡湾、雪和山脉等景观。每一座房屋都很清晰可见，被装扮成各种颜色，而不是绿色，在大自然中很容易被分辨出来，主要是白色、明亮的黄色、红色和蓝色。在这样一个以纯自然的景物占主导的国家里，作为人类，甚至觉得自己需要用力大声呼喊才能被听到，从而引起注意。每个国家都有一套类似的偏好，有的偏好是从他们的活动中演变而来，例如，德国人偏爱徒步旅行去河流的源头，这样可以使他们将一片沼泽地的水引到另一个地方以形成一条"小溪"（图9.2）。

图 9.2　黑森林。德国人的爱好是步行到河流源头。这里没有源泉，只是一块田地，因此，人们想制造一条小溪。

黄金场所

　　大多数国家都有自己的"黄金年代"，这个时期基本上是在国家最强盛的某个历史阶段（当一个国家在世界上较有影响力的时候，这个国家会引以为豪，当规模较大的国家对世界的重要性却没有那么大的时候，他们基本上也不会有自豪感。基于同理，狮子和鹰是较常见的国徽上的象征性图案，而不是老鼠和麻雀）。最著名的黄金年代的情况或许就是 17 世纪的荷兰，而这也正是法国在路易十四统治的时期。那时，捷克共和国和波罗的海诸国正处在两次世界大战之间的独立时期；瑞典在古斯塔夫斯·瓦萨统治时期，这也是瑞典帝国最鼎盛的时期。很多国家在自己的国家里有一个相应的"黄金地点"，这个地方的景观是"特别的"，并可以作为整个国家的象征，不仅对本国国民来说如此，通常对外国人来说也是如此。例如，挪威的"黄金地点"显然是韦斯特兰，挪威是从斯塔万格北部到特隆赫姆的峡湾国家，包括松恩和哈当格峡湾，他们的国歌也是这样歌唱的。有些迹象表明，挪威的北部或许开始取代这个地位，但显然挪威的"心脏"不在国家经济中心首都奥斯陆周围的相对低的低地范围。出自捷克共和国的一篇文章非常有趣，在这篇文章中提到，他们的国家景观都在边缘地带，在与德国、波兰、斯洛伐克和奥地利交界的山脉上——金融发达的地方在中间地区，（布拉格和）文化之地位于周边地区（拉普卡和 Cudlinova，1998）。在对瑞典的一项详细研究中提到，达拉纳是原型瑞典，几乎在每个村庄里都有一个关于这方面的民俗博物馆（克朗，1999 年）。

规模较大的国家也许有不止一个国家黄金地点。提到法国，最先想到的或许是卢瓦尔河城堡的景观，现在是一个世界文化景观遗产，但它或许是法国贵族的一种外部体现。另一个或许是奥弗涅，位于法国中央高原的北部，被认为是能够享受法国最精美的地方美食的一个典型的地方，另外还有经典的法国小型农场主的住宅。英格兰宣传的国家黄金地点也至少有两个：苏塞克斯是其中之一，一直以来都被战争海报大加颂扬。在两次世界大战期间，招募参军者的海报都使用过一些典型的图片，用以宣传保卫乡村，图片上有草地和麦田以及起伏的白垩山，或者是威尔德的建筑。而且常常是被茅草覆盖着的。在 20 世纪期间，还有一个实际情况是，在南部丘陵地区的村庄里，人们喜欢在小村池塘附近的绿地上打板球，池塘中还有戏水的鸭子（例如汉布尔登，本身就是板球之乡）——成为英格兰景观的典型模式之一。这里有一些乡村知名人士——他们虽然没受过多少教育，但却是"天才绅士"，被习惯称为霍奇——坐在茅草覆盖的酒吧外面，痛饮着好几品脱淡苦味的啤酒。传说中的米德萨默镇就是这种模式。另一个黄金地点是科茨沃尔德。这两个地区都是 20 世纪英格兰乡村原型的起源地。当茂密的树木被看做是美丽景观必不可少的组成部分时，科茨沃尔德就并不特别受欢迎了，但威廉·科贝特却认为茂密的树木是丑陋的。[1] 但 19 世纪末期，以当地的鲕状灰岩为基础的当地的本土建筑具有卓越的质量，这引发了那个时期的一批艺术家和手艺人的兴趣，在这些热衷于工艺品的爱好者中，最著名的有在奇平卡姆登的查尔斯·阿什比和在凯尔姆斯克特的威廉·莫里斯以及在下安普内的作曲家沃恩·威廉斯。劳里·李的作品《罗西与苹果酒》印证了田园诗般的景观，而科茨沃尔德是最具财富诱惑力的地区之一，它是"英雄传奇故事"的故乡。正如地产代理商所确定的那样，穿过科茨沃尔德南部的 M4 建筑以及与伦敦往来通道的实现就可以使景观的价值增加。

在国家性的活动中，很多都显然是以这些黄金地区为主题的，除了国歌内容和全国性的广告活动，还有皇家艺术学院夏季展，地点是在英格兰东南部——或许还有周边的苏塞克斯和科茨沃尔德——作为文化主导要素，艺术作品通常都有一个确定的大都市的焦点。但它并不是一个共同认可的主题，当然会有北部的形象代表，尤其是以约克郡谷地为主题的内容在近些年里大大增加，这在詹姆斯·赫里奥特的小说里、"心跳"（之前提到的警察剧）和城市北部模式中都有所体现。康沃尔郡和坎布里亚郡或许都是英格兰景观中享有盛誉的重要地区，但它们并没有被当做能够体现一种具有英格兰特征原型的典范。

苏格兰、威尔士和爱尔兰并不认同以上这些黄金地区，而这本身只是国家标志的一部分。苏格兰人或许认为有山脉、湖和狭长的海湾、云雾和高山部族的西部高地和岛屿上的大峡谷是他们的黄金地区。爱尔兰人也在爱尔兰语地区设立了很多他们的国家（民族）景观遗产地，在香农西部，那里有一些小茅草屋和草皮小屋和很小块的田地以及通常属于盎格鲁 - 爱尔兰的地主的大型乡村别墅，已被荒弃或烧毁。威尔士不仅有斯诺顿山脉，还有另一处国家文化景观是东南部的矿谷。在所有这些情况中，还有其他的景观也会令国家（民族）引以为豪，但它们显然是"其他的"。关键的一点是，或许在很多人看来，很多壮丽景观能够代表他们的家乡，很容易通过查看有关国家（民族）的宣传资料、旅游手册和有关其边界以外地区的公开发行的介绍资料，从而测评出那些半官方的黄金地区。

旅游业既是这些形象的一个主要制造者，也是一个主要使用者，旅游手册可以作为用于典型景观内容分析的最有用和最廉价的参考资料之一。每个国家都有象征性的快速视觉识别标志，例如，看到英国的国会大厦就会想到英国，看到埃菲尔铁塔就会想到法国，看到白宫就会想到美国。这些或许是真正代表它们的"图标"，尽管这个词已被过度使用，但它表示的是能够象征着整个国家的一种形象，它们本身也具有宝贵意义。但是，那些乡村景观原型通常更有趣。托斯卡纳通常被认为是意大利最有趣的典型景观，那里有柏树和意大利五针松。唐纳德·梅宁描述了 10 个美国的景观，作为日常的主导传媒内容，展现了国家的不同方面。洛杉矶的游泳池景观展现了一种象征财富的文化景观；而秋天的新英格兰景观也别有情趣，那里有白色的教堂和装有护墙楔形板的房子以及周围的枫树；堪萨斯州大草原以及海福特牛和风力泵是另一个有趣的景观；位居第四的是"冷暖人间"美国小镇大街景观。应注意的是，这些不是具体的地点（甚至洛杉矶在此被引用也仅仅是作为加利福尼亚类型的一个典范），而是可识别的景点，如同郁金香和风车代表荷兰一样。它们类似于电影布景（梅宁，1979 年）。

这些"黄金地区"对于游客以及当地居民和市民来说，可以作为国家（民族）的象征，但对它们的看法也会有争议。在全国范围内，或许没有任何一个其他景观在受保护方面能像科茨沃尔德和苏塞克斯那样得到如此多的关注，因为保护景观需要有资金支持，而国家黄金地区是依靠那些已经

为自己购买了这些景观及其文化资本的人的资金来支持的。

图 9.3 法德边境的阿尔萨斯。现在只是树上的一条带子。

边界景观

在《欧洲景观公约》中，边界景观是受到关注的一个特殊地区，为了在一个国家的边境两边分别制定和谐计划而提供特殊津贴。对于法国的孚日山脉与德国的法尔兹之间的边界，两边的实施规划的官僚机构和体制存在很大差异，这是值得注意的问题。或许这是实际情况，但会使人有一种奇怪的感觉，这就是，当你没有护照，从这些森林中走过的时候，途中偶然注意到在一棵树上有一个很明显的蓝色塑料带，在另一棵树上有一个很明显的黄色塑料带，而这只是一个记号，用以标明可以从法国通往德国，这里距离凡尔登战场仅有几英里，这会令人感到十分愉快（图 9.3）。当然，世界上有很多边界都设定了严格的准入限制，以各种防御方式表明边界存在的重要性。即使边界在地图上只是一条线，它也很可能有很长的历史。曾经的"铁幕"地区的一边是奥地利和德国之间的边境，另一边是与捷克共和国之间的边境，由于那时所有人都已迁移而了无人烟，现在仍然清晰可见，奇怪的自行车道曾经是边境道路。很多捷克人的朋友和亲属死

图 9.4　毗邻中国香港的中国内地边界。

在这个边界附近，在西方游客的想象中，这些地方对于他们来说，其意义只可能是拒绝西方游客参观。还有一些是双方一直在相互争夺的边境区域，一方总想压倒另一方；最著名的或许是朝鲜境内的情况，而另一种情况是，使用西柏林或香港的建筑以展示一种意识形态对另一种意识形态的统治。在后面的那种情况中，很容易理解中国作为新富国家，也在与香港特别行政区（SAR）的边界上进行炫富（图 9.4）。

山和河流边境也具有特别的意义。现在的莱茵河已恢复了它原有的作用，成为整个欧洲的公用通道，但几个世纪以来，法国人认为它是一个边界，德国人认为它是德国的交通干线，而这是必然的。现在,对于那些在成长时期看过"雷马根大桥"这类以战争为题材的电影的英国人和美国人来说，以及对于法国和德国来说，它仍然是一条具有特殊意义、耐人寻味的河流；很多边境都具有这种特殊意义，这种意义通常与在边境的另一边赢得安全或自由有关。瑞士边境尤其富含这种意义，在欧内斯特·海明威的作品《永别了，武器》中，惊心动魄的夜晚划船逃生的情景就发生在瑞士与意大利的湖泊边境上。

大海边境的情况也极为相似，因陆地和海洋环境之间的明显区别而更为突出。在英国的国民言论风格中充满了岛国民族观念，以及以悬崖象征我们所固守的生活方式。在 1947 年出版的一本书中，有一张关于多赛特的海岸（杜德尔门）的摄影图片，在它面对的一页摄影图片上，有乔治六世国王从白金汉宫的露台上挥手和在温莎大公园骑马的照片。[2] 对莎士比亚的作品《理查二世》中的冈特的约翰的演说词"这块宝石坐落在银色的大海中"这句话的引用现已成为形容英格兰式岛国风格的一种老套言辞，常被那些对建立"海峡隧道"持反对意见的人所引用。现在，风景中有悬崖的存在是它成为一个世界遗产地的一部分要素，在一个入侵计划里，海岸或许并不是最有可能被涉及的地方。英国的海岸和瑞典等很多其他国家的海岸都遗留了一些零零散散的海防炮台和其他防御设施，它们建造于很多世纪以前，现在，它们大多都作为象征民族主义的神圣堡垒和历史遗迹而受到保护，而象征民族主义的神圣堡垒与历史遗产地常常是紧密结合在一起且难以分割的两个方面。

象征

通常用歌曲的形式来颂扬国家（民族）的景观，尤其常见于很多国家的国歌。挪威国歌的第一节就赞颂了它的海岸景观韦斯特兰，作为"我们所热爱的"以及挪威并不孤独的主题。有时，歌颂国家领土的国歌充分体现了这个国家所倡导的民族统一观念，例如，在老版本的德国国歌里，德国的领土是从埃施到梅默尔以及从阿迪杰河到贝尔特的。甚至国歌也会更加保守刻板，如同大不列颠国的国歌那样，通常其他歌曲也可以具有这种民族主义作用——例如在《希望与荣耀的土地》这首歌曲中，体现了"尽可能扩大"英国国土的强烈愿望，还有，在布莱克和帕里的赞美诗《耶路撒冷》中唱到英格兰的"青翠的山脉"及其"欢愉的牧场"、"云雾缭绕的山冈"和"绿色和幸福的土地"，这些都突出了传统的英格兰风景——而令人无法想象的是，在这些景象的背后，还有那些"充满邪恶的黑暗的磨坊"。那些阴暗的负面现象绝不会出现在象征国家（民族）的音乐里，也不可能出现在其他的象征自然主义的形式中。

因此，每个国家通常都会有目的地截取一些自然特征作为自己国家（民族）的象征，或至少是采用自然特征。我们已经了解到，美国采用它的广袤土地、特别是其中最极端的部分作为国家形象的一种象征。美国采用秃鹰作为国鸟，随后，出现了特别偏爱选用更大的猛禽作为国鸟的现象，并且已成为一种老套模式，这肯定能表现出国家本性中的某些特点；但也有一些充满民族特色的大众化的喜好，而这并非出自官方。在英格兰，与圣诞节有特殊关联的知更鸟显然具有非常重要的地位，同样，鸫鹟也有象征意义，英国的硬币上印有它的画像。植物也被用来当做国家身份的一种象征，有时，英格兰橡树（英国栎）被用来作为民族力量的一种象征，而橡树、英国抵御外侵的海军以及在船上工作的水兵们之间的关系紧密相连并成为一体，正如一首歌曲所唱颂的："橡树的心就是我们的船，快乐的海员就是我们这些人"。[3] 保守党现在以这种树作为一个标志，与劳动党的红玫瑰标志形成对比。这种与特殊树木紧密关联的情况非常普遍，意大利柏树和法国甜栗都是很明显的例子。在俄罗斯的图画中，白桦树往往是特别受偏爱的主题。当处理某个自然景观的问题时，很容易猜想它是世界各民族国家遗留下来的，我们会一直翻看地图集里的每一页内容，不仅从彩色的政治版图上查找，而且也从自然地图中查找。但自然地图仍然显示国家边境。甚至国家级的地图还常常会列出稀缺的物种的名单。英国的地图列出了一些濒临灭绝的物种，但在与英国只有一海之隔的法国，这些物种却极为丰富。

国家公园

在国家公园的概念中，通常不以象征国家身份的观念为主导思想，这个领域所涉及的是有关国家公园的指定问题。在有关"黄金地区"的讨论中，读者或许已注意到，科茨沃尔德不是一个国家公园，尽管 1930 年代，在确定国家公园名单的讨论中，它和南部丘陵都在被考虑之列（康沃尔，1937年），但直到最近，南部丘陵才享有这个地位。造成这种结果的一部分原因是，这里是一个以农田为主的地区，而英国的其他国家公园是开放的荒野地，指定这样一个地方成为国家公园，并且实行法定的鼓励进入的办法，因此会给指定工作带来更大的难度。但这里所用的"国家的"一词并不是指法定所有权（在很多国家，这个词具有法定所有权的含义，最明显的是美国），不过，它确实具有道德意义上的引导作用；在一个国家公园里，应首先执行国家制定的实施准则，它们优先于区域性或地方性纲要和有关计划。在这些国家准则中，并没有延展到需要在公园内实行具有维护国家身份意义的政策。在这个方面，国家公园与国家博物馆明显不同，最明显的是苏格兰和威尔士博物馆，他们所关注的显然是推崇具有民族象征意义的观念，突出苏格兰的特有风格和威尔士的特有风格。北约克沼泽区完全不是典型的英格兰风格；彭布洛克郡也不属于标准的威尔士风格。如同半独立的地产的情况，不顾它们是否具有那种难以形容的所谓英格兰典型特征，也极少被列入受保护的名单，而被列入名单的建筑通常是那些具有重大国际意义的建筑，景观的情况也是如此：那些被指定的景观是最宏伟壮丽的景观，

或许是最与众不同的景观，而不是最普通的景观。

　　在不同的国家（民族）的背景下，会赋予景观不同的意义，因此，国家（民族）的背景是影响看待景观意义的原因之一。这或许很明显地存在于最简单但非常基本的意义要素中，例如有关我们所知道的位置问题。我们通过什么才知道我们所在的是哪个国家？对这个问题的答案或许非常普通，甚至平庸，但这个问题具有极其重要的意义。道路上或商店里的指示标志所使用的语言是一个很好的线索，但在没有语言的环境里，道路指示标志的颜色和设计图案本身也是很好的线索。如果看到在黄色标志上有黑色的小写字母，这很可能是在德国。根据房屋的情况，也可以得到一些线索。法国的亭阁房屋建筑具有国家特色的可识别标志，有别于英国的半独立地产建筑或美国的用可拆卸的木质护墙板建造的、带有前庭院的住宅。但或许并没有那么明显。英国读者看到图9.5所示的景象，肯定不会认为这是在英国。仅从电缆塔和灯光标准就可以看出，肯定不是英国的！1990年代，当我第一次走访那些曾经在"铁幕"背后的国家时，我可以通过观察，很好地识别出他们。混凝土篱笆桩、甚至是护栏网的风格完全不同于西方国家的风格。商业全球化将不可避免地侵蚀这些常规差异。随着英国的工程

图9.5　可以通过一些细节识别国家。这个车站在德国，位于老的德意志民主共和国境内。

图 9.6　具有全球化特征的住宅。实际上是在捷克共和国。

师去法国设计修建道路，以及德国公司在意大利工作，不同国家在工程中的特点将会相互融合。在住宅方面，情况也是如此。图 9.6 所示的是欧洲的一座住宅，但只有专家才能确定这是在捷克共和国。这座住宅建筑是为家庭生活而设计建造的，这种家用住宅风格在欧洲的大多数国家里和很多其他国家里都很典型。在美国，或许住宅建筑会有更大的空间。或许在国家身份和地方特征的可识别性方面有所退化，但这恰恰反映出这样一个事实，在当今的世界里，很多人的生存方式都非常类似，他们的住所和景观说明了这一点。我们正处在这样的危险状态中，我们给我们的景观强加了一种似是而非的多样性，而我们再也不能以这种华而不实的多样性作为依据，用来说明有关我们是如何生活的问题。

　　我想用曾在苏格兰遥远的西北旅行时遇到的一件小轶事来结束这个简短的章节。那里的景观是延绵起伏的一座座褐色的山以及时隐时现的湖泊和休尔文山或 Canisp 这样的黑山。在那里，我看到一片极其漂亮的绿色草坪（那里的景观中的唯一的绿色风景）和草坪旁边的一座灰色的平房、白色的独轮手推车以及上面的水仙花、网眼窗帘：属于很典型的郊区别墅，但却有一处不相符的是，周围有高铁网围栏用以防止红鹿入内。当时，我一边想着这座房子与周围景观的不协调，一边正要拍一张照片，这时有一个人过来与我搭讪，问我发现了什么很有趣的景物。我想用觉得房子"有趣"这样的理由，于是结结巴巴地回答他的问题，他说，这里是他出生和一直生活的地方："毫无疑问，你希望看到的是，我身穿古老的苏格兰短裙，正在修补风笛，但实际上我正在一边吃着披萨，一边看澳大利亚肥皂剧，我住在乡村平房里。我也是整个世界的一部分"。他击中了问题的实质。

参考资料

Anderson, B. (1991) *Imagined Communities: Reflections on the Origin and Spread of Nationalism*, 2nd edn, New York: Verso.

Cornish, V. (1937) *The Preservation of Our Scenery*, Cambridge: Cambridge University Press.

Crang, M. (1999) 'Nation, region and homeland: history and tradition in Dalarna, Sweden, *Ecumene*, 6/4, pp. 447–70.

Crowe, S. (1963) *Tomorrow's Landscape*, London: Architectural Press.

Lapka, M. and E. Cudlinova (1998) 'Beyond the models of marginality', *International Journal of Heritage Studies*, 3/4, pp. 216–29.

Lowenthal, D. and H. Prince (1964) 'The English landscape', *Geographical Review*, 54/3, pp. 309–46.

Matless, D. (1998) *Landscape and Englishness*, London: Reaktion.

Meinig, D.W., ed. (1979) *The Interpretation of Ordinary Landscapes: Geographical Essays*, Oxford: Oxford: University Press.

Meinig, D.W. and M.P. Conzen (1990) *The Making of the American Landscapes*, London: HarperCollins.

练习

使用旅游手册和政府网站，选择一个国家并找出它的"黄金地区"。这个国家自己认为的黄金地区与其他旅客游览之处是否有差别？查看那些有象征意义的元素，例如国歌和景观特征、动植物。能否洞察出一些特殊的景观偏好？查看它的艺术和文学作品，甚至包括音乐。

注释

1. W·科贝特，I·戴克.骑马乡行记（企鹅古典系列）[M].伦敦，2005.

2. 这是理查德·哈曼编译的《乡村特性》这本书中的一篇摄影散文，作者是肯尼斯·贝尔登，出版社是伦敦的布兰福德，1946年出版。

3. 《橡树的心脏》，戴维·加里克（1759年）演唱，由威廉·博伊斯作曲。

拓展阅读 9　山脉

　　长期以来，在人们对景观的偏好中，有一些一直处在变化中，这些变化是可以理解的，其中，人们对山地景观的喜爱也历经了非常显著的变化过程。马乔里·霍普·尼克尔森（1959 年）和罗纳德·里斯（1975 年）完整记录了人们认可山地景观的起始过程。很多人都知道彼特拉克于 1336 年攀登冯杜山的故事。这件事被认为是第一次有人纯粹为娱乐而登山，而不是因为需要登山而登山，当时，人们的生活观念非常严肃刻板，因此，这种娱乐之事使人感到愧疚。阿尔卑斯山脉是非常典型的山脉，文艺复兴时期，意大利和北欧之间的所有商贸活动都经过阿尔卑斯山脉，同样，阿尔卑斯山脉也几乎成为所有游学旅行的青年贵族必须攀登的山脉。阿尔卑斯山脉享有最佳声誉长达几个世纪，一场无聊的争斗致使旅行中断，尽管作家们常常要描写与山脉有关的艰辛和苦楚，但一些旅行者停止了旅行，或者停止了对山地景观的记录，而停止的时间甚至过于长久。

　　然而，将近 18 世纪末期时，这种情况开始发生了变化，J·R·科曾斯和弗朗西斯·汤等艺术家开始描绘雄伟山脉的壮丽，通常这些山脉是在勃朗峰、夏蒙尼和日内瓦，包括冰海冰川和阿让蒂耶尔冰川；显然，如同大海一样，山脉也总是与"宏伟壮观"一词相关，而并不是"美丽的"。然而不久就发生了拿破仑战争，致使去往这些山脉的旅行中断，取而代之的是英国国内的山脉，尽管这些山脉与前者相比微不足道，但偏好山地景观的人也只能如此。

　　起初，湖区的山脉受人喜爱（因此得名为"英国的阿尔卑斯山脉"），但往往是文学作品和诗歌更偏爱以这些山作为题材，而不是艺术作品。或许令人惊奇的是，直到进入 19 世纪一段时间以后，苏格兰高地才成为一个较为盛行的游览地点（甚至对苏格兰人来说也如此）。"1745 叛乱"的痛楚或许一直留在人们的记忆中，这仍然阻挡着旅行者的决心，而约翰逊博士却异常坚定，他于 1773 年进行了著名的西部高地之旅，博斯威尔对此进行了记录。斯科特虽负盛名，但他却没能使英格兰人去往更远的地方，最多也不过是特罗萨克斯山和雷尼瀑布。但是，维多利亚女王对格兰屏山区的喜爱引起了 1850 年代的一次重大的重新评估，这涉及苏格兰历史上具有浪漫色彩的景点以及那些与罗布·罗伊、威廉·华莱士或在前线的罗伯特·布鲁斯有关的地点。在这个时期里，登山活动，尤其是针对阿尔卑斯山脉以及攀登阿尔卑斯山脉是时尚主流。另外，在英国还有斯诺登尼亚和斯诺登，它们本身已经因艺术家理查德·威尔森而著名，早在19世纪初期已非常受欢迎。这里将不具体描述在这些地方的游览情况，对此，安德鲁斯已在他的著作里进行了详细介绍，而这本书的题目"寻找如画般的风景"所隐含的意思明显说明，在英国的游览从来没有能够真正替代阿尔卑斯山脉之旅。

我们必须说明的是这里讨论的山脉与高沼地之间的区别，山脉作为视觉景观，具有陡峭的岩壁和分开冻结成冰的冰斗的刃脊，很可能还有瀑布。山上常常有雪和冰，至少冬天如此，并且以其危险性而瞩目。这样的景观从来没有被认为是乏味的景观，而英国的大多数高沼地被认为是乏味的。如果说英国的山脉只是不够陡峭或不够引人注目，那么，阿尔卑斯山脉和美洲的山脉以及19世纪中期见证的这些——除了落基山脉，还有阿巴拉契亚山脉和卡茨基尔山脉——都可以称得上是地道的山景。

山区国家也孕育了山一样的人民，或者说，山的格局造就了山一样的性格。山里的人民历来被认为是像山一样具有坚固的独立性，包括苏格兰高地的人民，这在韦弗利的小说里有生动和完美的体现，另外，在约翰娜·史皮里于1880年出版的作品《海蒂》里也有更为突出的刻画。"音乐之声"的流行似乎可以说明，这种带有传奇色彩的特性一直历经弥久而不衰。

因此，二百多年以来，山地景观一直是一种标准的景观类型，但大多数英国人偏好游览国外的山景，特别是瑞士和奥地利的山景。而法国人和德国人都不需要垂青于国外的山景，弗里德里希描绘的在德国的阿尔卑斯山脉的图画对于一个被分为很多小国的国民来说，具有非常重要的意义，另外，毫无疑问，希特勒的阿尔卑斯山脉别墅同样也是国家传奇的一部分。

Andrews, M. (1989) *The Search for the Picturesque*, Aldershot: Scolar.

Nicholson M.H. (1959) *Mountain Gloom and Mountain Glory: The Development of the Aesthetics of the Infinite*, Ithaca: Cornell University Press.

Rees, R. (1975)' The taste for mountain scenery', *History Today*, 25, pp. 305-12.

拓展阅读10 沼泽、湿地、荒野和沼泽群落

很久以来，这类景观被认为是"废地"，而现在的高位沼泽普遍成为我们的"国家公园"。沼泽是通常被鳕鱼石楠属植物覆盖的、有一定高度的湿地；但它们不是山地，没有峭壁和陡坡，更为常见的是圆形的或平坦的，如同达特穆尔和奔宁山脉的大部分地区一样，非常平坦。荒野是比较干燥的地方，但也被石楠属植物所占据，处于低地位置，尤其是在英格兰南部。在讲述这种类型时，我们添加了湿地的概念，它们明显存在于沼泽群落里，高度与萨默塞特相同，但在大多数河口处，也是只有灯芯草和芦苇这样的植物。它们几乎处于被忽视的废地状态，直到大约1870年被突然发现并且成为重要的应受保护的景观，这种情况不仅仅是在英国。

在沼泽和山地之间，或许很难有一个简单的地理区分，尽管冰川作用对沼泽的影响一直都微弱得多，但通常在现实中能感觉到区别。在沼泽地里走步，在山地里攀爬——在皮克山区，而不是阿尔卑斯山脉。在沼泽地里行走，虽然不需要鞋底钉和特殊设备或进行培训，但或许仍需要多加小心。皮克山区是一个国家公园，我们的大多数国家公园的中心地区是沼泽地区——甚至在"湖区"这种也有山的国家公园——还有"北约克沼泽区国家公园"和"约克郡谷地"、"诺森伯兰国家公园"；在威尔士的"布雷肯比肯斯"和"斯诺登尼亚"，以及"埃克斯穆尔高地"和位于西南部的达特穆尔。甚至在彭布鲁克郡海岸也包括一些沼泽地区。苏格兰当然应包括南部高地，但大多数的高地只有在夏季才被当做沼泽地，人们在那里进行郊外散步，在冬季，它们再被当做山区。有充分的理由说明为什么沼泽地会在"国家公园"里占有如此重要的地位。直到1870年代，沼泽地的乐趣才被艺术家和作家发现，因此，在1920年代兴建"国家公园"的时候，它们作为颇受欢迎的休闲之地而被大力建立起来，它们从此不再是以前一直被认为的那种没有用的、湿漉漉的、废弃的荒原。另外，肯定还有一个原因是因为它们相对比较容易被保存下来，同时，对外向公众开放的程度很高。的确，有关皮克山区的金德斯考特峰的准入问题是严重争端的焦点。

时势又发生了变化，如同很多美学运动一样，这个变化也起源于法国。在1840年代和1850年代期间，一群法国艺术家开始描绘有关辛苦劳作的农民的风景画并以枫丹白露森林为风景中心，因为与巴黎的画廊相距不很远而比较方便，尤其是距离巴尔比宗的小村子不远。在这些艺术家中，有柯罗、西奥多·卢梭、杜比尼和米勒。他们都曾受到康斯特布尔的影响，在康斯特布尔的有生之年里，他在法国

的影响力远远大于在英格兰的影响力；但是，因为他几乎没有从事过艰苦的农业劳动，因此，这些艺术家确实对农民非常敬佩，以至于将法国农民形象提升到等同于法国的民族英雄的地位，而法国的民族英雄是具有国家象征意义的基本要素。枫丹白露森林是如同广袤荒野一样的林地，与新森林地区很相像，尤其在冬季，这种景观是用于突出画面中的工人英雄形象的理想风景背景。或许最著名的画是米勒的作品《拾穗的人》，展现了一个穷苦女人正在收集收割机留下的谷粒的景象。

在此之前，一直没有多少体现"劳动者的尊严"（这个词在19世纪末的英雄主义时期尤为普遍）的艺术作品，主要是因为艺术作品的主要购买者是地主。他们不愿意让别人看到他们的工人们是一种轻松愉快的、闲暇时喜欢一起相拥饮酒的形象，如同盖恩斯伯勒描绘的那种画面。甚至在康斯特布尔的著名作品《干草车》中，背景是一些在非常努力劳动的工人，同时，前景展现的明显是一些劳动者闲暇时享受生活的景象。当拥有土地的豪绅不再有这种对土地的掌控权，艺术作品的购买者如今已是富有的实业家，这时，乡村劳动者的英雄形象才开始被广泛展现于人前。很多新兴的实业家也正是出自这样的家庭。因此，像法夸尔森的《他拖着疲惫而沉重的脚步回家》这类描绘劳动者拖着一捆棍棒和沉重的脚步在达特穆尔的雪地景观中行走的作品，正是他们自身经历的展现——和他们所处的艰苦的景观环境。然而，英国的农民不如法国的农民多，因此，在英国，大量的类似这种描绘劳动者英雄形象的感人故事的艺术作品不是以农民和工人的英雄形象为题材，而是以海岸和渔民为题材。

尽管如此，风扫贫瘠的沼泽地的景象在大多数情况下被作为"枯燥乏味的"背景，用来衬托艰苦的劳动者的形象，因而不足为奇的是，历来与它们相伴的景象常常是秋天和冬天。当艺术家们热衷于将沼泽地作为其作品的题材时，文学作品也追随了这个趋势，其中最著名的或许是洛纳·杜恩（埃克斯穆尔高地）和"巴斯克维尔的猎犬"（达特穆尔高地）。在这些作品中，沼泽地被描绘成烟雾迷离的野地，在雾霭的遮挡下，那里常常发生阴暗的犯罪行为。猎犬也是使人感到古灵精怪的野生动物幸存者。在最近一些年里，我们的"博德明怪兽"和"埃克斯穆尔高地之兽"问世；"艾伦代尔的狼"是另一个传说——或许，我们的大多数沼泽地都弥漫着民间神秘故事的传奇色彩。但是，景观能够实现人的愿意，米莱斯的作品《寒冷的十月》，如实描绘了佩思郡的一处风景，它是这类作品的一个典型。

这些地方被用来进行一些活动，而这些活动通常使人想到就是这些地方，并不是在别处。达特穆尔高地的中部有军火工厂，它为纳尔逊海军制造火药，不可避免的是，这里也是事故多发地。不远处有一座著名的监狱，在《服刑》第一集里重新演绎了逃逸未遂的故事，逼近斯莱德监狱——坐落在哥伦比亚，但在清晰的记忆里是达特穆尔。在更近期，这些地方是设立收音机和电视信号传输站以及远程警戒雷达的地方，例如，位于北约克高沼地的菲林代尔斯。

沼泽是湿而贫瘠的地方。沼泽里只有低矮的禾草或带有蕨菜的石南属植物。"白峰"和"黑峰"的区别主要是石灰石的情况，它是碱性的，使草生长并产生能产生潮湿的酸性泥炭的磨石粗砂岩，因此大部分被石南属植物所覆盖。早在1870年之前很久，有人认为这样的地方具有科学趣味性且考古学家会对此产生研究兴趣；这类地方虽然有趣但并没有吸引力，尤其是因为这些地方几乎没有树木。

常常会出现这样的结果，正如渔村的情况也是这样，最初对那里的残酷现实的描绘逐渐转变成为一种添加了太多浪漫色调的丰富多彩的场景（霍华德，1991）。1900年，沼泽开始被描绘成充满了秋天里的各种颜色的风景，1920年代，它们常常以"漂亮的"面貌被展现出来，这种概念使前辈的老人感到非常惊异。威廉·威杰里大规模使用单色调的颜色描绘达特穆尔，他的儿子弗雷德里克·约翰大胆使用紫色彰显荒地野性——但仍几乎是秋季的。在文学作品中同样也有不同于对严酷现实进行真实写照的情况，哈迪的作品描绘了乡村劳动生活的光荣（他毕竟生长于乡村劳动家庭的环境，确实有丰富的亲身体验），他描述的爱敦荒原和红土贩子或许最能够唤起那种荒野地的真实感觉。后来，真实写照演变成一种无聊的多愁善感，例如伊登·菲尔波茨描写达特穆尔的小说或玛丽·韦伯的那些小说，而这些作品在斯特拉·吉本斯的作品《令人难以宽慰的农庄》的滑稽讽刺下变得如此不堪一击。1930年代，作家尤其倾向于突出描写遥远的山地农民和他们的家庭，不仅突出他们在恶劣的环境下努力生存的英雄形象，而且突出他们具有本土知识，而且比城市里的同龄人更机智和灵巧。这种灵巧多谋也是法国的农民传奇中的一部分。

1950年代，建立了一些"国家公园"，沼泽地也成为主要的休闲地区，而且被认为它们也具有美感且使人愉悦，至少这是教育界的引导。因为沼泽地几乎是开放的土地，它们保持为公众开放至少是可能的，因此，它们成为我们的"国家公园"的核心地区。

沼泽的主要魅力是其开放性和允许准入性——如同在郊外散步，给人以格外惬意的感觉——"湖区"的温莱特是典型的步行向导，而很多士兵也在这些荒郊野地里进行艰苦的行军跋涉，因为很多沼泽地地区保留着军事培训区。存在的问题是这里的容载能力不是很高。那些慕名而来的人，希望在高地上寻求清静的宽慰感，他们发现这里只是相对清静，因为，沼泽地区相对平坦和开放，会有很多人聚集在这里，除非来过以后，发现人太多，才有可能不会再来。站在山石上俯瞰全景的时候，如果视线中充满了游客，满眼都是五颜六色的登山服，风景和兴致也会随之黯然失色。这里是完全开放的，你可以按照自己的路径随意漫步去往任何方向，这会让你惊喜，而几乎只有这里才能感受到这种魅力。英国的景观规模不太可能让美国游客感到惊奇，但让他们感到高兴的是，可以在这里随意到处游走——美国的荒野地虽然规模很大，但在那里随意到处游走是不安全的。在美国的荒野地上，除了有迷路的危险，还有很多危险的动物。那些危险动物在我们这里几乎已经灭绝了，而有一点还是需要担心的——肯定有猎狗。

还有一个不可避免的情况是，这里本来是散步的好地方，而后几乎演变成一些竞技项目。这里确实有一些类型的比赛活动，例如"湖区越野跑步比赛"或一年一度的"达特穆尔十佳徒步越野跑比赛"。但这里的那些步行的人对那些纯粹想坐在阳光下休息和野餐的人的确有一种轻视的想法。在一次有关景观的会议上，一位景观设计师演示了威尔士的一个新水库的设计方案的幻灯片。在幻灯片中有一些照片，照片上有那里的步行者和骑自行车的人，也有正在那里上课的学生和为进行科学研究而考察生物多样性的学生，而最后一张幻灯片显示的是一个家庭的成员围坐在那里进行野餐，旁边是他们的私家车。我感到遗憾的是，这个家庭引来的是那些进行更高级休闲活动的人的窃笑，对此，那位景观设计师指出，在那里，只有这个家庭的人来观看并静静欣赏他的作品——真正的鉴赏家。

另一个焕发激情的活动是山地赛车，因为这种地区虽充满挑战但并不陡峭而险峻。反对意见之一是，骑车人穿着的五颜六色的服装与沼泽风格极不相称！另一个更合理的反对意见是，修建跑道会损毁步行道并且会阻挡行人通行。在一定程度上，这些意见符合实情，尽管自行车确实不如马车的破坏性大，因而禁止骑马游走就会更容易被理解。只要曾在英格兰的步行小道走过的人都会很快习惯接受一个事实，马道是截然不同的，而且必须穿长筒靴子。

这里存在的一个问题是，在沼泽地中充满各种颜色。最初，这种景观看上去几乎是单一的褐色，但迅速变成了一种看上去是色彩缤纷的景观；的确，在能负担得起费用的前提下，郡县的导游手册普遍添加一些颜色用于介绍沼泽和荒野——通常是秋季的景象。但是，英国的国家风格历来都是以偏好暗淡的颜色而著称，正如坐落在景观中的一栋英国别墅会很显眼，很可能有人指责它枯燥之味且与景观不相协调，但它反映了这种英国式的偏好特征。因此，我们的沼泽地存在一个问题，出于某些安全感进行提示，那些带有荧光的调色，特别是橙色和黄色荧光完全是为渲染场景而人为添加的。这种人为添加颜色的做法毁坏了很多照片。

很多以前计划从事农业的地区已不得不被转变成了沼泽地。除了地势最高的地方以外，会有一些墙壁、古老的田地设施的残留物，通常还会有整个村落——达特穆尔的葛林斯庞或许是最著名的；在距离这个青铜时代的村落不很远的地方还有一个村落，位于"猎犬岩"附近，废弃于中古时代。作为农业没落地区，它们的考古特征常常通过当地的石头体现出来，它们很少被搅乱并保留了可报告性且能激发研究兴趣。除了过去年代里的那些劳动生活的用具和设备以外，还有一些令人困惑的特征，例如石环、石排和石箱。

因此，我们的沼泽和荒野包含了丰富的意义：荒僻和自由、考古趣味、有点怪异且非常浪漫的强壮的山地人（希斯克里夫）；劳动者的尊严、色彩、奇异的动物、神话故事和民间传说；需要隔离的行业（监狱、菲林戴尔预警站、军火工厂）；与低地完全不同的奇异的植物和动物。

这些特征的大部分也是湿地和沼泽群落的特征，而且很容易理解的是，它们中的大部分都是在同一时期被发现的，或许引领者是沼泽地区的一位摄影师，他的名字是P·H·爱默生。但湿地具有悠久的历史意义。它们通常被作为隐居的地方——在沼泽区郊外的觉醒者赫里沃德、阿尔弗雷德国王，或许甚至还有在萨默塞特的亚瑟——以及明显是宗教殖民地的所在地，例如，在克罗兰、伊利和格拉斯顿伯里。在传说中，那里的人们也有各种怪异的特征，包括想象中他们是蹼足的，而这样一个怪异的、或许还充满着浪漫色彩的人群仍然鲜明地活在20世纪的人们的想象中，这在一些有关犯罪的小说中有所体现——著名的是多萝西·L·塞耶斯的作品《九个裁缝》。

尽管湿地看起来颜色单调和比较难以使人产生美感，但1870年以后，它们转而被看做是美学界认可的场景。但湿地有非常丰富的野生动物，尤其显著的是鸟类，这种特性使它们的生命力大放光彩，不仅转变成为现代农场，而且也成为我们大多数的海岸和河口湿地景点。有一些泥炭运营场所被转变成运动场（如布罗兹区）或转变成重要的鸟类禁猎区（如萨默塞特）。随着海平面的上升，以及由于目前流行的为体现美学重要意义而支持保护野生动物的民众潮流的产生，湿地现在确实非常珍贵并且它们不再是"迪斯默尔沼泽"。

Howard, P. (1991) *Landscapes: The Artists' Vision*, London: Routledge.

10 等级

如今，当讨论社会问题的时候，在那些比较客套的场合，等级这个词并不常见。我们所讨论的往往是社会中不同团体之间的权力关系。跟随皮埃尔·布迪厄的思路，现在我们讲述的观点是，一个霸权团体拥有掌控权，但在社会的不同团体中，始终存在一个有争议的问题，就是哪个团体能成为这个霸权团体。在英国，这个霸权团体一直有一个传统的名字——"权势集团"，但在最近一些年里，情况有了很大的变化。公立学校教育不再像以前那样灌输这个"权势集团"的定义，同时"权势集团"一直在削弱其他社会团体的权力，渐渐将它们确定一些活动的权力转向自己，例如足球，甚至试图针对曾经由古老的"权势集团"确定的活动，比较著名的是狩猎、射击和钓鱼等方面。或许我们都能发现这样的情况，当穷人因负担不起费用而被排斥在顶级足球联赛的活动之外时，富人仍会设法进行打猎活动。正如拥有的所有遗产一样，富裕阶层购买景观或按自己的目的进行转换，而且这些总能在他们的掌控中进行。肯尼斯·奥尔维格（2002 年）提出，英格兰最初的景观概念源自皇家贵族，似乎是詹姆斯一世和安妮王后。

丹尼斯·克斯科洛夫描述了掌权的上层集团如何按照自己的意愿去操纵景观，他研究了在帕拉迪奥时期的"威尼斯的陆地"景观，在第 2 章讲述过（克斯科洛夫，1993 年），他对于这方面的描述或许是最精彩的。它并不是纯粹只以时尚为目的的景观设计，而是对整个景观的重新安排，除了满足生产食物的需要，还要作为一种平台以满足社会需要，服务于威尼斯的寡头政权执政集团这个最知名的社会集团。在 18 世纪期间，当时的园艺家所修建的景观几乎都有非常相似的结果，包括肯特、布朗、雷普顿都是如此，他们建造的景观不仅看起来非常大众化，以树木或墙壁做屏风，而且也包含了只有行家才能理解的某种设计玄机。估测土地的质量与花费的资金有密切的关系。甚至配备专业化的各种高端设施，例如克劳德玻璃，通过它，可以观看景观。然而，鉴于法国的园艺家（至少英国人这样认为）以奢华排场炫富，英国的园林建造方式完全不认可用明显的"矫揉造作的技巧"以使景观看似是自然的——当然，有时也使用小设计，但并非很露骨，除非有人能解读它。这个时期也是《圈地法令》将土地分为各个部分的时期，很多穷人被迫失去土地，正如奥利弗·哥尔斯密的作品《荒芜的村落》里提到的。从圈地中获益的人不仅包括地主本身，而且包括殷实的农场主，从此以后，乡村社会历史的一大部分一直是农场主（有时是承租人，但尤其是业主居住者）和大地主之间的关系的历史。修建树篱、莱斯特郡等地方的狩猎景观都是这两者联合的结果（威廉姆森，2002 年）。几乎不需要补充的是城镇景观，那里是富人聚集的地方，似乎是表演权力的戏院——是富人之间交往的地方，并不是他们与地位低下的、几乎被忽视的社会弱势人群交往的地方，例如伦敦和巴思等温泉城。

　　在许多方面，一直都没有太大的改变。现在，园林的规模缩小了很多，在一些情况下，最小的花园花费的装饰费用最多，但样式和媚俗的风格依然普遍如同从前。今年最受欢迎的样式在"切尔西花卉展"上有明显的展示，种类繁多，在展期里的每一天都会有不同的展示。"切尔西花卉展"是露天活动，的确有"季节"局限性，可供"权势集团"的人在夏季的茶余饭后，在景观中休闲观赏：亨利、温布尔登、古德伍德、伦敦大板球场测试等。在园艺领域里，有一个普遍的情况是，所有著名的艺术都是口头上支持为穷人服务，而实际上只关注有钱人。海伦·阿林汉姆的图画《村舍花园》并不是体现穷人生活的，穷人的园子只是为糊口的需要而修建的，但那些艺术所展示的都是有钱人拥有的"第二处别墅"。

　　19 世纪，景观绘画清晰地描绘了等级冲突的故事，例如，约翰·巴雷尔的作品很好地展示了这些情况（1980 年）。一些画家描绘了乡村穷人的景象；但即便是约翰·莫兰等这些富有同情心并且描绘穷人生活的画家也几乎没有描绘过穷人日常从事的、对于他们来说司空见惯的繁重而艰辛的劳动情景。北安普敦郡的诗人约翰·克莱尔提出了独树一帜的观念，他理解土地和景观之间的区别，土地是用于劳作和耕耘的，而景观是用于观赏的，他的诗作传承了詹姆斯·汤姆森的作品《四季》的风格，或许还受到北部边界的罗伯特·伯恩斯的影响。但是，乡村人民在图画中不过只是背景和点景的人物或供娱乐的点缀人物。在强调视觉美感的艺术热潮兴起的时期，描绘风景如画的美景风靡一时，在关于乡村穷苦人民居住的"小屋"是否可以作为绘画中风景如画的景物的问题上，引起了极大的争论。同样引起极大争论的是，穷人本身是否可以作为绘画中的主角。一位作家哀叹德文郡的吉普赛人如此之少，因为他们只是风景如画的景观中的一种点缀！其实，在这个时期以后，一些绘画显然反映出这个问题，其中最著名的图画之一是康斯特布尔的作品《拖草车》。这是乡村劳作的景象，但很不明显。背景是丰收的景象或正在割草的景象，但前景中只有坐在运货马车上喝酒消遣或休闲的人。这常引发一个关键问题"谁会是买主？"在这个时期里，景观绘画的潜在购买者以及实际上的那些掌控景观整体概念的人恰恰是那些从乡村劳动人民辛勤劳动的血汗中获益的人。他们或许很高兴能在墙上展示这样的绘画，以体现农村劳动阶层的人们其实有很多时间进行社会活动，而且经常饮酒消遣以及常常与朋友和家人团聚的场景。

在这个时期里，景观绘画的购买者往往是乡村的地主，在这个时期的景观绘画中有一个非常杰出的实例是威廉·柯林斯的作品《乡村文明》，于1831年在"皇家艺术学院夏季展"中展出，目前收藏在维多利亚与艾尔伯特博物馆（V & A）。这幅画流露出某些迹象，其中的关键之处是，在前景中最近的显著位置上是一匹马的影子。因此可想象观看者以及想购买这幅画的人刚好是坐在马背上、正从这个门口经过的人；可以假设这块土地是他自己的，因此能否推论是两个孩子在礼貌地迎接他？不管他们居住的村舍小屋多么寒酸和破旧，以及地主应履行的那些修理房屋的义务，这幅画所展现出来的是没有佝偻病和其他疾病的景象。一位健康的少年看护他的小妹妹，小妹妹的面颊粉红而可爱，少年向"主人"脱帽打招呼并打开大门。这是一个"主人们"希望看到的乡村景象，但在那个时期，历史上曾发生了一些干草堆燃烧的暴乱事件，这使我们有理由怀疑这幅画所展现的场景的真实性。

随着时代的变迁，情况发生了重大的变化。乡村劳动人民成为很多景观绘画中的主角，有时明显带有政治目的，例如休伯特·赫尔科默的作品《艰难时世》。路边的劳动者以及他的妻子和孩子在贫困和绝望中疲惫不堪。描绘的内容越大众化，越有浪漫色彩，这充分体现了"劳动者的尊严"的概念。这种变化趋势最初出现在法国，米勒和其他的巴比桑画派的画家非常注重农民的尊严。但描绘一幅乡村劳动场景需要有一个新的景观场景，以及夏季的晴好天气，沿着一条叮当流淌的溪流再一直延伸而变迁到秋天或冬天的野生沼泽地。描绘艰苦的劳动场景需要有恶劣的气候和景观环境作配合。当然，这种景观景象的绘画也与购买主力和公众之间的新型关系有所关联。工业革命使得更多的银行家和制造业的业主成为有意愿购买这种绘画的人，在购买者中，这些人比拥有土地的豪绅更多；在新兴的购买者中，很多人

图 10.1　交通管理。沿路的路旁是明显的天然驼峰地形，非常有效地限制了交通。

是希望通过绘画来纪念自己贫贱的出身，无论是事实还是想象，或许他们的父母曾为了生计，从英格兰的乡村逃往城市或工厂。多年以后，大约是在 1900 年以后，这些同样的绘画变得越发充满积极和乐观主义色彩；但在绘画中所采用的更多的景观一直是沼泽地。

　　然而，对很多景观的保护的立足点仍然是以一个过去的贵族为牢固的根基。"国家公园"主要被当做包含人文资本的景观，在这里进行教育活动，以及围绕某些目的而培养欣赏它们的心态，并且，这里的活动在很大程度上带有社会排斥性，这导致了民族排斥和城市排斥，其中很多是自己强加上去的。这并不是说，那些可能不欣赏这个公园的人会被法定排斥在外，而可能他们不会是明显受欢迎的人；但总体而言，这里绝不是他们想要的业余生活。大多数公园是广阔的沼泽地景观，大片的公开场地可以随意进入。在大多数到这里来的游客看来，这些地方的魅力在于可以"远离一切"，而很多有可能从城市来这里的游客并不希望把自己暴露在这样的环境中。城市里有一整套关于权术和世俗的规则，需要有自然形成的观察力，在生存和娱乐中通晓这些规则，而乡村人常常觉得不适应城市里的环境，对这些规则不了解，这使他们感到不安。乡村也有自身的规则，很多来自城市的游客非常清楚自己并不具备乡村所需要的那些能力。他们知道他们肯定无法辨认出一条蝰蛇；他们也不知道他们是多么普通。他们不能确定是否可以走过这片沼泽；他们没有合适的衣服走过一片泥炭沼泽。最好找到有很多其他人的地方停留。因此，在我们的很多"国家公园"里都实施了开发"热门景点"的政策，这个政策允许在最受欢迎的景区附近建立汽车和长途客运车的停车场，如果白天游客很多，而且在别的地方无法停车（图 10.1），可以允许这个地方有超常拥堵的情况。

　　"国家信托机构"（NT）一直在很大程度上被看做是相当于一个贵族历史和景观的窗口，但这个机构目前正在努力摆脱这种关系。虽然，机构的主要目的是通过购买保存延绵不断的国家瑰宝，多年以来，露天景观的构建包括极其大量的兼并部分，创建这个机构的慈善家和之后的继承人逐渐可以确定，英格兰乡村别墅、拥有土地所有权和名称以及富有的乡村之家才是最能代表英格兰风格的遗产，它们几乎都是最需要保留的。以詹姆斯·利斯 - 米尔恩部长为首的机构掌握了一大批这些类型的乡村别墅，随后它们已对公众开放（虽然捐赠家庭偶尔被允许继续在其原有的房屋里居住，但并不再拥有它们）。随着这些有趣地方的财宝对游客开放展示，现在，私家轿车也对外开放展示，这使得人们所认为的典型的英格兰景观的概念自然而然地变成散生树木、湖泊、步行小道和狐狸皮毛遮蔽下的英格兰绅士的乡村别墅花园。目前，在保持这些贵族资产的同时，信托机构对获得普通民众的遗产很感兴趣，例如，位于伯明翰的工作坊，还讲解和展出乡村房屋"在楼下"的那些部分、佣人的宿舍和厨房，以及公共园区和厨房花园（图 10.2）。

　　正如我们在第一部分所看到的，一直以来，景观的历史通常是在两种不同的见解和专业领域下被写成的。一种与霍斯金斯有关，这种历史观是以不

图 10.2　德罗戈城堡。"国家信托机构"的财产，厨房及其用具是在讲解中特别突出强调的。

知名的农场主及其情况为线索，研究景观的发展变化过程。霍斯金斯记录了一个农场家庭的情况，这个家庭是大众化景观的看守者的典范，因为在五百多年里，他们几乎没有添加一块田地或减少一块田地，并且没有参与英格兰的历史变迁(霍斯金斯，1966 年)。但是，另一种传统见解来自艺术历史的记录，而这很容易成为花园的历史，这在很大程度上忽视了广袤的景观，还产生了一部分诋毁作用。随着美术学的历史发展而出现的对艺术的痴迷（和通过与艺术家的交往)，产生了精美园林艺术及一系列建筑佳作，在美术历史发展的长河中，接连涌现出被人们不断假定出的一代又一代"伟大园林设计师"。除了在进步的概念中存在误区以外，这种假定的基础是认为景观是一种艺术作品，像其他艺术作品一样。有一些园林的制作者并不知名，但非常明显的是，这些园林比一些著名设计家设计的园林更好，尽管如此，那些与知名的艺术家有关的景观是我们游览景观的主要目的地，也是我们评价景观质量所注重的地方。尽管情况已有很多变化，但如果申请在名录上登记一个园林，需要明确它的设计者的名字，这仍然是一个主要条件——而事实上很明显的是，园林不是一幅绘画，几乎不可能只有一个设计者，并且最初的设计者很可能随着时间的消失而已逝去了。很明显的是，往往把按照"最初的"设计者的意愿恢复一个园林的原貌当做一项首要的任务实施，而却忽略了一个事实，园林并非绘画和雕塑，它会生长或衰退，随着时间不断变化。在最近来自诺森伯兰郡的报告中有一项报道是发现了兰斯洛特·布朗（在当地出生）未完成的一幅园林绘画。现在，随着这个发现自然就出现了这样的建议，建造"他的"250 年以后的园林，这会吸引一些当地的商业参观者。这种认为景观是艺术的观点自然会导致这样的结果，几乎没有人提出，在完全不同的社会环境中建造一个早已过时的 250 年以前的园林是多么稀奇古怪的做法。

如果将景观视为一种遗产，正如联合国教科文组织（UNESCO）"世界文化景观遗产中心"定义的那样，学生很快会遇到"授权性遗产话语"，这是劳拉简·史密斯创造的词语，它表示专家"想当然"认为的杰出遗产应具备的一套标准特征（史密斯，2006 ）。例如，在史册上记载着一系列公认的伟大艺术家，因此也会有一系列杰出的园林设计师和重要的景观，他们通常是由重要的艺术家和作家封赐得名。在有关遗产的评判标准问题上，并非仅限于由国家官方机构[1]决定，通常还包括媒体和普通公众的参与。正如日常公认的观念一样，科学与文化是两个领域，同样，遗产被定义为自然物体，越古老、越豪华越好，而且，如果杰出人物接触过，就会格外珍贵。贵族的宫殿和大教堂的级别比乡村绅士的住所和教区教堂的级别更高，而这两种类型的级别都比村舍小屋的级别更高（莎士比亚碰巧出生在村舍小屋，这个小屋当然属于例外）。景观如果雄伟壮丽，级别当然会更高，因此，山脉比低地级别高，海岸比内陆级别高。像大公园和松鸡猎场这类贵族的场所比普通的农田级别高。

这种"权威性的"名录在 1930 年代尤为盛行，这个时期也是在政治派系分类的制约下等级分类更为明显的时期。1932 年，皮克山区的金德斯考特峰发生了大规模的非法侵入事件，试图夺取这些松鸡猎场的公共入口，这是在十年的观念分歧中的一个关键时刻，两种不同的政治倾向互相联合，异常动荡，导致产生对景观保护的需求和 1947 年的《国家公园法令》。这部法令产生于"国民政府"时期似乎是合适的。同时，左翼知识分子的思想促进威廉姆斯·埃利斯于 1937 年发表了《英国和野兽》。当然，在任何意义上，这些都不是有关"工人阶级"的，但它们已转向工业界，主要是在奔宁山脉两边的工业区里的人；那些想在周末休息的时候，骑自行车在山丘上休闲娱乐的人，仿佛将自己置身于艾伦·班尼特的戏剧《自由一日游》里的那种享受中——而剧中的目的地是喷泉修道院，它现在是世界遗产遗址。

当然，在很多地方，人们都能徒步或骑自行车享受乡村景象，例如"湖区"、"奔宁山区"、"南威尔士"和"苏格兰高地"附近的很多地区，后来，除了徒步或骑自行车到这里休闲的人，也有一些人乘小汽车或大型游览车到这些地方休闲，这是当地劳动阶层的一种固有文化，这也得到了一些机构的大力支持，例如"YHA"、"环游俱乐部"或"假日会员会社"，有很多得到了教堂（附属教堂）的支持。"男童子军"、"女童子军"和"男孩团体"等团体组织培养青少年懂得乡村的美好，并且常常培养孩子们具有山一样坚韧不拔的精神。人们认为，乡村充满"健康"的气息，与城市形成了鲜明的相比，尤其不同于劳动密集的工业区。由于需要一些人从事服务于景观的工作，而这些人往往是来自东南亚的亚洲妇女。这些人一直希望有更多的进入乡村地区的准入权，或许这是呼吁准入权的核心所在。

地主往往具有明显的右翼观点，但他们肯定认为需要保护景观，而景观是"他们的景观"，甚至他们阻碍实现公众自由进入景观的要求，并且今后也一直如此。那些以明显的民族主义倾向作为保护景观的需求常常有右翼思想的特点，类似于同一时期在纳粹德国的情况，这种观念使如今的很多景观保护主义者很反感。《水獭塔卡》（1927 年）的作者亨利·威廉姆森只是很多受极右思想影响的人之一，石黑一雄的作品《长日留痕》体现了这种倾向。[2]

图 10.3　波尔蒂莫尔别墅。在公园景观中看到对面这座损毁的乡村别墅。不可能所有的当地人都支持对这座别墅进行补修复原。

《英国与野兽》中的"野兽"是英国的公众,公众往往被认为是希望享受景观但同时会对景观有毁坏作用。C·E·M·乔德是左翼派系之一,他的文章很好地体现出这种想法,他在文章中提到,人们对拥有英国乡村准入权的要求是至高无上的……(但是)人们仍不能做到在获得他们要求的准入权后不毁坏景观……(并且)在人们能够做到不毁坏乡村景观之前,作为一种责任,英国乡村将是不可侵犯的(威廉姆斯 - 埃利斯,1937 年:64)。实际上,尽管进入乡村的人流非常大,但不良现象得到了很好的抑制,布莱恩·古迪就此有明确的说明,他结合现状,考虑到人流涌入北安普敦郡郊外乡村地区后,可能会对景观产生威胁(古迪,1988 年)。现在的乡村比战争之前整洁和富裕很多,但在很大程度上保留了建筑景点。视觉上最明显的改变是沥青碎石路面、道路上的白色和黄色的线条和所有的街道设施。

　　尽管苏格兰现在已形成一套以合理的方式进入所有地区的体系,但有关准入问题的争论仍持续存在。[3] 在英格兰,富人和穷人都持有根深蒂固的态度,认为富人在很大程度上拥有土地(这肯定是无可争辩的),而穷人则希望进入这些土地区域。然而,想进入这些地方的人往往并不是城市贫民,

而是相对富裕的人——例如"漫步者协会"的成员。如今，我们所有的海岸步道已经对外开放了，但河岸步道仍存在准入问题，在河岸，通常为钓鱼者设立准入区域，但为保证钓鱼活动不受干扰，这些区域并不对公众开放——为保证这项重要的收入来源。还有一个历史的因素，那些一直致力于保护乡村景观的人将会认识到，保护当地现已失修的领主之宅邸的支持者或许是最近迁至乡村的人、使其本身住宅环境高级化的人，但通常不会得到长期居住在那里的当地人的全心全意的支持。几个世纪以来，这种对待乡村和"大豪宅"的态度一直主导着他们祖祖辈辈的生活，财产所有的方式各式各样，现在如此，将来也不一定改变，目前，"大豪宅"由"国家信托机构"看管，或者确实有一些其他组织的保管者（图10.3）。

　　或许英国一直都在尽力用最好的方法对景观进行保护，不断有景观看护者细心照顾景观并将它们保存下来。我们通过限制捕猎的方法保护鲑鱼、松鸡和鹿，捕获这些动物是昂贵的运动，要支付很高的费用才可以，因此捕猎活动从未普及且数量不多，从而保证了这些动物物种的保留。如今，通常我们会想当然地认为，农村地区或村庄里的人都过着富足的生活，至

图10.4 斯温登。在古老的"大西部铁路"地区的街道，这里的房地产现已恢复并备受喜爱。

图 10.5　锡德茅斯。这些乡村别墅是城市富人移居乡村后的住所,也是他们的第二家乡,这里是城市富人为移居乡村而建造别墅的历史中的实例,这个过程可追溯到 19 世纪早期。

少在低地英格兰是这样。其实还有大量的农村人并不是这样,尤其是偏远地区的老年人,但是,雷金纳德·阿克尔在 1930 年代描写的农村小屋引起了城里人想拥有乡间农舍的热潮(阿克尔,1934 年)。自那时以来,城市里最热门的研究是,如何改造乡村小屋,使之成为城市富人居住的乡村农舍,建立城市中的乡村,例如维多利亚的起源,现已成为人们的理想居所。最著名的例子是伊斯灵顿,而必须注意的是,起初,在这些地区建造的住房往往是独门独户的富豪之家的居所,如同阿诺德·贝内特描述的那样[4],后来这些房子更加社会化且降级成为多家合住的居所,而最近它们得到了“拯救”且又重新成为独门独户所占有的住房(图 10.4)。

　　乡村农舍被城市富人改建为乡村别墅的历史或许可追溯到更早的时期,是一个长期延续不断的过程(图 10.5),并且有非常明显的迹象,尤其明显的是,这些房屋具有精密的整修和装饰。通常,富人才会留有遗产,而如果乡村房地产也可作为遗产的话,它也只是富人的专属。在当今的年代里,能够实现在家里通过互联网进行工作,很多人具有这个条件,尤其是作家和艺术家,他们可以移居乡村,仍然能够工作;我就是其中之一。这种情况造成房价上涨，当地居民常常对此感到苦恼，上涨后的房价往往是当地人的子孙后代所负担不起的。然而，由于这些外来人迁入并在这里生活和工作，使得土生土长的当地人的生活也随之有所改变，他们现在能够有机会使用互联网运作"父辈的古老的奶牛牛舍"生意。还有些人利用这个机会，退休以后搬到乡村居住，这些人的迁入对当地生活的影响非常大，有时使更长期生活在这里的居民感到懊恼。的确，在很多村庄里，当地生活的方方面面都受到退休后迁入这里生活的居民的影响，似乎他们是"经营当地"的人。在某种程度上，这是因为他们的家不在这里，附近地区也没有家人，所以，他们比那些当地有家和亲属的人更具有社区意识。还有些人在乡村购买住房，安置第二个家，这肯定会影响房价；但这种情况对当地社区来说，贷方余额几乎微乎其微。通常，几乎所有这些外来迁入者都是最热衷于保护当地景观的人。早在 1942 年，伊夫林·沃对此有如下描述："在这些温文尔雅的地主看来，乡村的邻里关系的特点是他们格外戒备的方面，让他们更加小心提防……一个不可能扩宽的狭小的角落或一棵被砍伐的树，因没有树木的遮挡，从那些阳光明媚的晨间起居室向外望去，一些电报线清晰可见，满怀遗憾。"[5] 很多人强烈反对这种乡村城市化的过程，在这些持批判意见的人中，有一些人也曾在一些年以前移居乡村并在那里生活过，我本人就是其中之一；但是，大量实例证明，很多乡村根本没有足够的财力维持那些体面的服务，包括维持穷人的生活。通常，似乎大家最容易发现的是村庄里的商店或学校被关闭，而其实，也有一些集镇被关闭。如果留意就会发现，一些有大多数商店的小集镇已长时间关闭并且转向变成住宅。随着这些地方越来越受欢迎，商店又会重新开张，或许重新开张的商店是一家古玩店、一家艺术材料商店或一家卖有机食物的商店——这三种商店显然是为城市富人移居乡村这个过程作准备的。或许有人对古老的繁华街道充满怀旧情感，但城镇需要用钱来运转。在美国，乡村城市化的过程已经更加大为深化，城镇外有最现代的商品经营区，这些商业区是"长条地带"，汽车容易进入，美国有一些项目计划，为在小城镇的主要街道上集中运行专门品牌的经销店提供支持，理查德·朗斯特雷斯曾对这种情况有过描述（1992 年）；但是，现在美国每个州都有这类有关主要街道的项目计划。

需要指出的一个重点是，乡村城市化的过程是社会阶层之间流动的过程，伴随这个过程，地方环境肯定会受到关爱，因此这也是对地方进行看管的过程。肯定存在的问题是，当社会结构瓦解，或至少在社会发生巨大变化时，加强对建筑物的保护是有危险性的。在新型田园生活的乡村里，三位乡村老人在酒吧外面, 一口一口喝着他们的几品脱啤酒, 他们三位都是有学历的人, 如果没有博士学位, 至少也是有第一级学位的知识分子。同类人共同参与分配和参加当地的莫里斯舞蹈团。现在, 我们乡村里的一些地方是自助主题公园, 很多居民能像村民一样从事专业的农务, 这样做并不是为了给旅游者带来益处, 而完全是为了享受自己的兴趣; 如同一些人根据形势、蓄意重新制定内战战役一样, 有一些人重新定义了农民身份。

有一些旅游景点向相反的趋势发展, 可以察看到它们在逐步粗俗化。从艺术作品中可以显现出这种迹象, 当一个地方最初被艺术家、作家和那些先行体验者发现的时候, 这个地方的所有方面都被开采出来, 用以提供创作素材。此后的发展是一个双向的过程: 一个过程是大家所熟知的高档化过程; 但另一个过程是这个地方的形象变得越来越标准化, 当某种类型的商品和服务进行廉价销售时, 显然能以较低的价格而吸引市场, 但它们的品位和现代理念较差, 或者也许比较缺乏这种内涵。艺术家以这种方式引导旅游者的目的地, 他们本身像是导游车的司机, 对此, 我在另一篇文章中有过论述 (霍华德, 2003 年)。位于北德文区海岸的克洛韦利是一个极好的实例; 但很多其他地方, 尤其是海岸也有同样的历史。第一批观光者——例如小说家金斯利、狄更斯和柯林斯, 以及早期的画家, 例如 J · C · 胡克或塞缪尔 · 帕尔默——曾经刻画和描述过这个地方的方方面面; 但人们对其风景的认识越来越狭隘, 最终仅局限于纽因附近的街道风景, 通常, 在这个风景中不可缺少的是驴车。1954 年, 业余艺术杂志的一位作者竟然如此惊叹:"我知道那些严苛的、强势的艺术家们轻视克洛韦利, 仅将其比拟为'小家碧玉式的风景', 但在我看来, 它简直就是一个完美的仙境"(布拉德肖, 1954 年)。但显然可以看出, 那些房屋肯定受到了保护, 现在, 村庄不是免费对外开放, 需要付费才能进入, 甚至还有收费停车场, 而且除了这个停车场以外, 没有别的地方可以停放车 (图 10.6)。

这类地方与主题公园之间的区别或许在很大程度上是一种顺序上的不同; 在克洛韦利, 先有村庄, 而后才变成主题公园。还有一些其他实例, 在距离不远的博斯卡斯尔和廷塔杰尔的村庄也是这种情况。博斯卡斯尔的村庄因 2008 年发生的洪涝灾害而严重受损, 目前, 在很大程度上归"国家信托机构"所有,"国家信托机构"能够严格掌控其所有的引导标示和色彩方案的设计, 同时, 设立清晰的"国家信托机构"的形象标志, 这不过是让我们注意到它展示出的风格和品位极为出色 (图 10.7)。距离这里几英里以外的廷塔杰尔因与亚瑟"王"有关联而备受推崇。几乎所有的商店及其

经营的东西都与亚瑟王相关，包括"柯莱特工艺品"和梅林的玩具店。只有一家商店的名字与有关亚瑟王的传说没有任何关联，但在这家商店里，仍有出售用塑料制作的"亚瑟王的神剑"（图10.8）。

图10.6 克洛韦利。现在，这里实际上是一个需购买门票才能进入的、正处在保护中的主题公园。

在国外，有一个更好的例子是马略卡岛（Majorca），它的名字是由"马洛卡（Mallorca）"演变来的。1930年代，这里是富翁以及像罗伯特·格雷夫斯这类艺术家和作家喜爱的度假胜地，这个岛逐渐成为人们选择假日度假的经济实惠的场所，而且在这里度假的费用越来越低，直到1980年代，有关权威机构经过深思熟虑，扭转了这种情况。通俗化和高档化是在景观的发展过程中的两个趋势，而发展过程的根本基础是等级差别。很多海滨胜地都有自己的环境特色，有些地方五颜六色、花里胡哨，有些地方简朴低调、颜色柔和，有文字说明，而且有清晰的级别标志，通过这些特点，可以明显看出它们的层次以及所处的社会地位。一个地方的整洁程度本身就是与其社会地位密切相关的一个特征，有些地方被人为破坏，环境不整洁，甚至被乱涂乱抹，那些破坏环境的人本身就没把自己当成社会的上层人士。在大家的概念中，十几岁的青少年的卧室就像战斗区一样凌乱，基于同理，

图 10.7 博斯卡斯尔。隶属于"国家信托机构"，色彩方案都有很好的品位。

米兰是一个视浮华为富有的城市，城市里的墙壁和公共场所被乱涂乱画，这种现象多有发生，而且还有恶意无礼的文字和言语。

在相当大的程度上，有关等级这个概念的讨论集中在建成环境这个方面，但肯定也包括我们受保护的景观。英国的国家公园和"法定的杰出自然风景区"已成为富翁居住的地方，同时也是比富翁的财富稍微少一点的人去观光的地方。尽管一直有人认为精美的景观不应该免费对外开放，而且这种想法已形成系统的观点，但这些地方肯定都还是免费对外开放的。在某种意义上，这些地方就像是公共图书馆和公共博物馆以及艺术画廊，有很多受过良好教育的人士提供服务和帮助，这些服务人员队伍庞大、实力雄厚，不亚于为一个重大活动而配备的人员力量，这些服务全部免费，当然，通常会照顾到穷人的利益！

海岸一直是发生阶级战争的地点之一，但在我们的很多公园里也发生过阶级战争。城市贫民历来喜爱去海滨观光，而不是我们的森林和沼泽。一直以来，为了某种交易，很多地方会被精心设计，最明显的例子是黑潭——目前正在认真提议并使之成为世界遗产地，这将确保新的都市富人能去那

里观光，纪念他们所想象的劳动阶级的根源。他们会在黑潭偷窃，如同他们曾经偷过足球一样。但有很多地方一直存在着不同的社会群体共存的问题。有时，海滨胜地融合了不同的习俗，就像托基和佩恩顿或布赖顿和霍夫一样。还有一些地方是有大篷车的场所和靠近海滩的小木屋，距离城镇比较远。如果一个海滨变成被指定的景观——作为一个国家公园、自然遗产海岸、世界遗产地（如同在多塞特郡的情况那样）或一个"法定的杰出自然风景区"——在有关这个海滨的问题上，将会不可避免地出现一种冲突，这种冲突发生在两类人之间，其中的一类人希望获取维护自然美景的控制权，而另一类人希望躺在海滩上、在海滩上踢足球，甚至更糟糕的是大声喧哗并且骑摩托车，景观规划者认为他们是"讨厌的"。可以用三种策略对付这些"讨厌的"游客。第一个策略是，专门给他们预留空间，例如设置印第安人专区。将大篷车场所和所谓"讨厌的"游客常去的地方排除在保护地区的边界以外，同时，他们喜欢做的那些喧闹的活动应被禁止。第二个策略是，把他们运送到聚居地或没有聚居地但有一个可靠的体系，能够使他们通过廉价的航空交通去西班牙或别的地方，不破坏受保护地区的

图 10.8　廷塔杰尔。在廷塔杰尔，处处可见很有品位、引人注目的独特地方，几乎每个零售店都与亚瑟王的传说有关。

风景。最后一个更巧妙的策略是，我们效仿苏联的体系，开发一种教育政策，教导游客和在校学生，给他们讲解有关政策和体系目标。与布道坛不同的是，这些讲解是给被教导者的单向灌输，没有与听众的讨论，拒绝任何回应意见。

参考文献

Arkell, R. (1934) *A Cottage in the Country*, London: Herbert Jenkins.

Barrell, J. (1980) *The Dark Side of the Landscape*, Cambridge: Cambridge University Press.

Bradshaw, P.V. (1954) 'My favourite sketching grounds: Clovelly', *The Artist*, 48, p. 45.

Cosgrove, D. (1993) *The Palladian Landscape*, University Park: Pennsylvania State University Press.

Goodey, B. (1988) 'Turned out nice again', *Landscape Research*, 13/1, pp. 14–18.

Hoskins, W.G. (1966) *Old Devon*, Newton Abbot: David & Charles, chapter, 'Three Devon Families'.

Howard, P. (2003) 'Artists as Drivers of the Tour Bus: Landscape Painting as a Spur to Tourism', pp. 109–24 in D. Crouch and N. Lübbren, *Visual Culture and Tourism*, Oxford: Berg.

Longstreth, R. (1992) 'When the Present Becomes the Past', pp. 212–25 in A.J. Lee (ed.) *Past Meets Future: Saving America's Historic Environments*, Washington DC: Preservation Press.

Olwig, K.R. (2002) *Landscape, Nature and the Body Politic: From Britain's Renaissance to America's New World*, Madison: Wisconsin University Press.

Smith, L. (2006) *Uses of Heritage*, London, London: Routledge.

Williams-Ellis, C. (ed.) (1937) *Britain and the Beast*, London: J.M. Dent.

Williamson, T. (2002) *The Transformation of Rural England, Farming and the Landscape 1700–1870*, Exeter: Exeter University Press.

练习

在你所在的城镇或地区，找找是否有一些使城镇高档化或城市化的预兆和迹象。如果有，你看到的那些迹象是什么，为什么看到它们会让你想到城镇或地区正在发生或没有发生这种变化？修整的情况？颜色？商店类型？车辆的类型？看看人口统计资料的数据，不仅是有关社会阶层的情况，而且包括其他特征，例如，迁入本地安置第二处家产的人员比例、非本地出生或在国外出生但迁居本地的人员比例（你可以在当地的参考书图书馆找到这些信息）。结果是什么？在当地的新闻中查找有关的争议问题，尤其是有关在公园内和被保护的景观中哪些行为合适、哪些行为不合适方面的争议。

注释

1. 半官方机构是半自主式非政府机构，例如"英格兰自然环境保护机构"或"英格兰文化遗产保护机构"，这些机构在很大程度上由中央政府资助，但它们独立运作。因此，尽管政府是它们的出资方，但它们可以自由地向政府提出建议或批评意见。

2. 亨利·威廉姆森参加了纽伦堡集会。K·石黑的作品《长日留痕》获得 1989 年布克小说奖。小说中的达林顿勋爵似乎仿照的是奥斯瓦尔德·莫斯利。

3. Allemena. 在苏格兰和北欧国家，自由在各处漫游是公众的权利，这种权利有时会编入法规中。在北欧的部分地区，允许准入已有悠久的历史，并且被认为是人们最基本的权利，因此不必形成有关法律，直到现代才有如此做法。

4. 阿诺德·贝内特，《五个城镇的安娜》（伦敦，1902），精彩地描述了在维多利亚时代后期的郊区的社会阶层的变化。

5. E·沃，《多升几面旗》（伦敦，1942）。

拓展阅读 11　河流和湖泊

　　如今，人们在假日里往往选择去海边观光，或许会使人感到惊讶的是，其实，长期以来，河流和溪谷才被认为是更重要的景观；至少在画廊的墙壁上，我们看到的大量、更频繁展示的是有关河流的景观。的确，河流一直是构成一个"风景画面"的关键部分，尽管这种构成也会存在一些问题。毫无疑问的是，总体而言，在"优美的"风景构图中，如果有一条河流在画面中，会显得和谐而生动，同时也表达了一种象征意义，水是生命之所需；但它也会把人们的注意力集中到风景画面中。早期的景观画家都遇到过画面的前景、中景和远景的连接问题，甚至摄影技术出现以后，这个问题也仍然存在；而在风景画面中如果有一条河流，就可以很好地解决这个问题，不过，这样做的风险是，容易使一幅画面分为两个部分。因此，比较常见的是，在画面中的河流上游往往有一座桥。另一个技术是"双对角线"（古尔德，1974 年），在整个画面上，河流至少有两处蜿蜒曲折的部分，使观看者的视线可以平直而顺畅，从前向后观望，而避免产生从一座悬崖的角度观望的感觉。这或许是有关图案和谐的问题，但显然与阿普尔顿关于有偏转的远景理论有密切关联，根据这个理论，这种画面常常会引导观光者从一个偏转处走向下一个偏转处。

　　对于一些受喜爱的景观，人们常常很难回答"这些景观的意义是什么"这类问题，因为其意义往往非常复杂和微妙，但河流则不同，简朴而单纯，人们喜爱河流的原因也简单得多。河流和湖泊的淡水是生命所需，人们需要合作共享沿河各段的水源以及利用水力发电、进行交通运输和体育运动，这些都是河流的魅力所在，甚至不用介绍那些广泛传播的、宗教方面的象征意义，这些特点就足以使人们喜爱河流和溪谷了。

　　17 世纪，英格兰最受喜爱的河流是泰晤士河，尤其是泰晤士河畔的基尤和里士满地区，那里有一些大型的房产建筑区域，虽然看上去有很多像是诸多相连的巨大屋苑，或像是由若干街道构成的大型街区远景，但其实是被河流分隔而成的一片一片的大型房产建筑区域。里奇蒙山是一个特别的景点，曾出现在 Jan Siberechts 等很多画家的作品中。很多河流被拟人化，代表女神或仙女的形象，尤其是泰晤士，被看做是"天然之作"并且含义丰富。在德国,这种情况不很突出，德国人通常会寻找河流上游，找到河流源头的泉水，并且仍然会寻找在那个最浪漫的国家里的一个主要的朝圣活动。易北河 / 伏尔塔瓦河的情况是，一个起源于波希米亚南部的苏瓦马山脉，由于其源泉在军事禁区内，引起了"冷战"期间的问题；另一个源泉在较远的下游，为了朝圣者，必须在它周围建造一个洞穴，这种情况大多产生于德意志民主共和国。在英国，我们当然也免不了这种自负思想，一个很好的例子是多赛特郡的斯陶尔河的源泉或它的一个源泉是在斯托海德风景园的大花园的人造洞穴里，由霍尔银行家族创建，目前由"国家信托机构"看护。这个象征仙女的洞穴是围绕湖和花园的景观中的景点之一。

在"发现英格兰"的时期里，特别引人注目的河流不是低地田园的曲径小溪，而是那些更偏于北部和西部的河流。威廉·吉尔平赋予了瓦伊河独特的地位，它成为艺术家们到都市以外旅行的主要景点之一，并且作为深受喜爱的河流类型之典范（安德鲁斯，1989 年）。它的规模居中，它并非潺潺的小溪，而是一条富有内涵的溪流，从适于航行的流域到浅浅的溪水以及岩石密布的地方，这条溪流充满了变换的风采。周围的山谷与溪流相邻且彼此非常靠近，山谷陡峭、岩石密布，通常树木繁茂，山顶比较平坦。瓦伊河是深切曲流类型的河流的典型，它是在海平面下降或地平面上升的情况下，当河流蜿蜒流过相对平坦的地方、穿过它的基岩而被切断后形成的。这种河流总体上位于英国的北部和西部，包括在布里斯托尔和海之间的埃文河、德比郡的达夫河（程度上较小的德文特河）、迪河的上游部分、位于康沃尔郡边界的泰马河和蒂斯河上游。严格来说，沃夫河并不完全具有深切曲流，但具有相似的特征并且也深受喜爱。在这些河流沿途，很多地方都成为"如同伦敦塔的狮子那样的名胜"——例如，沃夫河上的博尔顿修道院或瓦伊河上的丁登寺，很多游客到这里观光，沃兹沃斯是其中之一，他的一首诗歌抒发了他对这里的感受。

除了这些主要溪流以外，在一些地方，那些大力推广美丽如画景观理论的当地艺术家们根据当地情况，还发现了小溪流上的其他景点。在德文郡，当地标志景点是与约翰·斯韦特有关的地方，很多到德文郡的游客都会因此而前往埃克塞特附近的奥克斯顿，游览他的故乡，这种引导会使游客认为，这个郡县因约翰·斯韦特而充满神秘色彩。那时，非常经典的类型是像小峡谷一样的溪谷，起源于达特穆尔的 Lyd 河，包括一个像"白衣仙女"一样的瀑布。这种有瀑布的、像小峡谷般的溪谷往往会被拟人化，而且是被女性化，它们是整个威尔士和奔宁山脉的主要旅游胜地。最受喜爱的是位于北威尔士阿伯格拉斯林的仙女峡谷，那里往往是艺术家必画的风景，艺术家通常会认为，在自己所有的画作中必须至少有一幅是有关那里的风景画。尽管艾斯加斯瀑布和 Leny 瀑布很重要，但蒂斯河上的"高势动力"是最重要的，这是罗斯金提出的观点。英国的瀑布比国外的瀑布逊色很多，完全望尘莫及。尼亚加拉瀑布不仅是人们蜜月旅行时钟爱的景点，这在美国文学作品中多有描述，而且它的庄严和壮丽是英国的瀑布所没有的。尼亚加拉瀑布的规模非常之大，甚至早期的摄影技术也无法拍照瀑布全景，只有通过巨幅画作才能描绘出来——早期的银版照相法对拍摄对象的尺寸有一定的限制，因而无法完全拍摄出这个大瀑布。如果说在规模宽大、水量和视觉震撼方面，尼亚加拉瀑布是一个绝好的典范，那么，阿尔卑斯山脉的一些瀑布则最具浪漫传奇色彩，那些景观历史中的重要时刻令人敬畏，例如，莫里亚蒂和歇洛克·福尔摩斯的"死亡"发生在莱辛巴赫瀑布，据推测，大约是在1891年。

河流的优点之一是其景点种类繁多，因此总能引发人们的旅游渴望，旨在引发人们前来观光的各种河流景点被印制在那些雕刻或石版画上，从河流源头到河口，数量大、种类多、极具说服力。在大量的景点介绍中，比较典型的是河流源头和渡口的图片，包括那些有特殊重要意义的桥梁或磨坊和比较重要的乡间别墅以及他们沿河岸的重要房屋建筑的景点图片。业主往往被邀请参与宣传项目，买一些复制品送给游客。这些复制品是为游客准备的明信片，而这些游客是在当时具有购买能力的旅游阶层。

人们对河流景点的兴趣渐渐固化成一种像陈词滥调似的老套，19世纪中期，这种想象最为明显。这种河流景点的模式几乎已固定为溪流上游，表现一种对原始自然的向往；另外，在溪流上游，白浪滚滚的风景清晰可见。所有有关描述也提到瀑布声响是一个很大的问题。因此，我们所认为的典型是一个中等规模、岩石密布的溪流上游风景，岸边陡峭、树木繁茂（图C.3）。这张图片尚未"彻底坠入俗套"，因为完整的俗套模式除了图片上的这些景象，还应有一位亲切的、身穿红色外衣的当地劳工站在这座桥上，红色衣服与岸边斜坡上的绿色树木相互映衬。这种老套的景点模式或许只有一处会变化，如果没有桥，则取而代之的或许是水磨，批评家难以忍受这种老套模式，常常呼吁"再也不要了！"几乎所有高地上的中等规模的河流景点都变成这种老套模式——其中一些更重要的是埃克斯穆尔高地上的Lyn、达特、位于兰戈伦的Dee和位于贝图瑟科伊德的康威、泰河（尤其是在杜恩）、达夫河——并且还包括"湖区"的很多溪流。很多其他类似的溪流往往因缺乏树木而被忽视。很多河流的风格仍然笼罩着维多利亚时代的情怀，有一本名为《水孩子》的奇怪的书，对此描述得最为淋漓尽致，作者是查尔斯·金斯利。

人们喜爱岩石密布的溪流，油画画家尤为如此，除了喜爱这类风景以外，人们还热衷于河口，无论有无航运和贸易，港湾都是极受人们青睐的风景，水彩画

图 C.3 Fingle 桥，泰恩河。19 世纪中期的典型桥景——上游、岩石多、有浪花、岸边的斜坡陡峭且树木茂密以及一座中世纪的桥。桥上缺一个身穿红色外衣的农夫。

画家特别钟爱这类风景。20 世纪后期，我们在我们的海滨地点和运河岸边不断建造了相当数量的高级公寓和别墅，而河口景观一直仍然保持着其经久不衰的时尚地位。海水的味道和桅杆上升降索的啪啪声，还有潮汐的瞬息变化和渡口千姿百态的航船以及各式各样的野生动物，所有这些都作为河口的魅力，引发人们的观光欲望。无论基于什么原因，这些河口滨水区地点现已成为富翁购买的最典型的高档景观，尤其是被那些对艺术文化怀有渴望的富人所购买。

在规模较大、风格高贵、充满浪漫色彩的河流类型中，毫无疑问，莱茵河是极好的典范，莱茵河曾有过极负盛名的时期，至少在英国人看来，19 世纪中期是如此；并且，最时髦的景点尤其集中在从南部的宾根到北部的波恩之间的莱茵河峡谷地段。蜿蜒的山谷常伴有树木繁茂的悬崖侧壁，以及葡萄园和城堡都如此趣味盎然，还有浪漫的传说，更使之魅力倍增，其中最著名的是罗蕾莱的神秘故事，而且，最伟大的浪漫主义作曲家贝多芬的出生地是波恩。因而，游览莱茵河并在巴登——巴登享受赌桌上的乐趣成为这个时期里的一项"必做的"活动，这是在英国情感中的极其明显的亲德倾向——毫无疑问，这在很大程度上是由于阿尔伯特亲王的名气所导致的。现在，这里属于"世界遗产地"。

有一些英国人无法尽享莱茵河风光或其他颇具浪漫色彩的内陆河风光——例如摩泽尔河、默兹河、德累斯顿附近的易北河——他们一直在开发自己家乡的"莱茵河"。其中之一是达特河的渡口；由于潮水的作用而形成这个"溺河"（被淹没的河谷，起因是由于英格兰西南部的海平面上升），如同它的邻近的河流（法尔河、福伊河、泰恩河、亚姆河）一样，都是英国颇具莱茵河风格的河流。在21世纪中期的时尚河流风景中，北威尔士也有一些杰出的典范，最著名的是位于康威的贝德盖勒特。

而近些年，低地乡间河流及其溪谷的风景也成为引人注目的焦点。毫无疑问，泰晤士河是这个类型的杰出代表，杰罗姆·K·杰罗姆发表的作品《三人同舟》（1889年）突出描述了牛津城下的一段河流，展示出所有最重要的特征，同时还有在河流上行驶的小船，风景栩栩如生。奶牛在河边延绵不断的草地上吃草，天鹅在河流上起起伏伏地漫游，溪流泛起微波；但景色安宁而平静，其风格与之前深受喜爱的水流湍急的高地溪流截然不同。在古雅的村庄也会有低地乡间河流，最著名的是库克姆，不仅在当时，而且在以后的时期里，它一直是艺术活动云集的地方，因为那里是肯尼斯·格雷厄姆（"柳林风声"）和艺术家斯坦利·斯宾塞的家乡。

然而，到了1870年代，在艺术、文学领域，以及在人们度假地点的选择方面，海岸景点的地位超越了河流景点。很多河流因污染而受到严重损坏，当然，伦敦的泰晤士河也是其中之一，它也是唯一从"大恶臭"之后刚刚恢复的河流。其他河流已被疏浚和被开凿运河，例如默西河、泰恩河和克莱德河，已在很大程度上被工业化，并且，在人们的观念里，它们并不是具有河流风光的景点，而是与船舶和工业有关的地方。

在我们的较为迷人的河流中，大多数也是鱼喜爱的地方，因此也成为钓鱼者喜爱的地方。在某些情况下，钓鱼可以营利，例如，在汉普郡的白垩地区的鳟鱼水域或威尔士和西北部的鲑鱼河段，都能有显赫的收入。因而这类河流是有关准入权问题的争论焦点。钓鱼者不喜欢被步行者或野外游泳者打扰，当然也不喜欢划独木舟的人。那些地段是临河的公共步行道，使用良好，但不允许进一步扩展。

湖泊

在画家看来，湖泊具有特殊的价值，但湖泊在景观方面的意义则更深刻得多。在图画中，湖泊具有一种技术上的优势，它可以充当一个中性的中间范围，连接前景和背景，并且不用伴有悬垂的峭壁。然而，湖泊极受人们青睐的原因却比较复杂，北威尔士和坎布里亚郡以及苏格兰高地的三个"湖区"的游客非常多，原因也并不容易解释清楚，这三个湖区都关联着一些重要名字：威尔士的画家理查德·威尔森；"湖区"诗人，特别是坎布里亚郡的沃兹沃斯（尽管这种时尚在时间上远早于诗歌）；苏格兰高地的画家斯科特，还有画家兰西尔。所有这些最重要的湖泊坐落在山脉地区，它们成为著名旅游胜地，并且，安德鲁斯（1989 年）对此做出了详细的旅行路线。湖上的岛具有特殊的地位，象征着神圣，这样的地方通常会有圣泉、修道院或类似的宗教建筑，与很多爱尔兰的港湾或马其顿的 Agios Achilleos 的情况类似。

湖泊的神圣属性不仅是基督教的传统，而且，奥尔湖和内米湖、罗马南部是古典的神灵居住的地方，因此，画家克劳德和那些游学旅行的画家曾对此多有描绘。但只有瑞士湖泊，尤其是日内瓦湖，有复制其他地方的标志性场景，也就是沿湖北岸的西庸城堡。尽管那时的在一段时期里，城堡与湖泊的结合显得魅力无穷，但拜伦仍然于 1816 年出版了《西庸的囚徒》。遗憾的是，英国的"湖区"没有这种与城堡结合的湖泊，而在很久以后，苏格兰高地才出现这种类型的景观，例如，尼斯湖的厄克特城堡和奥湖的因弗鲁里的城堡。但是，北威尔士的杜巴登城堡是特纳以及很多人最喜爱的地方。在绘画中，如果一个带有适度浪漫色彩的城堡没有湖泊的映衬，通常可能会加上一个湖泊，如同沃姆斯利在奥克汉普顿所做的那样。

如同河流景观开始包括活动和人一样，湖泊也是如此。20 世纪，湖泊更多的是被当做进行运动的场所，而不是绘画对象。在《三人同舟》中，泰晤士河只是被顺便用来当做进行某项探险活动的一个场所，同样，在亚瑟·兰塞姆的书中，设置了一个看似是科尼斯顿湖和温德米尔湖相混合的湖，并把这个景观当做航行活动的场所。后来，湖泊再次成为著名的、更高程度的极限运动的场所，温德米尔湖和科尼斯顿湖被用来当做挑战水上速度的极限运动场所，亨利·希格雷夫以及马尔科姆和唐纳德·坎贝尔创造了水上速度记录。

Andrews, M. (1989) *The Search for the Picturesque: Landscape Aesthetics and Tourism in Britain, 1760-1800*, Aldershot: Scolar.

Appleton, J. (1975) *The Experience of Landscape,* Chichester: Wiley.

Gould, C. (1974) *Space in Landscape*, London: National Gallery (No. 9 in Themes and Painters in the National Gallery).

拓展阅读 12   农场和农田

英国的土地有四分之三是农耕地，但在景观概念中，农场和农田的地位一直处在变化中，并且仍然是极具争议的。这种情况基于圈地运动的背景，大概只是在景观表象上的巨大变化，如我们现在所知，那些几乎没有树木、巨大的空旷场地被分割，通常是用树篱将它们分割成私有田地的模式，在这个过程中，景观发生了改变。虽然，在有些地区，尤其是在西部地区，这个运动发生的时间早很多，而且，景观历史学家一直对此非常关注并在整个圈地运动中做了大量工作（威廉姆森，2002 年），但"平野"或一流景观（见第 5 章，注释 2）被灌木丛取代。而本书关注更多的是所有这些变化是如何被感知的，并且，毫无疑问，圈地令人怨恨，那些流离失所的人以及很多有识之士都对此感到愤怒，如同戈德·史密斯写的《奥本》一样，他的著名诗歌《荒废的村庄》里的村庄（1770 年），对我们有所提示。它也涉及明显的农村社会分化，这往往是城市里的学生不能领会的。最高阶层是地主，通常是贵族或绅士，他们形成乡村和郡的上流社会；实际上，在小说里常常被称为"郡"。在这个阶层之下是他们的佃农，佃农支付租金并雇佣劳动者（一些技能高但更一般化的农场工人）。"农民"一词常常是指被雇佣的劳动者，而事实上，在很多书中，无名的劳动者被统称为"霍奇"。但农民是那些拥有一个属于自己的小农场的人，他们能够自给自足和支撑家庭生活。这类人在英格兰已经基本不存在了，而仍然存在于法国和其他很多南欧国家。这里面有很多交叠部分，因为地主常常自己经营自己的农场，也有很多佃农买了他们的农场，尤其是在"高级农业"没落的 19 世纪末期，废除《谷物法》之后，导致了农业利润的下降，同时，他们常常会把自己当做传统意义上的地主。并且，英格兰也有自耕农，在我们的观念中，他们具有良好的形象，他们是长期的业主居住者。

18 世纪，圈地和"农业革命"正值高峰时期，农耕被当做很受重视的景观，地位颇高，并且，绝不是只有托马斯·琼斯一位艺术家追随田园传统风格并赞赏田地景观（见第 6 章）；盖恩斯伯勒的画《安德鲁斯先生和夫人》得到了极大的关注，这幅画描绘的是年轻的乡绅和他的夫人以及他拥有的全部财产，包括他的田地。在养殖牛、羊、猪方面的成就通常也会被大加颂扬，公牛几乎成为景观的一部分并且深受喜爱，甚至可以与马媲美。在这种情形下，安德鲁斯先生显然为他所拥有的谷物并且能够使用条播机这种当时最新型的农业设备进行耕作而感到非常骄傲。地主与土地之间的关系变得极为紧密,尤其是在"农业革命"时期。尽管很多地主通常会在冬季移居至他们在伦敦的城镇别墅,但在一年的大部分时间里,他们都住在自己的乡村庄园。并且,当时的社会完全可以接受个人投入农业企业。汤森勋爵之所以成为"萝卜汤森",就是因为他对最新的农业技术创新感兴趣,但远远并非他一个人如此。养殖牛和羊常常是一种业余爱好。因此,在景观绘画的鼎盛时期,那些描绘乡村生活风情的图画的购买者往往是能够看懂图画内容的人。

但随着在21世纪发生的一些变化,对农村工作的观念也发生了变化,或许这不足为奇,因为那时风险已不复存在并且谨慎避免了骚乱。在这个时期里,大量的农业劳动没有被记录下来并且不受推崇,景观概念在很大程度上属于林地、海岸和河流、小路以及较后期的荒野和沼泽。当然,在这个世纪末期,农村劳动者成为人们对劳动尊严的崇拜的焦点人物形象,在这方面,最突出的引领者是托马斯·哈迪,尽管杰拉尔德·曼利·霍普金斯的诗《哈里农夫》或许是完美的范例。[1]但在高地地区时兴的是把农村劳动者展现为与英勇的行为更相匹配的富有英雄气概的形象。一些类型的农业活动仍受喜爱,并且果园开始受到关注,尽管之前它们已经存在很久了,但直到将近20世纪的时候才被关注,这可以从一些艺术家的作品中看出来,例如亨特的著名绘画作品《受雇佣的牧羊人》和苹果(见第8章,注释5)——果园作为旺盛孕育力的象征——还有新风格的印象派画家或甚至还有点彩派画家的作品。这类风格的作品须有一个合适的描绘对象,在水面上和在鲜花盛开、枝繁叶茂的果园里可以找到。

只有到了20世纪,圈地这种由各个小块土地组成的景观才终于得到正面的认知。那时,圈地带来的伤痛已被淡忘,不仅如此,还出现了推崇几何图形的时尚。在巴黎,立体主义的抽象观念很快被罗伯特·贝文等人引用并融入立体派景观中。英格兰已有几何立体模式的景观,而这种模式在这个时候才被认可、被刻画和被描述,艺术家用各种颜色描绘这种景观模式中的田地和树篱特有的线条,以至于后来变成司空见惯的俗套。在20世纪之前,很难发现各个田地拼接联成的巨大的全景摄影,但在1930年代,这种全景摄影成为拍摄国家景观的作品中常见的一部分,常常使用空中拍摄的照片突出展现这种景观模式。

因此,农舍和农场及其建筑物本身最终也成为受到认可的一种景观模式,尤其是在两次世界大战之间,那时的农业生产被迫走向毁灭;但农场主成为英雄式的人物，在第二次世界大战中的食物短缺期间，农场主的英雄形象尤为突出。W·H·哈德森描绘了威尔特郡的羊倌和农工的劳动场景，充分展示了劳动的艰辛和人物的英雄气概，但另一些作家的作品在很大程度上体现出乡村生活的浪漫气息。1930年代，伊登·菲尔波茨和玛丽·韦伯的作品描绘出乡村浪漫的色彩，然而，斯特拉·吉本斯的作品《寒冷舒适的村庄》却是对所谓浪漫乡村的极大讽刺，但这纯粹是一种反浪漫主义。甚至那些曾有过亲身经历的人，例如劳里·李和弗洛拉·汤普森，在回忆中也充满了恋恋不舍的怀旧情感。神话故事中面颊红润的女孩是一个绝不能忽视的部分；苹果酒就是醉了的罗西。而且，H·E·贝茨的作品《五月的花朵》的电视版使凯瑟琳·泽塔-琼斯从此步入了她的好莱坞生涯；怀旧的乡村浪漫情怀依然浓厚。"收获感恩节"成为一个重要节日，节日活动在基督教教会所举行，民谣涌现出来，稻草人变活了。显然，这看起来是乡村农耕景色，而不是乡村牧场景色。农家宅院和村落成为重点景观和旅游景点，那里的汽车就是很好的证明之一。铁路旅行能使寻求景观的市民到很远的地方游览那些著名的地标性建筑，而且，到达山区和海岸的铁路客运服务非常周到和精心。但汽车能使人发现距离汽车行驶的这侧车道只有几英里远的村落。

虽然农场的田园风格有农耕特征，然而在这种景观中当然要包括高大的骏马，很多作家都抒发了在田地里看到动物时的愉快心情，这使人想当然地认为一年中的八个月里都有这种情形，但实际上，这种情形在欧洲的大部分地方是非常罕见的。在人们看来，猪的形象一直很差，直到最近才有所转变，但羊群一直是很多景观必不可少的要素，奶牛也是如此。毫无疑问，这引发了很多人的喜爱之情，尤其是在区县里看到他们的当地品种的动物。

战争结束后的很长一段时期，农场主的传奇色彩在很大程度上湮没了正在发生的巨大的现代化变革。在景观方面，这或许表现在树篱大大减少，而且最明显的是田地的规模扩大了，不仅如此，杂草也减少了。我本人也有体会，1990年，我在东欧旅行，看到谷物地里盛开的罂粟花和矢车菊，我大为震惊，使我想到在我的孩提时代，这里曾是怎样的。湿地被排干，林地被清空。我随后又认识到，这不仅表明我们正在剧烈地改变着景观，而且我最想说的是，更糟糕的是，我们确实正在消减原生的动植物群，同时我们正在生产大量的、不可能出售的食物。我们仍在调整，而且，疯牛病和口蹄疫带来的震动有助于摧毁富有传奇色彩的农场主的民族英雄形象和救世主形象；并且，现在，大麦大亨和产业农民被看做是景观的敌对者，而不是朋友。经历了一段时期的以生产力为导向的模式之后，我们渐渐进入了以可持续发展为导向的模式，皮尔森和纳斯比（2008 年）提出，我们应该更进一步加强城市与乡村相结合的概念。但传奇的魅力使人难以抗拒，那种小型混作农场和传统的家庭自耕农场总能唤起人们的深厚情感，通过电视节目，可以看出人们对它的喜爱，在每个星期的大多数夜间电视节目中，常常有关于人们逃往乡村的情节。

Pearson, C. and J. Nasby (2008) *The Cultivated Landscape: An Exploration of Art and Agriculture*, Montreal: McGill-Queen's University Press.

Williamson, T. (2002) *The Transformation of Rural England: Farming and the Landscape 1700-1870*, Exeter: University of Exeter Press.

注释

1. 尽管我本人总能从霍普金斯的《茶隼》（*The Windhover*）中发现路线——"不足为奇：极其辛苦的劳动使犁铧深陷犁沟／夏因"——唤起人们对理想中的田园诗般的完美景色的憧憬。

11 知情者和专家

最近一些年，"内情"这个因素脱颖而出。当地人与临时参观者和旅游者对同一个地方或同一个景观的含义的理解存在差异，"内情"就是涉及说明这种差异的因素；但"内情"也有其他种类，特德·雷尔夫列举了一些类型的局内人和外来人（1976年），他关于"地方"和"无地方性"的研究在这一领域的理论中至关重要。然而，为深入浅出地理解有关局内人的问题，或许我们可以先看看那些家庭照片中的外面的景观。如今，家庭老照片作为"收藏品"，在很多情况下用于买卖交易，从街头手推车到拍卖行，都有一些用于买卖交易的家庭老照片，但是，收藏者所理解的老照片上的景物含义与照片的描述者、他们的后裔和那些了解他们的人完全不同。的确，这些局内人会在介绍他们的家庭老照片时说"那是我的祖母和大姨妈"，好像照片上的一切都不会有伪造的成分并且是真实的生活写照。在家庭局内人看来，他们与照片的关系是正确的，实际情况与照片完全一致，而这些照片变成交易的商品无异于"出卖你的祖母"。他们确信，最亲近的亲属是对这种财产拥有重大权力的人。

在很多方面，景观没什么不同，而且最重要的局内人是其拥有者。但土地所有权有很深的渊源，如果在属于自己的地盘上出现未经允许的进入者，我们大多数人都会有受到侵犯的感觉。契诃夫的作品《樱桃园》完全印证了这种侵犯感。这或许不能等同于睡醒后发现自己的卧室里有陌生人，但被侵犯感几乎同样强烈。在我的房屋外面，有一小块地方，足以停放一辆小汽车。这个地方非常容易被人误以为是公路的一部分，但实际上是属于我个人的财产。当别人也把车停放在这里的时候，我努力使自己礼貌对待，但仍有因被冒犯而引发的恼怒感，而这种感觉与是否我今天也需要用这个地方停车没关系。当公共人行道穿过属于土地拥有者自家范围的时候，土地所有者不得不维护公共人行道，他们需要适当的同情——尽管或许有时

不能完全如他们所愿，尤其是当某个地方对土地所有者的所有权没有给予全部认定的时候，只用自由保有的概念取而代之，在这种情况下，土地占用者有相当大的自由使用权，但不是他们希望的那种完全自由的支配权（图11.1）。

　　拥有的概念并不等同于所有权，前者的含义更宽。每个人都有自己感觉自己占有的地方，即使不存在所有权问题。最明显的例子是透过自家窗户看到的那块地方，但对大多数人而言，能产生这种感觉的很多地方都潜藏在记忆里，很可能产生于人生的很多阶段。就我个人而言，最明显的例子是那个有我父母的墓地的教堂院落，因此，在对那里的人情世故的理解方面，相对于外地人而言，我更偏于以知情者的角度去看待，有更偏于局内人的价值观（图11.2）。最近有一个案例，一个小教堂被售卖，那里被用来开发住宅，到目前为止，最大的法律纠纷是关于三个或四个剩余的墓地的准入问题，而当时已故者的后裔还活着。

　　而这种知情者的价值观包含很多方面，不只是占有权的问题。本地人

图 11.1　人行道。一条人行道正好穿过这块田地。农场主没有阻止它的穿行，但行人要径直走到门口是需要一些勇气的。

图 11.2　丁德尔教堂墓地，萨默塞特郡。虽然我从来都不是这里的居民，但因为我父母的墓地在这里，所以这里是我可以作为知情者的地方之一。

可以共同分享有关当地的人、某些地方和事件的回忆，他们往往排斥那些不能与他们有共同回忆的新进外来者。同时，属于本地人之间的共同回忆可以区分哪些人是本地人，哪些人属于新进外来者，而且他们或许完全不知道如何去分享这些。在知情者看来，这些地方所承载的意义几乎全都是与这些地方的人和事件有关的，一个有趣的练习是讲述"你所在的地方"并按这个格式写下来。对房屋的描述几乎没有涉及它们的年代或建筑风格，但只以它们的居住者为依据进行描述。在当地的人文环境中，能够体现当地的价值观的因素不是建筑的特性，而是当地居民的特性。同理，公共建筑物的意义是根据它们的功能和是否与你有关而定。开放的空间更有可能成为这些事件的场所：一个在一年的大部分时间里纯粹用来停车的场地也可以是举办一年一度的庆典、圣诞商业市场的地点，还可以是在发生火灾的夜晚，大家一起聚集的地方。知情者的含义是，他们通常是与当地的人和事件有关的人，这能使我们立刻辨别出他们与专家和学界的明显区别，以及几乎互不相符的特性，因为专家和学界的兴趣往往是那些适用于所有人的永久特征，包括历史意义和美学。在一项有关澳大利亚维多利亚的比奇沃思的小镇的研究中，汤姆·格利菲斯（1985 年，还有 1987 年）发现，"澳大利亚的国家信托机构"决定恢复 18 世纪的猪圈，而当地人对此感到甚为迷惑不解，那里的废墟显而易见；而当地人对 20 世纪早期的郊区住宅更感兴趣，城镇居民曾经"运营这个城镇"。建筑师却对这个郊区住宅毫无兴趣。

《欧洲景观公约》（ELC）强调的重点是景观评估与评价，而景观评估与评价是一项共同参与的事情，参与者不仅包括当地人，也包括所有对景观感兴趣的人，或许他们中的一些人与其感兴趣的景观相距很远，在某些情况下，需要乘飞机才能到达（例如对于泰晤士河而言，他们或许要从格林尼治飞到希思罗机场）。但在当地人参与的过程中，会出现最棘手的难题，这只是因为他们的想法的出发点以及思维和行为模式各不相同。在以当地人参与的方式下，需要区分两种情况的不同，一种情况是，当地的"知情者"以某些理由想达到保护一个地方或一个景观的目的，并且有明确的理论基础，例如，不能在这个场地内建造房屋，因为这里是用来举行教堂庆典的地方，或者以有关当地的知识为由——当风从西北方吹来的时候，那片区域常常发生水灾——另一种情况是，那些基于保守主义或邻避主义的思想而提出的保护理由（邻避主义的英文是 Nimbyism，是"Not In My Back Yard——不要占据我家的后院"的缩写，这个缩写词已渐渐被接受了，如同用缩写词 radar 表示雷达）。具有保守主义思想的知情者的目的是避免他们熟悉的地方有任何改变，或许他们能找出理由，他们一定会有理由，而且这些理由极具合理性，尤其是那些迁居到某些地方的人，他们成为居住在这些地方的知情者，而他们不是出于个人喜好才居住在这里的。"这里的环境或许并不完美，但它现在是我们的，并且我们不愿意别人对它进行'改良'，这会使我们感到对属于我们自己的地方没有控制权。"这种邻避主义思想并没有显得特别不合理。邻避主义思想认为或假想的是可能会对人体健康造成威胁，这是完全合理的。他们可能会接受需要有移动电话天线，也需要使用移动电话，但却需要别人承担因此带来的风险，例如，在他们的后院花园里安装一个移动电话杆，如果事实上有任何风险的话，他们宁愿让别人承担。现在，乡村的风电场普遍存在这种邻避主义的现象。在那些地方，危害人体健康的风险非常小，肯定不会造成伤害，但当地人完全不顾现实情况，而只注意所谓噪声和鸟类死亡等因素。当风电场归属社区以后，这些反对意见会大大减少，这不足为奇。拟建为旅游景点的场所引发出一种更具有决定性的当地的反响。

　　即便如此，人们有非常强大的能力去忽略自己不想看到的东西。我们拍摄了所有的照片，只是为了在图片上发现那里有我们以前没有注意到的电话线或其他视觉噪声。那些持续存在的周围环境的声音也可以被忽略。

　　当地的知情者作为一组人群、一个社区团体，他们的观点与外来者和专家的观点有根本的不同，后者会被政府分享使用。当地人喜欢私密，而私密有助于社区认识自己并有凝聚力。在一个成功家庭的柜橱里，有一些橱架上是能被普遍接受的物品且保存完好，橱柜里也有些地方保存着自家自由选择的个性物品。孩子们受到的教育是，不应该把任何有关他们父母的生活、收入、喜好和憎恶的情况泄露给所有的同学和朋友；同时，明智的父母也会给他们的孩子们提供相当程度的家庭团结的氛围。社区的情况也如此；知情者知道一些事情，但这些事情并不为局外人所知，从这些事情上就可以区分哪些是知情者，哪些是局外人。或许通过人们在地名上的读音，最能看出知情者与局外人的区别：住在托普瑟姆的人知道它的读音是"Tops-ham"，而不是"Top-sham"。除了土地所有权，字段名也是另一种典型的私密性标识。在查询某块地归谁所有的问题时，即便是已在那里居住了一辈子的人也显然对此了无所知，而这种情况非常普遍。在相对偏远的地区，这种在保密方面的自由权远远超出了合理的范畴，并且成为一种习惯性的保密，在小说中，常常对此加以讽刺，包括加布里埃尔·谢瓦利尔的作品《科洛彻米尔勒》中的法国农民或斯特拉·吉本斯的作品《冷舒适的农庄》。[1] 一些较近期的电影也突出刻画了当地人这种习惯性保密的特点，例如《当地英雄》（1983年），但没有鄙视，正如标题所暗示的。

　　专家的观点当然与之完全不同。学术界坚信获得公开发行的学识，更愿意并轻易接受的是那些能够理解惯用的特殊行业术语的人所表述的认识。对那些有失公正的理由，政府也是采取同样的态度。信息是一种知识，倚仗这种知识可以让人民纳税并能够控制人民。有时，政府机构或许没有这样的目的，而仅仅是希望提升人们对某个地方的认知度，或许为了开发旅游业；因此，他们绘制地图并树立标识，所有这些都会使当地标志成为国家象征。在战争时期，对这两种地区的有关信息都进行了严密封锁。当时的社区为了国家的利益而守口如瓶。从"陆地测量部"在全国地形测量中的定位对应情况中看出，国家行使的控制明显超过地方的掌控，全国地形测量源于苏格兰1745年起义后对高地的军事管制，而且，一直以来，在法国的格雷厄姆·罗布（2008年）也对此有详尽的描述，在那里，测量员曾被当地人杀害。专家和政府认为当地的信息应该公开分享，但当地人通常认为他们的内部信息被窃取了，尤其因为当地信息的掌控权现已落入外人之手。一个家庭希望能够掌控那些了解他们生活情况的人的信息，同样，一个社区也是如此。罗拉简·史密斯等人研究了澳大利亚的原住民妇女的故事（2003 年），并提出不能公开发布这些故事的要求，起初，这使学术编辑感到异常奇怪而惊讶，但如果所有的调查和地图被教区议会筛查，又有多少能获得通过呢？

至此，我们已对知情者这组特别的人群建立了概念——这组人群当然包括我们自己，因为所有人在某种情况下都会被认为是知情者——有时仅作为当地居民；但这并不完全是真实情况。知情的类型还有其他很多种，而也有一些当地居民并不是知情者。雷尔夫将知情者作了分类，包括那些存在判断的人，他们阅读过描述与某个地区有关的作品，例如，阅读过哈代的小说的人会感觉自己特别了解多塞特郡，像是那里的知情者，当然，这种类型的知情者对当地的认识与当地居民对当地的认识或许会不完全一致或相互冲突。

还有一些地方，无论我们是否是那里的居民，都会使我们感觉像是那里的知情者。最明显的例子或许是我们常去度假的地方或是我们的假日别墅所在的地方。就我而言，它是苏格兰莫文的一个小海湾，三十多年来，每年的复活节，我和家人都是去那里度假（图 11.3）。因此，我认识那里的很多人，并且熟悉那里的条条小路和座座山冈；我们知道哪里是鹰的巢以及哪里是海豹常去晒太阳的地方。我们清楚哪里是我们的女儿跌落瀑布的地方；以及其他我们有过亲身经历的地点。我们每年都有到同一个地方游览时的快照，但所呈现的景象各异，从而看出树木年年生长以至于遮挡了原来清晰的石堆纪念碑。但这并不说明现在的当地居民认为我们也是和他们一样的当地"知情者"，因为我们仍然没有涉入和知晓很多当地的隐秘信息，或许最重要的是各个家族之间的关联：当地人了解谁是谁的表亲或堂兄弟姐妹。因此，我以前曾经在一些地方居住过，当后来再经过那里、看到曾住过的房屋时，发现它已被改变；就一些景观而言，你曾经是那里的知情者，而如今你要学习经历的是两个过程——一个过程是，现在开始成为那里的知情者，另一个过程是，不再是那里的知情者。这两个过程的关键因素通常都是当地的人。关键的一点是，你以前居住在那里时有曾经相处的邻居，而如今，他们或许已不在人世，或许已搬迁，当你漫步在那里时，发现故人已去，遇见的都是陌生的面孔，种种迹象都不能表明你曾经

图 11.3　利兹代尔，莫文，西部高地。一个度假别墅，我们觉得自己是那里的知情者，但当地居民并不认为我们是。

是那里的知情者，而且，当地人认为你现在也不是那里的知情者。小说家弗洛拉·汤普森在对从前居住的牛津郡的村庄的描述中，生动挖掘了人们的这种感知。[2] 因此，很显然的是，不仅有不同类型的知情者，而且还有不同程度的知情者。有时，这可能只是语言的问题。连续每年把一组学生带到捷克共和国的同一个城镇，我本人和这组学生之间在理解上的差距会不断扩大。语言是最重要的元素，特别是在人文景观中，有很多含义丰富的提示标识：街道上的指示牌、宣传海报、商店名称、纪念碑。起初会认为捷克语这种斯拉夫语言似乎不会有什么含义，它与拉丁语和德语也没有多少关联；但渐渐会学习并读懂标牌所显示的特有含义，不仅是从文字上明白，而且还能理解其中的隐喻，因而才感觉自己有点像是一个知情者了。然而，学生通常都应该从头学起，如果标牌上的文字是 "DO not enter, minefield"，从字面上的表面理解是"危险区域，请勿进入"，而其实它的含义所强调的是"这里有致命的危险，绝对不能进入"，对于不能读懂当地语境特有含义的外来者而言，这是极其危险的。

　　还有一些景观外部特征能引发我们作为知情者的感觉。一些读者或许与"英国板球总部板球场"或纽卡斯尔的"圣詹姆斯公园"有特殊关系。这非常接近于圣地的问题（见第 8 章），但这也与当地的内部知识有关。对从未涉及过高尔夫运动的人来说，高尔夫球场是一个格外难以解读的景观，而且，就所有的功能性景观而言，总有一部分人能解读所有的功能含义，例如，在机场里、军队的训练场地，特别是在农田里。当树木栽培家在林地里漫步的时候，他们的体验与其他人完全不同，他们用心观察物种和所有树木的生长条件，而旁人几乎察觉不到他们的所思所为。在海岸，有些人是只在海边的"旱鸭子"，还有些人或者是在海上，或者是既能读懂陆地标志、又能读懂航海标志的人，他们与"旱鸭子"的区别是显而易见的。

　　在针对某个景观问题的决策过程中，要求有对这个问题感兴趣的各方人士的共同参与，但这种对参与的要求往往吸纳的只是专家型的知情者，而把热爱家乡、满怀情感的"当地的"大众知情者排除在外。但近年来，"当地的"已成为一种重要的特征元素——当地的商店、当地特产、在工作地点的附近区域居住，这与全球化相矛盾，结果是在某个地域范围内的集中化，形成当地的独立经济体系，甚至为了摆脱国家电网而独立形成微型产能系统——在这种情况下，容易忽视那些其实更愿意走出圈外的人。很多人都有过这样的经历，在十几岁的时候，渴望离开家乡——一个自己是知情者的地方，因为是知情者，因而已熟知这里的每一个人——走向一个不知名的地方，在大千世界里分享全球化的文化并汲取营养。有些人更喜欢"没有固定位置的"地方，例如机场。在大卫·杜兰横穿大澳大利亚湾的过程中，他在卡尔古利下车，选择在城市游览，在那里，有人带他去了肯德基、麦当劳和一些奥特莱斯经销店，令他感到惊奇，而且，当地人渴望显示出自己也是这个全球化世界的一部分（杜兰，1999 年）。通常，在偏远村庄的人，尤其是一直生长在偏远村庄的人乐于接受街灯、双黄线和汉堡快餐店。这种渴望挣脱的意愿是为了获得自由，众所周知，岛民乐于走出自己熟悉的小岛，到大陆地区消遣，这或许能给他们带来舒适的感觉，但也或许令他们窒息。

　　有一些组织极力促进当地团体弘扬当地历史遗产，"共同土地机构"就是这些组织之一[3]，它是一个小型的非政府组织，它发表了大量的信息资料，其中不仅包括如何保护当地的特色景物（金和克利福德，1985），而且还包括具体的景观文物特征，例如果园。他们早期从事的工作是绘制教区地图，被广为传播和实施，它运作的方式是，召集整个社区的人绘制他们各自所

图 11.4　温普尔文物中心，德文郡。这是当地人为新来的人而设计的。

在地方的地图，地图上包括所有具有当地特色和价值的景物，这种做法当然会受到当地议会乃至以上各级议会的广泛尊敬。然而，这种做法显然也将信息进行了公开化，而其实，有些人出于保护社区凝聚力的想法，或许更希望一些信息不向社区外泄露。不足为奇的是，那些积极促进"共同土地机构"在地方层面的项目的人往往是"新农村"的迁入者，他们本身就是经历乡绅化过程的人。位于德文郡东部的一个村庄的建立，本身就是修补"老村民"与新进者之间的关系，主要是去往埃克塞特的通勤者。由于工厂关闭，他们得到了一笔足够的钱，然后决定用这些钱建造一个文物中心（图 11.4）。在面对"这是为谁而建的？"这个问题时，他们的回答往往不同寻常——"为了吸引游客"——而更出人意料的回答是"我们是老村民，但所有这些新村民都想感受这个地方的特色，即使他们或许不会在这里居住很多年，这些也是他们需要知道的"。很难说这种意愿是错误的。他们还有一种思想是"是业余的比是专业的更重要"，并在专业知识领域和商品化方面引出了另一个元素，因而产生了"地方主义"占据最重要的主动权的现象之——生态博物馆。

在大多数文化领域里，包括艺术领域，当然也包括设计领域，都会有一个质量评判体系。几乎无可置疑的是，就音乐能力而言，专业乐队或国家乐队比业余的地方音乐团组强，但是，就对所在地区的社会价值而言，后者的价值肯定比前者的价值更大，因为专业乐队不过只是偶尔到这个地区来进行年度音乐会的演出。与之大体相同的情况是，与景观有关的文物设施的设计或与更容易被局限在博物馆里的小型人工制品有关的文物设施的设计。专业的标牌和信息设计无疑在提供信息的效率上具有优势，而这些信息的提供对象是特定的一系列观众。爱德华·塔夫（1990年）列举了一些非常经典的实例。但如果专业人员把这些相同的原则用于一个当地的景观，或用于一个乡村博物馆，由于极其强调设计性，会致使这个地方变成一个主题公园。这种情况极易发生于那些属于"国家信托机构"所有的受保护的地方，甚至抑或是在我们的"国家公园"里；看起来，这些解说词往往更关注的是促进"国家公园管理机构"的工作，而不是告知有关景观的信息。这些文字说明显得杂乱无章，甚至或许是很难读懂的"方言土语的标牌"，这种现象表明，这个地方属于零散的个体团组，可能在这里聚成一个社区，而并不是由一个系统的机构进行统一管理。这些公司似乎无法使自己树立一个自身的品牌形象。

生态博物馆的设计理念是基于解决这一难题，而使用"被设计"一词（字面上很像与它相似的"指定"一词）会使人立即联想到一种自上而下的活动。这个概念基本上源自法国，最早期的实例之一是在勒克鲁佐，位于勃艮第的一个荒废的工业煤场乡镇，那里曾是施耐德电气机车和军械厂的所在地（图11.5）。这个项目是为当地人而设立的，并且由当地人实施，目的是为了实现当地人的愿望，唤起乡镇人民对自己的历史和现状的自豪感。它并不是针对旅游业而设计的，这种理念与最近出现的一种观点非常一致，这种观点认为，有关历史文物的项目最好以针对当地人的内部需要为目的。而外部人、游客也将会明白项目的目的所在，而且很高兴地发现，其实有些东西并不是针对他们的。虽然生态博物馆确实有一个实体建筑，也以传统的方式对当地的历史进行展示，但它还包括一个有关其他建筑物及其通道的网络，以及一个能够使之相互关联的管理系统。这种做法以及将"民族历史"作为一个重要的展示部分并显现景观在其中的重要性，这是大多数博物馆所没有的。有关民族历史的文物，除了被保护在博物馆里，也很有可能被保护在历史原地。其他一些具有乡村特征的生态博物馆，例如洛

图 11.5 勒克鲁佐，勃艮第。博物馆主体建筑在这个以前的城堡和玻璃工厂里，这是构建这个生态博物馆的网络的中心。

泽尔的生态博物馆，其设立目的是促进萧条和偏远的乡村地区的经济发展，它们通常还包括被保护的农场（戴维斯，1999 年）。目前，这个概念广为扩散，已传到加拿大、意大利，尤其是像斯堪的纳维亚这种具有包容性并基本保留着局部方向的地方。当然，一些问题也会随之出现，也就是，我们的后代或许不会再有这样的热情，而且，将来肯定需要从外部引入更优质的人才作为博物馆的管理者和职业人士（霍华德，2002 年）。当"生态博物馆"的概念得到一些国家的共鸣并作出响应时，另一些国家在各自的背景下也实施了类似的举动。一些国家建立了民俗博物馆，例如威尔士，博物馆扩展并进入到周边的景观，同时，在英格兰，"国家公园"的有关机构发起了非常类似的项目计划。因此，一些博物馆的项目已进入被保护景观的管理业务领域，同时，一些景观管理机构已进入博物馆和文物中心的建设业务领域。对各方而言，通常都会遇到同一个难题，即如何平衡来自地方和业余人士与专业界、外部和职业人士的观念。

在景观管理方面，最难解决的问题之一是如何作出决策，而这些决策将会影响未来景观，最难的问题就是：当地人参与的问题，因为这是他们的合法权利，以及如何将当地知情者的意向与外部人的需要相结合的问题，无论是在国家层面，还是在地区层面，都存在这个难题。同时，由于《欧洲景观公约》的签订，使法定的对参与的需要成为神圣而不可侵犯的权力，因此，英国政府探寻一种有关快速跟踪计划申请的系统，以免地方的反对意见否定国家需要的发展计划。

专家

还有一种"视角"是从专业的角度看待景观，专业知识能够改变我们对一个景观的观点。从某种层面上来看，这种情况非常明显，例如，对鸟类学家、步兵或考古学家来说，能吸引他们的景观元素、景象和声音会各不相同。但这里指的专业知识是学术界的专业知识，这些专业知识或许直接涉及某个大学，也或许与众多的半官方机构之一有关，总之，它们对有关景观的问题都具有重要的作用。

作为1960年代的地理学科的学生，我吸收的景观观念基于源自各类地理学校的历史文献的思想体系，并接受的是历史学家威廉·霍斯金斯的理念。在此期间，其实没有人告诉我这是学习景观知识的唯一途径，也没有人说只有这种学习方法是正确的，而我后来才意识到这一点。直到我进入了一所艺术学校以后才突然发现，对景观的含义可以有完全不同的理解，并且可以通过不同的途径和方式学习景观知识。因此，我发现其他一些完全不同于我之前学习的景观知识的传统专业里的一些学科也与景观学有关，例如考古学或生态学里的某些专业知识，对此，我们已在第一部分论证了有关这方面的景观观念。

这些不同的景观观念一直对地方管理有很大的影响。被调查者需要知道的事实是，所有提问者都有各自看待景观的视角，而我的调查对象需要知道，我对他们这个地方的观点肯定是基于一个地理学研究者的兴趣，并且我的问题首先会是"在哪里，以及为什么是在那里？"所谓"专家"视角可被分为两种情况：一种是更纯粹的"专家观点"，与属于哪个具体专业无关，而我们需要考虑专家如何与非专家（通常是当地人，但也不完全是）互动。另外一种是所谓"地盘之争"，更确切地说，或许应称之为"多学科的"视角，在这种情况下，需要平衡来自多个专业领域的观点，才能实现对大多数景观的管理。

如同当地的知情者一样，学术界的专家也都有各自的既定议程，政府和旅游者也是如此。接受这个事实并将这些既定议程公开化，同时进行开诚布公的讨论，这是重要的、比较新的做法，这通常是成功的景观管理过程中的一部分。或许一些景观专家认为自己是不偏不倚的裁判员，能够客观、公正地权衡各方需求，最终会作出一个正确的决策。专家渴望寻求真相，在他们的议程中，肯定要把探究事实作为重要环节，而当地人所关注的并非如此，他们相信传说中的神秘故事，并把当地的神秘传奇作为目的和议程的重要部分，因此，两种议程目的相互碰撞而矛盾凸显；同时，或许旅游业以及满怀地方自豪感的当地人士，或许还有新闻界都不希望用事实真相揭开这些传奇故事的神秘面纱。有一些景观本身充满了传奇故事，极易使景观富有神秘色彩，"萨默塞特水平面"是一个特别典型的例子，这些传奇故事包括耶稣光顾格拉斯顿堡、在阿瓦隆的亚瑟的骑士、阿尔弗雷德国王在阿塞尔内燃烧蛋糕。而如果想知道这些传奇故事背后的真相是什么，需要认真作大量的探究才能确定! 在如何平衡学术界发表的论据确凿的真相和确实颇具神秘色彩的传奇故事方面，有关巨石阵传奇的解释是一个范例。

毋庸置疑，学术研究将会不断深化和发展。学术界也仍将信赖他们发现的、公开发行的真理。随之而来的是，专家会与一些来自其他方面进行景观问题论证的参与者在观点上产生冲突。负责"英格兰遗产"的机构发布了一个项目，所有在网络上列出的建筑物都要有摄影照片。[4] 在这些建筑物中，有一些属于私有财产，这些私人拥有者希望保护他们的隐私和安全感，当然不愿意让全世界都看到有关他们财产的照片。同理，当地社区通常也一样希望在其社区范围内保有属于他们的私密，一个家庭亦是如此。人类学家尤其需要意识到有关某类人群所有的秘密被公开化的问题。目前有一个动向，从当地人中获取"传统知识"，这种做法极易使人认为掌握这些知识的人完全同意这种做法。但或许他们根本不同意。通过某些情况，他们或许才渐渐明白，学术界通过发表他们提供的知识来提高自己的名声，而且很可能制作成电影和拍摄照片并通过媒体和新闻界公开发表；同时，当地人将发现，很多人会因此赚钱和获取文化资本，而唯独他们一无所得。

学术界确实非常关注未来，尤其是有关他们所从事的学科的未来。在探讨保护历史遗迹的谈论中，无论是针对纪念碑这种类型的历史遗迹，还是针对更宽阔的景观类型的历史遗迹，几乎没有讨论过是否应为这些历史遗迹的继承者、我们的子孙后代的需要着想，而只是为了给有关专业的学生保留学术研究所需素材而保护历史遗迹，这种情况令人惊奇。

博物馆通常被分为各类不同内容的展厅，各类内容的展厅由相关领域的专家负责工作——地理学家、艺术历史学家、考古学家——对于更宽阔的景观类型来说，同样如此。大多数景观表面上属于某些人所有，但在某种潜在的意义上，也属于某个学科，很像一种知识殖民统治。总体而言，专家非常乐于参与其中的有关事项，但这种参与通常在很大程度上只是一个单向的过程。我们专家将告诉你们这些当地人，为什么这个地方如此重要和我们将要对它怎么做以及我们要你们进行帮助。雪莉·阿恩斯坦（1969年）很多年以前制作了"参与情况的梯形图"，表明最上面的梯级属于当地的控制（见"拓展阅读6　参与和交流"的相关内容）。在这种情况下，专家肯定持非常谨慎的态度，因为地方观念极易导致"错误的"决定。因此，专家在讨论中尽力使用行业术语，故意要使自己"凌驾于"当地人，最近，一些高学历但确实对专业知识一知半解的人很可能也被包括在当地的决策领导层中了，在这种情况下，他们就不使用行业术语而故意"凌驾于"当地人了。专家们非常乐于召集公开会议，但前提是，他们在开会前就知道，将要参会的人几乎肯定会同意他们的观点，因为这些人都是他们在学术和专家观点上的支持者。地方议会至少在理论上是代表当地人的，或许会提出一些难得多的问题，特别是在需要投入经费的情况下。

当地的知情者确实期望能够利用专业知识。考古学家对景观特征进行鉴定并得出确定的结论，艺术历史学家对绘画进行鉴定并得出确定的结论，这都是专家本应发挥的作用。同样，专家可期待探究这类问题的真相："这个场地木边栅栏非常独特，它是欧洲唯一现存的此类风格的门"，而另有说法是"仅在这个国家里就有上千个这种类型的门"。专家还被认为应该表现出与一般受过教化的人有所不同，因为他们受过专业教育并能将专业知识传授给别人。如果专家想在审美判断上施展权威，而大多数人期待的其实是专家的专业评判，在这种情况下，问题就会应运而生。当景观评估似是而非，且假设了一个徒有其表的正确结果，当地人将会迅速揭发其中的荒谬。

在本章中，我们并列论述了两种"视角"：知情者的视角和专家的视角。有充分确凿的理由能够表明这两种视角处于对立的矛盾状态，尤其是在英国，传统上潜在的专家离开他们的家乡，去往英国的另一个地方上学和深造，也就是，从他们是知情者的地方迁居到另一个他们是外来者的地方接受教育。当再回到家乡时，会以一个新的、受过教育的专家型外来者看待"自己的家乡"，这是一种奇异的经历。在法国，学生在当地上学，这或许对这种差别具有非常深远的影响，目前，英国的这种现象也日益增多。赖利和哈维（2005年）致力于使学术界人士和当地人合作，共同进行研究，或许这种工作模式将会越来越普遍。

参考文献

Arnstein S.R. (1969) 'A ladder of citizen participation', *Journal of the American Planning Association*, 35/4, pp. 216–24.

Davis, P. (1999) *Ecomuseums: A Sense of Place*, Leicester: Leicester University Press.

Dolan, D. (1999) 'Cultural franchising, imperialism and globalisation: what's new?', *International Journal of Heritage Studies*, 5/1, pp. 58–64.

Griffiths, T. (1985) 'National heritage or town history: Beechworth in the 20th century', *Australian Cultural History*, 4, pp. 42–53.

Griffiths, T. (1987) *Beechworth: An Australian Country Town and Its Past*, Richmond, Victoria: Greenhouse.

Howard, P. (2002) 'The eco-museum: innovation that risks the future', *International Journal of Heritage Studies*, 8/1, pp. 63–72.

King, A. and S. Clifford (1985) *Holding Your Ground: An Action Guide to Local Conservation*, London: Maurice Temple King.

Relph, E. (1976) *Place and Placelessness*, London: Pion.

Riley, M. and D. Harvey (2005) 'Landscape archaeology, heritage and the community in Devon: an oral history approach', *International Journal of Heritage Studies*, 11/4, pp. 269–88.

Robb, G. (2008) *The Discovery of France*, London: Picador.

Smith, L., A. Morgan and A. van der Meer (2003) 'Community-driven research in cultural heritage management: The Waanyi Women's History Project', *International Journal of Heritage Studies*, 9/1, pp. 65–80.

Tufte, E.R. (1990) *Envisioning Information*, Cheshire, CT: Graphics Press.

练习

1. 如果你是某个地方的知情者，画出那个地方的地图。这张地图或许只表明它是你曾居住的地方或是你定期到访的地方，抑或是你与那个地方有某种特殊关联。但你还应该画一张你现在居住的地方的地图，并画出你认为你可以作为"知情者"的区域范围，标明区域的边界；毫无疑问的是，它不会是一个单纯的地区，因为那里很可能会有一些你常去的、在邻近区域之外的商店，也会有一些与你非常邻近的道路和设施，而你却从来不去造访。有一个好方法可以测试你的知情程度，问题就是，你是否希望了解那里的大多数人，或至少想能识别他们。

2. 有关未来的规划过程，应在多大程度上由当地教区或行政区议会掌握？先想想景观规划是在政策所触及的范围更广的情况下制定，从防御系统到健康和教育方面的政策，这些思考或许有助于回答这个问题。专家应掌握多大的权力？

注释

1. G. Chevallier, *Clochemerle*, Paris: Presses Universitaires de France, 1934;
   S. Gibbons, *Cold Comfort Farm*, London: Longmans, 1932.

2. F. Thompson, *Still Glides the Stream*, Oxford: Oxford University Press, 1948.

3. http://www.commonground.org.uk.

4. http://www.imagesofengland.org.uk.

拓展阅读 13　乡村

　　乡村景观作为一种景观现象，不可能有一个十分全面的定义涵盖它的所有特性，它确实有很多与小集镇相同的景观特性，但尽管如此，乡村景观仍不同于城镇景观。其中一个根本的区别是，乡村景观充满"乡村的纯真"，这与"城市的复杂"形成鲜明的对比，这种区别已在本书的有关章节提到过。城市的复杂往往伴随着险恶，而在郊外，包括村庄，一直以来都被认为是没有任何政治色彩和安全的地方，虽然这种安全或许也伴随着平淡和乏味。

　　现在，在我们的观念里，英格兰的村庄是一种极其常规的景观类型，但我们惊奇地发现，我们一直总是不从正面的角度认识它。奥利弗·史密斯的《甜蜜的奥本》始于1770年，他的诗作《荒芜的村庄》表达了对圈地的反对，而对村庄的赞美或细微的情感描述肯定是在很长时间以后才比较常见。在早期的一些旅行讲解中，例如在西莉亚·法因斯和丹尼尔·笛福描述的内容中，几乎对农村居民的居住情况不屑一顾，常常把他们描述成在泥地和茅舍里生活的游荡不定的人群。"茅舍"一词尤其常见，尽管它不像现在所认为的那样饱含贬义，但显然也不是一个表示赞许的词。曾经出现过一些关于茅舍是否能被看做是如画般的景观的讨论。这种早期的旅行者抱怨道路的糟糕，他们赞美的居民住宅大多是清洁和具有现代感的建筑。这在很大程度上是局限于集镇的范围，而不是村庄，也正是在集镇，马的用途被改变成这些旅行者的交通工具。

　　随着农业劳动成为一种有尊严的工作，村庄与沼泽、沼泽群落和荒野等这些地方才变得格外引人注目，在国家发生了高度城市化的变化以后（大约1851年人口普查的统计情况），国内的富人在农村生活的普遍性减小了很多，但内陆村庄只能等很久以后、大约在20世纪以后才出现这种情况，因为内陆村庄比渔村受到的认可度高，这在本书的第8个拓展阅读里有关海岸的讲述中提到过。由于内陆村庄主要从事的是农业活动，所以直到1920年代，当中产阶级拥有自己的汽车、有能力到农村的各个角落参观的时候，村庄才开始成为一种成形的景观概念。火车的行驶路线通常基本上只是从一个城镇到另一个城镇；而汽车能把人带到田地旁并在它的门前逗留，也能把人带到偏远的村庄并考察那里的小酒馆和教堂，尽管骑自行车也能参观到当地的各个地方，但在这方面，自行车的重要性一直也是被低估的。

虽然在苏格兰并不明显，但这是一个全国范围内的普遍现象，尽管如此，只有两个地区成为英格兰村庄的原型地区。一个是科茨沃尔德，迅速成为乡土建筑原型，在有关的摄影中，洛厄·斯劳特的作品或许是最精彩的。墙壁和屋顶都使用了鲕粒岩状的侏罗纪石灰岩，这是核心特征。美学领域的精英把目光移向科茨沃尔德的村庄——威廉·莫里斯研究凯尔姆斯科特，拉尔夫·沃恩·威廉姆斯研究下安普内——同时，奇平·卡姆登成为制作工艺复兴的中心。事实上，那里显然是工艺美术运动所在地的基础原型。

另一个中心地区是英格兰东南部的"旷野"，尤其是南部丘陵以下的村庄，例如阿丁雷。这里的重点之处更多的是在其布局和活动方面，而较少在乡土建筑方面。鸭子池塘和村庄的绿色——有时还有板球运动，以及村庄小酒馆，在小酒馆外面，三个绅士正在喝着淡味啤酒和苦味啤酒混合而成的啤酒——这些情景是这里的主要特征。传教牧师骑着自行车。这显然也是阿加莎·克里斯蒂和这个时期的很多其他作家所描述的村庄景象（圣·玛丽·米德），这已成为一种主要的英格兰景观情景，目前在"杀机四伏"中有生动的展现。

通过仔细绘制常被描绘的村庄的地图，可以逐渐发现其中的某些倾向性。例如在德文郡的一项实践活动，显示出某些常见的元素。房子倾向于分散式的，并且杂乱无章，而并不是笔直成行和阶梯形的。这些建筑本身是一个圆形，也不是很有规律。石板或瓷砖通常被茅草覆盖着（然而不会高于当地的旗标），而墙壁被花岗石和穗轴环绕着，而不是砖块或琢石。村庄的绿色当然是一种格外赏心悦目的景色，水也一样；在没有大海和河口的地方，如果沿街有一条溪流，则使景色平添魅力。

"沿北方向且地势越来越高的"村庄景象更加难以被探寻到，其海拔高度越来越高且与奔宁山脉的约克郡一面紧紧相连，然而《湖区》的几个村庄场景历来也是被大加展现的场景——这种模式的场景一直在电影和电视节目中大放异彩，其中，《心跳》中的场景或许是最著名的例子；但在此之前还有《万物生灵》和《最后的夏日酒》中的场景。当然，别的地方也有受人喜爱的乡村景象，但它们往往仍不能超越已有的传统式村庄的类型：渔村、科茨沃尔德、苏塞克斯和约克夏。一旦已建立了这些类型，也就是在 1920 年代和 1930 年代期间，固化了这些类型的模式，从此以后，这些类型模式便一直得以延续，只对典型的景象模式作过略微的修改，这在电视连续剧中有清晰的体现。当然，世事变迁，万物皆变，无论是外面的世界，还是内部的社会结构。尽管如此，自从很多中产阶级人士（但不仅是他们）决定享受乡村生活以来，直接促使很多村庄一直保持着生命力，而且，在略微可见的变化中日益繁荣。

在村庄的中心地带通常会有教区教堂，即英格兰教会教堂，一般总是位于教区最古老的建筑之中，而这往往是村庄的原始核心地点的标志。在大多数有关"郡"的系列书中，认为教堂一直都是最具重要意义的建筑，在这些书中，最著名的是亚瑟·米写于1930年代的著作。另外，有时教堂在中心区域以外，可能位于一座神圣的山冈上，还有一个非常常见的情况是，当这个地区被安排迁移至最接近公路的地方时，教堂被废弃的过程往往是缓慢的。一些位于山顶上的教堂或小教堂一直是具有特殊重要意义的景观特征，例如位于萨默塞特郡的格拉斯顿伯里山丘。在英格兰，还有一些并不十分引人注目的教区教堂，它们通常被绿草苍苍的墓地环绕着，19世纪中期，这是一种独特的时尚景观。的确，当村庄和集镇所组成的景观还没进入有魅力的景观范畴时，教堂通常被认为是最有魅力的景观。教堂从前一直是古文物研究者感兴趣的景观，自19世纪中期以来，它们成为美学趣味的焦点，并且，19世纪后期，实施了大规模的修复，在很大程度上被认为是进行改善。但修复活动遭到了一些唯美主义者的强烈反对，例如罗斯金和莫里斯，引导创建了"古建筑保护学会"，以及有关维修的政策，而不是修复。

拓展阅读 14　城镇

城镇与景观概念之间的关系难以确定。《欧洲景观公约》的定义表明，城镇显然与景观具有深刻的关联性；当然，城镇是这样的地方，即它们的意义在深层次上取决于那里的居民和游客。的确，如果我们想要通过这些地方被造访的次数或被赋予的意义的多样性和深度来评价这些景观的重要性的话，就会得出城镇和城市显然比乡村重要得多的结论。但在一些传统观念里，城镇根本不是景观。法语的"paysage"一词（"景观"）也是指"农村"，而且，在艺术传统中，城镇往往也被看做是与景观概念完全不符的地方。就很多艺术家而言，他们通常去往与自己所在的地方完全不同的景观地区进行绘画，描绘大都市的生活景象，那里是他们集会和供职的地方，例如盖恩斯伯勒。城镇并不具有乡村的纯真。那种表面上显示出的纯真是自古希腊之后的乡村文化观的产物，是虚幻的，如同我们一直以来所看到的。乡村里伴随等级和群组争议而引起分裂的情况或许比城镇更明显。英国贵族的定义在很大程度上是根据乡村土地所有权和如今保有财富的习惯而确定的。但"天真的神话"是魅力无穷的，并一直得以延续。如今，迁居乡村仍是寻求纯真的一种方式，不仅为了逃离城市的肮脏和贫穷（以及远离又脏又穷的人），而且为了逃离城市特有的腐败的政治和金融勾当。在城镇工作，在乡村休闲。因此，如果景观是逃离目的，而逃往的目的地是乡村，这显然说明城镇既不是具有纯真风格的地方，也不是景观。

关于城镇是否属于景观的困惑导致了一个合成词的产生，即"townscape（城镇风光）"，尤其是受戈登·卡伦和1950年代发生的"城市信托运动"的影响。一段时间以后，凯文·林奇的重要研究成果《城市的形象》（1960年）促进构建了关于人们如何理解其所在地方的方法，并且从此以后有了丰富的资料。一直以来，意境地图技术在很大程度上基于城镇和城市，那里的受访者应邀构建一张他们所感知的那个地方的地图。

长期以来，城市风景远远不止是城市里的风景，文艺复兴时期的很多意大利绘画中都有从山冈上眺望遥远的城市的风景，并且，由于城市肯定是一种极具代表性的常规居住环境，因此对绘画爱好者来说，可以将其描绘的城市风貌作为绘画中的参考点。从扩展的层面来看，可以主张并说明的是，景观的整体概念实质上是由城市富人构建的，而农村的劳动者对此理解不多。当然，城市的常态可以分为两种：它可以是人们逃离的地方，从城市逃往乡村，乡村是景观，供应食物和服务的地方，包括现在我们所说的"生态服务"。城市居民倾向于认为，周围的乡村依靠中心的城市，而事实上，城市与乡村当然是相互依靠的关系。同样，当乡村不再是质朴的景观，并且变成一个险恶的地方，或许出现了社会性质的威胁，也或许是在气象方面的危险，这时，人们还会重返城市，而城市就变成了避难的地方。冬季的乡村潮湿和寒冷，而一个小社区的社会监督使城镇尽显自由，如同很多青少年发现的那样，城镇是一个自由的地方。

大多数大型城镇都有一个或多个常被用来观望景色的地点。最典型的观望视角是从高处眺望，或从一个有宽阔视野的河边低位观看。通常，从海格特或汉普斯特德观看伦敦的景色。而观望埃克塞特的景色，通常是在码头周围，最著名的如同特纳描绘的那样，或从 Exwick 山冈上向西眺望。找到这些重要的观景地点很有用处，因为，很多风景已被不断出现的建筑和树木所掩盖了，而事实上，在19世纪里，城镇几乎不被认为是景观，而且，认为城镇是景观的观点已完全过时了。毫无疑问，这或多或少与城镇越来越糟糕的卫生状况有关，也与城镇里一些过度拥挤的地区的脏乱状况以及令人越发无法忍受的蒸汽和气味有关。1858年，伦敦发生了"大恶臭"。的确，1800年之前的十年里，在"皇家学院夏季展"的景观图画中，描绘伦敦的图画几乎占12%，而截至1860年的十年里，这个比例下降至2%。之后又上升至20%，这是由于20世纪的都市艺术导致的结果。

城镇的这些不良状况是郊区快速发展的原因之一。起初，这个词是指堡垒下的"郊区"；中世纪的城镇，例如诺森伯兰郡的沃克沃斯就符合这个意思。在主人的城堡和庄园笼罩下的集市场所和房屋使城镇得以诞生。后来，它的含义变成设防的城镇的墙外地区并在近代早期迅速增长，但绝大部分是穷人生存的贫民区。有些地区是原始的所谓墙外郊区，有些地区是城市内被剥离的地区，现在我们仍在其中，只不过这些地区已位于墙外，在非常多的情况下，这两种地区之间有明显的相关性。但是，在18世纪末期，出现了从城市迁徙的情况。富人购买土地并在城市以外建造了大量的房屋且带有一或两公顷的场地，在随后的历史中，这些地方被出售并被分为越来越小的多个块状阶地，后来变为半独立式住宅。在英国，由于这种迁移，产生了两种最显著的国家景观：一个是所谓"维多利亚式的"露台住宅房屋（实际上大多数遗留物是爱德华时代的），随后产生了1875年的《公共卫生法》；另一个是1930年代里含有大量投机成分的半独立式住宅。伦敦地下系统的扩展，尤其是大都会铁路和大多数地上交通为人们涌入郊区提供了关键要素——并受到约翰·贝奇曼的高度赞赏。然而，一直以来，从历史学角度来看，郊区在很大程度上具有负面色彩。

在1920年代，有一群画家居住在圣约翰森林和卡姆登镇，他们开始描绘那里的景色，因此为那些地区添加了光彩；但即便是当时的郊区内部，也有大型的三或四层别墅，并带有大面积的花园。"维多利亚式的露台住宅房屋"一直有兴衰起伏的历史。在 1960 年代，这些地区是综合重建的目标地区，往往作为贫民窟被拆除。当然，一些更古老的房屋相当不卫生，尤其是原汁原味的背靠背式的住宅，没有私人户外空间，窗户都只在一侧，其余三面都是共用的墙壁。由于布尔战争时的名称，例如"莱迪史密斯路"或"马弗京阳台"，使后来的房屋的年代几乎无处可寻，这些地方往往依然存在，并随着它们所在城镇的命运而生生不息。在很多老工业崩溃的城镇，即使它们仍还被占用，但这些地方或许也将彻底潦倒。但伦敦以及很多其他历来比较繁荣的城市一直是低档住宅高档化的主要目标地区，尤其是就较大型的、带有一个后院的住宅而言，后院足够大，可以转变成一个小花园；有凸窗，甚至或许是从顶部落地的凸窗；或许还有非常独特的房前大花园，刚好延伸到人行道，并将住宅与道路分隔开（这种空间的设计是一个引人入胜的小研究课题）。目前，这些住宅是年轻的职业夫妻的新婚居所的首选类型之一。

　　对以上提到的两种典型的景观，历来都有非常负面的宣传，就郊区的半独立式房屋而言（在《雷金纳德·佩兰的衰落和崛起》和《美好生活》中，有很多对瑟比顿郊区的郊区居民住宅的精彩讽刺），这或许是因为那里的建设发展不是以建筑师的设计为引导，而是因投机为出售和出租而建房。普遍的预测是，这些房屋将在 1940 年的空战中不堪一击而首先坍塌，但却没有发生这种情况，如同爆炸引致死亡的人数那样，经证实，只有预计人数的一小部分。只有在当今的世纪，观念不断变化，目前，这些地区可能会得到赞许，因为它们为家庭生活提供了一种比先前状况更有益健康的环境。即便时至今日，虽然这些带有花园的房屋住宅区的野生动植物的价值已被认可，但它们却几乎不被视为"景观"。赋予这些郊区价值和意义，并将其传输给那里的广大居民，这或许会大大改变国家的碳排放量，因为，大量的郊区居民或许将不会如此热衷于离家去往乡村农舍度周末，或甚至大批涌入乡村或海岸度假。起初，在城镇与城镇之间的主干路沿线，布满了这些半独立式住宅，但在 1930 年代，这种带状发展被法律制止，并导致出现了无路可通的住宅建筑和只有曲折小路通往的住宅建筑。随着这些住宅建筑的发展成熟，便开始对房屋建筑的独特性进行开发，以及前花园的样式——整齐的树篱、标致的水蜡树，以及更大的后花园，通常包括一片草坪和一块菜地。随着家族不断壮大，或住房价格的上升，通常在后院或阁楼的位置扩展空间，再加上能够泄露私密的屋顶窗。在不远处是地方政府所属地产，明确显示出具有的"掌控"权势。道路可能更宽，边界的形式很可能采用地方议会更偏爱的链接围栏，而不是水蜡树树篱围栏。然而，真正能显示出这种特征的是油漆，使一排前门呈现出规律性的有序的各种颜色——表明这里是地方当局提供各种虚假花样却仍不失掌控权力的地方。政治家通过看这个城镇的地图，一眼就能辨别出工党区和保守党区。实施"有权购买"政策，使很多这样的房地产迅速发展，以至于它们与老式私人住宅几乎没有区别：有种植的树篱和树木、扩展的场所，通常最先和最急迫添加的是前门入口的大门，增强私密性，有时还显示出个性化的独特风格。然而，事实上，由于实行综合重建政策，也建造了其他类型的房地产，尤其是那些位于外部边缘地带、配有低劣便利设施的房地产，以及那些高楼大厦，其效果并不令人满意。

郊区的外部是城郊边缘地带。这个区域当然包括大量的生活住宅，此外，还包括工商业建筑和零售店，但就景观而言，应区分两者的不同，因为城郊边缘地带的景观变化速度最快。在这里，历史景观的印迹在现时的价值体系中已被消除，新兴的价值体系总会取代历年前的。相对而言，比较古老的郊区变化得很慢，直到房屋需要"综合重建"的时候才可能发生变化，自1960年代以后，"综合重建"是不吉利的词。边缘地带一直是学术界颇为关注的对象，尤其是当边缘地带被视为已拥有与城镇类似的超级市场的商贸活动和企业、而城镇的生命力因此而衰竭的时候。在美国的术语中是"带状地带"，表明美国特有的审美价值体系。在美国，"边缘城市"一词是为在主要城市以外的一个广阔的、复合型的地带而创造的名词，它包括大型购物中心、工商业区和娱乐场所，例如，布里斯托尔附近的克里布斯堤道或位于盖茨黑德的美罗中心，这些地方让人们有更多的工作机会，而不是闲在家里。

城镇中的另一个非常有趣的景观类型是公园，公园有其自身的悠久和独特的历史。很多公园源自皇家或贵族，随着城市的兴起，这些公园被含括在内并被包围，因而被保护起来，其中，伦敦的皇家公园和巴黎的布洛涅林苑正在吸纳很多较小的景点。随着城市的政府着手为市民提供娱乐场所，19世纪，在这些地方增建了公共公园。海德公园为美国景观设计师弗雷德里克·劳·奥姆斯特德提供了灵感，继而创建了纽约的中心公园，海德公园因此而格外著名。公园象征着城市的肺，这种暗喻成为一种老生常谈，但仍然是一种有效的形容方式。在最近的几十年里，公园并不一定坐落于未开发地区的位置，因而幸免于开发并得以保存，但被用于提升污秽和颓败的地区环境，在伦敦利亚山谷地区和里尔将会看到这种情况。设计指定乡村公园，为很多城郊边缘棕色地块和林地赋予了多样化的随意休闲功能，因而为它们带来了新的生机。

Lynch, K. (1960) *The Image of the City*, Cambridge, MA: MIT Press.

12 何时何人的景观？

　　有一部著名的书，作者是凯文·林奇，书名是《这个地方是何时的》(1973年)，论述的观点是，很多地方都因其所处的某段历史时期而独具色彩并格外令人回味。显然，很多城镇确实如此，例如巴思或利物浦，而建筑环境是林奇最为关注的，但就很多城市化程度较小的景观而言，情况也是如此。为了论述这个有趣的问题，最后几章添加了两个以上的类似话题——这个地方是谁的地方？还有，更神奇的说法是，这个地方在哪里？或这个地方是什么地方？

地方的时间性

　　一些景观与曾经发生的某个特定的历史事件紧密融合在一起——在这方面最明显的例子是战场，或残酷暴力发生的地方，重大事故或其他重大灾难。喀拉喀托火山岛的闻名一定与1883年火山大爆发事件密切相关，尽管这一事件几乎被遗忘，或不被提及，但在大多数人看来，它们相互关联。现在的火山岛是1883年火山大爆发后的产物，而如果是战场，作为景观，其现场往往一直受到精心保护并维持原貌，它是纪念阵亡的地方，使人了解战争，也可作为圣地。显著的例子是盖茨堡，那里所有视野可及的地方都被严加管控，或者是奥斯特里茨，在那里，不仅到处都是纪念性的景物，而且可以继续以此景观重演历史事件。对这些地方的保护可以做到人为色彩很浓的戏剧化，例如，在格拉纳河畔奥拉杜尔村，那里的房子，以及甚至连医生的汽车都被一直精心保护，如同假死一般静止，以维持其当年的原貌（图12.1）。另一个类似的例子也很明显，"世贸中心"被炸毁的原地因这一事件而变得格外著名，这个地方从此永远与事件发生的日期密不可分，从此也会因这个特别的日子"9·11"而闻名，尽管这与英国的做法有所差别，但基本类似。毫无疑问，在很多这样的地方，这种做法将会招致

图 12.1　格拉纳河畔奥拉杜尔。1945 年发生残暴事件的地点,现在并永远定格在那个时期。

异议,一些人,或许他们中有很多是当地人,希望这个地方"向前发展",反之,很多游客为了缅怀某个事件,特地来到这里进行纪念;苏格兰小镇洛克比的情况就是这样,那里是 1988 年泛美航空公司 103 航班的残骸所在地。一直以来,柏林墙和铁幕后的其他部分也是非常明显的例子。这里是这些地点——以及在铁幕后的一些农村地区,例如沿着原德意志民主共和国的边界和波西米亚西部的山区,一个范围更广的地区——对于一些特定的历史事件来说,具有非常精准的代表性,而这些历史事件在很大程度上造就了这些地区的形成。很多当地人希望当地景观不再被冠以特定的标志性意义,一直以来,当地人的这种意愿与大多数游客的意愿形成明显的对立状态,当然,尤其是来自西方的游客,而且在企业家和旅游机构支持下,他们的意愿是保全这些文物和景观本身(费弗沙姆和施密特,1999 年)。

很多作为"珍宝"而受到精心保护的最美丽的城市现在通常已被定为"世界遗产遗址"或国家的宝藏,他们历史中的某个时期赋予了它们这种特质和一致性。如同阿什沃斯强调的观点,在大多数情况下,这些城市都曾在一段时期里拥有巨大的财富,因此,最精美的建筑的日期往往极为相似,而随后相继出现的是停滞状态或时运逆转,以至于并没有摧毁精美的新建筑去建造更新的建筑(阿什沃斯和坦布里奇,2000 年)。这些情况都是,

或多或少的景观被创建于同一个时期，而且这些景观曾经或之后都被视为那个时期的一个典范。这与"世界文化景观遗产"课程中的某些描述非常接近，它们属于一种既是有机的、又是残存的景观。"青铜器时代的达特姆尔高原"和与之极为类似的"乔治王朝时代的巴思"等都属于这样的景观。这样的"珍奇城市"代表着某个历史时刻的状态，而如今已将这种状态定格在当时，这确实使它们很难具有与时俱进的新状态。位于摩拉维亚西部的泰尔奇是其中的一个实例。它的宏伟建筑可追溯到16世纪，但那时正是衰落时期，没有新的道路或铁路，而且第二次世界大战以后，它曾一度被"隐藏在铁幕后面"。现在，它的可达性和"世界遗产"的地位使其原有的风采面临被淹没的境况。在这方面，有一个很能说明问题的例子值得一提，曾经被装入墙壁的壁龛象征着城镇的神圣，是经过了一次又一次的灾害而被圣人挽救下来的，而现在却变成了一个用于ATM的华丽的壁龛（图12.2）。

那些受过文化学术教育的人，尤其是历史学科的人，常常忘记这种思想会带来的问题。建筑并不是像地震那样在短期内的事件。巴思的精美露

图12.2　泰尔奇，捷克共和国。在这座世界遗产城市里，ATM机取代了墙壁壁龛中的圣者象征。

台建筑是当代景观的一部分,如同它是18世纪景观的一部分一样;它们依然在那里,依然有功效并充满生活气息。它们将来肯定会发生变化:会被扩建,特别是围绕后面部分的扩建;花园被不断完善;还有态度上的巨大改变,对这种乔治王朝时代的建筑不再有维多利亚时代的厌恶,而是将它们修复成符合20世纪需要的建筑,以及它们的社会地位的改变。这会导致一种稍稍被扭曲的观点,这种情况常常在电视历史古装剧中明显可见。力求发现景点的人一直寻找一些美丽的胜地、建筑以及相应的时间,但大多数建筑那时肯定不是新的建筑。1930年代,波罗或许擅长运用虚拟的方法,但并不是所有的特征都会出现在1930年代的装饰派艺术建筑中。简·奥斯汀笔下的女主角造访过的很多豪华乡村别墅,之后曾被包围起来,有时被大加改动,历经了一个世纪或更长的时间。历史学家和建筑师或许把建筑的年代当做任何建筑最重要的特点,并且,他们之中的很多人确实习惯于给每座建筑标明建造时间,甚至对景观也是如此,这种习惯性思维几乎已深入到他们的潜意识里;但其他人或许看重的是建筑的大小、功能性,还有,尤其是把居民的状况视为这座建筑最重要的特征。要记住有关内容里提到的"历史的"和"有历史意义的"两个词之间的微妙差别。古老的事物都是历史的;尽管"古老的"一词本身明显属于各种含义并且在很大程度上是主观的,但"历史的"一词没有特定的价值取向。而历史学家通常认为一些历史事物是具有历史意义的,因此它们成为具有价值的历史事物。

正如我们在第一部分讲述的,一直以来,景观研究领域中的一个非常重要的思路是关于具有历史意义的景观的研究,把当前的景观视为几千年来的不同的景观不断经历旧物衰亡、更新换代的新旧交替过程之后的综合产物,通常会用新技术在地上建造能够提供各种功能的景观。有关这个过程的研究细节不是我们的主题,但这种"历史的重写"景观观点一直极有影响力,尤其是在英国,并且对学院的历史地理学家、历史学家和考古学家来说,尤为如此。他们之中有很多人判定景观的质量等级的依据并不是它的生物多样性,也不是它的生产率,或在不同的人看来,它所具有的不同意义,甚至也不是审美上的和谐的标准,而是依据它能在多大程度上明显表现出一种先前的经济或社会状况,并且越令人尊重越好。这种典范模式影响力非常大,以至于成为欧洲或联合国教科文组织制定有关"人文景观"的文件时的常用参照依据(这是一个公认的难以定义的习惯用语),从而用英语粉饰为"有历史意义的景观",似乎不具有其他文化价值。另外,被保存的景观也可被当做满足政治意图的地区,例如所谓"具有精神意义的景

观的"。对保守派来说，几乎不可能有这个问题：什么时候应该对这种景观状态进行必要的调整和改变？

　　因为随着时间的推移，景观在发展，所有企图制造已逝年代的景观、使历史车轮倒转的做法都与时代不符，可能导致不合时宜的严重问题。在保护德文郡波尔蒂莫尔别墅的计划中，有一个重大的问题是，"建筑历史有四个或五个重要的时期，恢复建筑的原貌，应该以哪个时期最为时间起点？"有一个事实是，这是签署《埃克塞特和平条约》的地方，这一点非常重要，因为这标志着英国内战于1648年结束，这个事实似乎使问题有了答案（赫明，2005年）。但是，签署和平条约时所在的房间在50年后被装饰了一番，配有华美的石膏顶棚和绚丽的墙壁图案，很多东西的质地都是最好的，但重现当时情景的效果显然是不合时宜且与时代不符的。花园外面的情况能很好地说明这一点，那里有19世纪早期詹姆斯·维奇种植的智利南美杉（也叫智利松或智利南洋杉），而现在如何保护这些植物是一个相当大的问题（图12.3）。同样，瑞典的斯卡恩农场也是这种情况，现在正在被复原到19世

图 12.3　波尔蒂莫尔别墅，德文郡。这是从废墟房子穿过草坪，看到智利松的风景，一些是最早在英国种植的，但与房子相配，显得非常不合时宜。

纪初的状态，而在吃草的牛都是当代的牛，管理牛的人也是当代的人。在任何情况下，即使有可能复制出一个过去的景观，在视觉以及气味和声音方面都做到惟妙惟肖，但人们看待这个景观的态度也会不同于从前。对文物遗产进行重现而产生的主要问题之一是，不可能再还原或复制出那时的心态和情感。例如，对曾经在苦痛煎熬的现实中生活过的人来说，他们对此会有直接的体会和切身感受，因而会对这种情景深信不疑，而对现在的观众来说，怎么可能对此感同身受呢？下一个部分也会明确讲述，我们所喜爱的景观也不是一成不变的，所以，我们不会去欣赏18世纪以前流行的那些带有恐惧感的山脉，而且，我们已认可并欣赏乡村的魅力，而以前曾有的观念是，把乡村视为令人厌恶的、贫困潦倒的寒舍之地，所以，再也难以复制出那时的情境了。

同时，需要明确的是，以历史的眼光看待景观的方式并不应该被认为是唯一正确的方式，有必要认清的是通过实施这种意愿所带来的效果。这是霍斯金斯看待景观的方式——作为一种需要被阅读的文献，几乎与在档案馆里阅读文献的意义一样，目的是破译过去所发生的事情。这与历史地理学家的方式有细微的区别，例如，卡尔·萨奥尔等历史地理学家所关注的方面更侧重于解释目前的表象。另一个区别是，它与历史生态学家奥利弗·雷克汉姆的观点不同，作为历史生态学家，奥利弗·雷克汉姆根据现存的植物区系组成情况去阐明历史。这种看待景观的方式有确实引人注意的方面，其中之一是对以往的过程的理解，挖掘出某些相关特征，从而为景观使用者提供一种看待这些地方的新视角，而不是以平庸的俗套去对待这些地方。可以激发识别历史景观的能力，例如晚期的围场模式，或打猎场所，或古老的林地，或荷兰式砌合法的砖砌建筑，而且能够清晰地认知它们。

在结束有关"这个地方是何时的？"这个简单的问题之前，我们应该清楚，随着时间的前行，不仅景观会发生变化，而且人们的景观观念也会发生变化。造成这种变化的部分原因完全是时尚使然。例如，在我们的历史中的不同时期，被种植的树木有所不同，那些植物的诞生在某种程度上是由于当时的一些发现和杂种培植的结果；植物色调的调配潜力一直不断增大。但是，有很多杂交品种会完全消失，而有不同的植物品种明显地成为时尚，这类似于"今年的裙摆"的意思。有些人能够察觉这种变化，他们很可能可以根据花园里包括的植物，确定这个花园的年代，如同根据花园的设计而确定其年代一样。近些年，对开花植物或青草的偏爱倾向突然变得非常明显，而17世纪的"郁金香狂"在文献中有明确记载。但进口的树木品种也曾风靡过,以至于大西洋蓝雪松和智利南美杉似乎明显成为时尚。在英国,有关"植物遗产"的机构,原"全国植物和园林保护委员会"在防止菌株和各式各样的园林植物品种的灭绝方面所做的工作一直特别成功。[1]

变化中的景观品味

对景观的保护如同对大多数受保护的方面一样,至少一部分是在思想里断定,我们必须对这些事物,以及风景进行保护,以留给子孙后代。这当然会有一个以教育为目的的完美的正当理由——甚至完全不信仰基督教的后代或许也希望有一些教堂和教会教堂以便进行研究,就像我们对巨石阵一样。但这也是一种假设,即我们的后代也将会喜爱我们所喜爱的景观;衡量景观质量的价值观也将在很大程度上保持不变,而且,认为景观与康德的审美价值体系有关的想法确实可能导致这种臆断。而有大量的事实证明,人们对景观的品位发生了巨大的改变(霍华德,1991年)。

关于这种改变,有很多实例,但在此只能用一定的篇幅描述其中的一些并推测造成这些改变的原因。例如,工业景观非常受 18 世纪的艺术家的喜爱,例如,菲利普·德·卢泰尔堡或德比的约瑟夫·赖特,但当 19 世纪的工业城市化来临后,这种偏爱就不复存在了。如果一个有火焰和烟雾、富有活力的工厂出现在科尔布鲁克戴尔或德贝代尔的乡村,它可以代表一种令人敬仰的风范,但如果它在曼彻斯特或兰开夏郡的棉花镇的中心地区,就不会给人以这种感觉。同样,在某个时期,画廊的墙壁上挂满了一览无余的乡村别墅风景绘画,那时,绘画家很可能就在画廊里等候被聘请去教富家千金学习绘画,而且也正是这个时期,大多数有可能购买这些绘画或雕刻品的人就是这些地方的拥有者,或是那些渴望成为拥有者的人。随着市场发生变换,这类风景受欢迎的程度就下降了。

市场结构发生了同样的变化,这或许导致了受欢迎的景观类型在 19 世纪发生了巨大的变换,这种情况可追溯到 1870 年代。在这种情况正式发生之前,就有了明显的趋势,例如巴比松画派的作品,从西奥多·卢梭、柯罗、米勒以及其他画家描绘的枫丹白露森林中展现出来,但 19 世纪最后的 30 年,沼泽、荒野、湿地和英格兰东部的沼泽地带风靡一时的现象极为明显,而这种景观成为描绘辛勤农村劳动者的背景画面。70 多年前,北威尔士或坎布里亚郡的山脉和类似的山脉当然也曾是深受喜爱的景观,但又出现的新的受喜爱的景观类型是相对平坦的、野生的和未开发的土地,这样的景观具有阴郁氛围，被艺术家当做刻画辛苦劳作的农民形象的背景。法夸尔森的画作《疲惫的他蹒跚在回家的路上》描绘的是一个农工，在黄昏的日落下，他背着一大捆柴草，正在步履艰难地走在一条积雪的道路上，这种场景在当时非常典型。季节和气象与景观类型融合在一起，塑造了一个合适的场景，以刻画劳动者的高尚。1870年代以前，这些同样的地方被视为潮湿的荒地，尽管一些作家能够诚实地承认，它们的有趣之处将会被发现，通常是有关考古性质的，但它们只是有趣的，并不是有魅力的。[2] 半个世纪后，正是这些景观形成了新的国家公园的主要部分，这时，它们理所当然地进入了国家标准中的有魅力的景观范畴。同样的过程是，景观引起的知识趣味性后来开始对改变大众景观偏好起到了更多的正面作用，例如，近些年，人们对湿地的看法发生了很大的转变，从喜爱迪斯默尔沼泽转变为喜爱珍贵的湿地。

有建筑知识的人能够判断某个特定建筑代表的时间段，同理，有"感知历史"知识的人能够通过有关一个地方或一个景观的描述或图画，准确估计它代表的时间段。在岩石密布的河流上，横跨着一座桥，向河流上游看，河岸树木林立，几乎一定会有一位身穿红色外套的农民在桥上——这种场景的时间段一定是1850年代！一个农家宅院，其中有各类动物和一个鸭塘，这种场景的时间段很可能是1930年代——就典型的英国乡村而言，几乎充满了绿色和池塘，房子的排列模式是杂乱无章的，可能用茅草覆盖房顶，但墙壁是曲线形（玉米芯或花岗石被作为首选）——这种场景始创于1930年代，无论实际的建筑处于哪个时间段。

受喜爱的景观模式发生变化，或许有一个世代上的因素。似乎每40年后，人们的偏好一定会突然转向一种新型景观。经过认真研究，最近的一次转变可追溯到1980~1990年代，而这个时期也正是在一定程度上转向后现代主义的时期。在这个时期，相应的景观绘画频频出现在所有画廊的墙壁上，以树立当代景观形象，并且也会出现在电视节目和电影中。这几乎与保持纯粹的"文物景观"完全不符。

瞬息幻灭

景观也是一天24小时和一年365天都待在它的地方。这蕴涵着很多种含义，尤其是在这种情况下，即我们曾认为的非常普通的场地变成了盛大庆典和欢庆活动的场所。很多景观，当然还有人们设计的很多花园，通常在一年里的大多数时间不受重视，而只是在一个季节里受人喜爱，就像灯

泡闪现在栗树下一样，或像雪造就了完美的雪橇滑雪雪道或像长得很高的草在风中飒飒作响而引来黍鸦一样。"春天如此美丽，无与伦比，野草在车轮下蔓延着，美丽而茂盛"，出自杰拉德·曼利·霍普金斯的笔下[3]，但其他季节也会有它们的崇拜者和批评者。每个曾经搬家的人都会知道，在着手整理花园之前，不得不等一年，这样才能发现那里是什么，尽管可能这会使赤道地区的读者感到异常奇怪。同样，如果试图分析一个景观的名胜景点的特点，对其进行描绘或评价，至少要等到一年以后。而且，如果没有考虑到一天或一周的其他时间，或沿海岸、潮汐的状况，也不能做到上述事情（图 12.4）。有关"这个地方是何时的"这个问题的答案或许是"午夜"。在周日清晨的市中心里的感觉与在一个星期里的人群高峰期的感觉并没有多少不同，如同贝杰曼描述的伦敦。而一个地方在白天里更改其所有者。一个大学生对埃克斯茅斯中心的小公园的研究显示，替人遛狗者须为车间工人、购物者让路，还要为游客让路，之后又要为进午餐的车间工人让路，接着又要为放学的学生让路以及为午夜后的吸毒者（和警察）让路。那是谁的地方？而夜晚时间环境将会引发夜间照明的问题，不仅在我们的街道，

图 12.4 Crow Point，北德文区。瞬息即逝的景观的另一个类型是潮汐。这些河口"只在它们处于高水位时"才被认为是美丽的景观。

而且在我们的公园里也会有这个问题,现在甚至问题更加扩大化了,已计划为整个哈德良长城进行夜间照明。就算完全不考虑碳排放量问题,也会带来在夜间视觉方面的问题。这些问题需要花费一些时间去解决,但如果在夜间照亮一条公共道路,将导致在两条被照亮的通道之间产生黑潭效果,而如果不用夜间照明,视锥细胞就会发挥作用,从而使视觉能力加强——假设我们都相信,不安全的风险与黑暗损失相比,我们总是必须优先考虑前者。在夜幕下的英国,很少有人能看到银河,这对我们来说是一种提示。或许星星和行星不能被视作景观的一部分,但它们肯定是人对自然界的体验的一部分。

这种效果引发了所有的有关逐渐消失的问题,这类问题与可保护性密切关联。Brassley(1998 年)揭示出,对景观的感知依赖于景观的短暂特征的程度有多大,尤其是当它们的风景特点属于审美学模式的时候;尽管很多裁切标记和土壤标记确实能够为了解先前的景观提供线索,但它们依赖于光源角度和积雪情况,因此也是瞬息即逝的。这可能是被种植的农作物,因为在近些年里,油菜和亚麻籽的出现大大改变了英格兰的面貌,而且出现了修剪树篱以及在户外或小棚里饲养牲畜等一系列的农业活动。这甚至更依赖于天气情况,其中,雾和雪最能使天气发生改变。尤其是雾,它产生的效果极为神奇,水彩画家对此常有生动的描绘。艺术家也描绘出这种效果引发的种种含义。"把自然界现象或无生命事物拟人化的文学手法"导致了使用戏剧化的夸张法,例如将雷暴与人的愤怒情绪相关联,也就是用天气情况预示和反映人的情感情况。利用气象反映人的需要,例如彩虹反射给人的遐想,这已有悠久的传统。而它在景观上的应用是非常普遍的;当艺术家开始描绘光荣的而又严酷的、具有劳动尊严的乡村劳动者时,为了突出这种形象,在图画中不仅描绘出恶劣的景观场景,例如沼泽和湿地、沼泽群落和荒野,而且还描绘出在寒冷和潮湿的秋天和冬天里的气象,而不是火热的夏天,例如,本杰明·威廉姆斯·里德的绘画《二月雨雪多》,它是当时最有代表性的典型作品之一,展现了在一个潮湿的隆冬里的一个简陋的小屋以及旁边的一条湿漉漉的泥泞的小路。

康斯特布尔自己断言,在绘画中,天空是"情绪的主要器官",然而很多荷兰画家或许认为大海是"情绪的主要器官",印象派艺术家或许认为一条表面有变换的河流是"情绪的主要器官"。[4] 在大多数情况下,景观的那个最突出的魅力特征往往使景观管理者必须以非凡的态度来对待,才可能使其得以保护和保留。景观的这个特性——任何地方都能因光之幻影、或气象、或某年某天而转变成一种极其深刻的体验——它应该是使我们所有的人都在这时一定会想方设法记录或绘制景观，或为保存它而付出所有切实的努力。

因此，有一些人一直试图用更加简单的方式绘制景观，例如以一维的方式建立模式，略去那些有美化作用或甚至使其富有含义的复杂要素。这样的做法是一种静绘制，而且也是观察轻度污染情况的做法并且是评估"黑暗天际"活动的一部分。但至少在英国，最常用的技术是"历史景观特性描述"。[5]这是一种方法，在康沃尔郡进行了试验，进而在全国范围内展开，试图用这种方法，根据景观的历史、考古的类型绘制景观，从而显示出，小型条状场地的古代聚居点的景观不同于19世纪的圈地景观。毫无疑问，这是非常有用的文献，并且，能够突出反映某些罕见的历史景观类型；但这当然与现在的当地人或游客赋予景观的重要性和意义毫不相关；而且无论如何，这也与景观是否美丽的概念毫不相关，这仅与特定学术专业研究的特定景观的意义和价值有关。在绘制的地图上，不同的景观类型或许不涉及当地人的体验或理解，然而却富有知识性。生态学家也一直忙于按照他们所发现的有意义的生物多样性的程度绘制景观地图。这两种技术都有价值，在综合记录不同的景观在不同的人看来所具有的意义和重要性方面都能有所贡献，但它们都非常依赖于其他专业和其他人群的共同加入，以至于现已完成的或正在全国很多地区进行的"教区地图"项目可以在这些历史或生态意义中添加"当地的意义"。

这个地方是谁的地方？

从某种意义上来说，每当我们观看一个景观时，几乎肯定会想到这个问题。至少在英国，每一个平方米的地盘都有其所有者，尽管有一些所有者是通过征税而拥有地盘的一般公众，例如通过"林业委员会"，或路面（皇家公路）或通过例如"国家信托机构"等国家机构，或其实是国家公有财产，其中不仅包括"皇家公园"，而且还有这些重要的土地，因为它们一半位于高、低水位之间，以及延展十二英里航线的海底。然而，乡村景观的所有者很难被人知晓，如果随意询问某个景观的所有者是谁，绝不会轻易得到答案。尽管为实施农业和林业补助金，有关方面必须了解其所有者是谁，但这似乎不会轻易让偶尔的过路者得知。当然，在英国，大部分农业土地由其租用者看管，而并不是其所有者。土地所有权只是这个问题的一个方面，但它可能会对景观的外观影响很大，在景观的公共入口的问题上，景观所有者的态度有很大差异。很多实例表明，很多现代名人购买了乡村房地产，在那里，他们为了阻止狗仔队，严格限制了外界进入的通道，在这方面，他们实行的限制程度远远大于这些房地产先前的所有者，他们甚至对已公认的通行权也有所限制。行家也有类似的看法，土地所有者乐于在其景观内进行捕猎活动，事实上，这种迹象非常明显，每个小山上有一个狐狸隐藏处。土地的准入问题（当然也是景观的准入问题）极具争议，马里恩（1987年）等作家在"漫步者协会"等机构的支持下，引领呼吁公众应获得比现在更多的土地（景观）的准入权。在历史上，这类运动包括1932年的"争夺Kinder Scout山峰的公众小径通行权"，关于这场运动，最好阅读其他相关资料。在一些国家，尤其是在斯堪的纳维亚，还有现在的苏格兰，有关于"Allemannsrett"的说辞，意思是，所有的人都应具有进入所有土地的权利——在合理的范围内。这不包括践踏庄稼，制造不适当的噪声或围绕某个私家花园闲逛（在私家庭院里）。历史上也发生了一些运动,旨在将所有的土地视为国家的财产。华兹华斯将"湖区"描绘成"国家的财产"的一种象征并因此而闻名,同时推动了"国家公园"的创建趋势,而实际上，在很多国家，国家公园的所有权由国家政府掌控（例如美国），但英格兰和威尔士并非如此。显然，在那些共产党执政的国家里，几乎已经废除了土地私有化，而其中的很多实例却表明，由政府官员实施土地管理导致了严重的问题，而且，在俄罗斯，一些比较富裕的农民（富农）一直是政府的肉中刺（而且一直是替罪羊）。在其他国家，例如波兰，发现较好的权宜之计是让农民继续持有他们自己的农庄。国有化的农庄管理体系并不能产生可观的效益。然而，在第二次世界大战期间，随着大西洋地区食物供应所限，使英国政府有可能接管并重新分配农田，而这种管理方法被视为经营不善。理查德·阿克兰阁下和J·B·普里斯特利领导了一场政治左派的重要运动，力争将所有的土地权归为国有，阿克兰本人为此所作的贡献是，把他个人拥有的、在德文郡和萨默塞特郡的全部乡村豪宅都交给了"国家信托机构"。[6]

无论如何，"这个地方是谁的地方？"这个问题还具有更加微妙和重要的含义，尤其是在景观意义方面，相对于土地所有权而言，则更为如此。教堂落成奉献礼曾经一度非常重要：尽管宗教改革运动致使很多教堂的圣者发生了改变，特别是远离了圣玛丽（崇尚圣母玛利亚被认为也属于天主教），但位于萨福克东部的伯里属于圣·埃德蒙，而且，很多村庄仍保留着能够表明其奉献含义的名字。偶尔也有这种情况，圣者不会被改变并且依然重要，尤其是，例如，位于康沃尔的圣·皮兰，在那里，他可以被用来树立当地的地方形象，这或许包含了游客或民族主义者的意愿。圣·博尼费斯的出生地是德文郡的克雷迪顿，显然在德国更著名，他是德国的保护神，而并非在他的家乡。我们可以愉快地谈论康斯特布尔乡村，或哈代的韦塞克斯或沃兹沃斯和湖区，而还有太多的地方，都曾具有主宰精神的圣灵。这确实取决于游览者的人文素养以及他们与这个地方的切实关联。我确信，一些居住在戴德姆山谷地区的人对康斯特布尔充满了厌倦，尤其是，他们中的一些人一直在寻找机会，想要将自己的住所更换到别的地方，而他们的住所或许是有关康斯特布尔的宣传图片上的建筑；类似的情况是，将会有一些在哈代的韦塞克斯居住的人（涵盖若干郡县），他们从来都不知道托马斯·哈代，当然也未曾阅读过他的任何作品，甚至从未看过基于他的作品而改编的电影。在一些地方，新近移民的人口比例很大，这些外来者没有受过英国的文化熏陶，因而这种差异将会更明显。在游览者之间存在很大的差异，有些人是哈代的追随者，他们到访的目的不仅是探寻哈代的出生地，而且还想查找那些与小说或诗歌中的场景有关的地方，而还有一些人，或许是全家到韦茅斯的沙滩上度假，他们不过只是在"号兵长"酒吧里喝了一杯"哈代爱尔啤酒"而已。策划实施与某个地方的著名景点相关的产品营销和服务，这种商业化能力是无限的。多塞特景观影响了哈代，使他创作了大量的散文，而同样耐人寻味的话题是，哈代也影响了多塞特景观。就那些因著名景点而产生的商业活动而言，我个人特别喜欢的一个例子是，为了纪念神探福尔摩斯，在达特穆尔高地的猎犬岩的停车场上，有一个名为"携带饭菜篮子的猎狗"的移动快餐车。

　　甚至对于一些最著名的事件，也会有这种生拉硬拽的关联情况。莎士比亚的故乡确实是埃文河畔的斯特拉特福德，但他的出生地与他的戏剧和十四行诗之间的关联基本上纯属偶然。莎士比亚与哈代或斯科特这类作家不同，他的作品并非只出自同一个地方，而哈代和斯科特的全部作品都出自韦塞克斯（尤其是多塞特郡）或苏格兰。莎士比亚在斯特拉特福德的情况也与托尔斯泰在他的出生地亚斯纳亚·波利亚纳的情况不同，托尔斯泰在亚斯纳亚·波利亚纳度过了人生的大部分时间，他在那里居住并写出了他所有的不朽之作，同时，他在那片土地上劳动，几乎所有的花园都是他设计的（图12.5）。在那里，有人售卖用托尔斯泰曾经种植的树的木头制作的木质珠宝。但在莎士比亚的故乡却出现了大量的商业炒作：多年以来，一直有参观莎士比亚出生地的旅游活动，而且还要参观安妮·海瑟薇的小

图 12.5　亚斯纳亚·波利亚纳，俄罗斯。这条小路（4月）通往托尔斯泰的墓地，位于他的私家公园里，在这条小路上，每天都有来往的人献上鲜花——这是一个饱含精神意义的景观。

屋；在"莎士比亚的世界"上演节目会更受欢迎；当然，"斯特拉特福德纪念剧院"建筑、"皇家莎士比亚公司"所在地也都被作为与莎士比亚有关的游览胜地。由此看来，这种享有盛誉的纪念性建筑的意义其实是空有其表的。

　　名人的出生地看起来确实是颇具吸引力的地方，或许是因为，有太多著名作家和艺术家出生在省区，而后来移居到伦敦或国外，属于某个省区的出生地所能展示的东西比一座房子，甚至地图上的一个交叉点所能展示的东西更多一点。但也是因为，在非常看重家谱的社会，"出生"意味着一个人的血统，因此被认为尤其颇具意义，如同我们的曾经和似乎在重温的路上。一个非常典型的实例是"德文郡的乔治·匹克罗夫特的艺术"（1883年），它集中展示的几乎全都是在那个郡县出生的名人，例如，用大量的篇幅介绍了约书亚·雷诺兹（1723 ~ 1792 年），他的出生地是普林顿，但他的职业生涯基本上集中在伦敦，而他是肖像画画家，几乎对景观或其他地方不感兴趣。而对特纳却只字未提，特纳经常来郡县造访，并且有很多作品描绘了郡县的美好，甚至据说他的祖籍就是德文郡（虽然出生地是伦敦）。如果说这种"出生地的神奇意义"确实存在的话，那么，我应该将我的出生地北安普顿作为我的精神故乡，那里是我的祖先的家，也是我出生的地方，出生后，我在那里生活了六个星期，从此就离开了那里，至今只回去过两次。而我只能遗憾地说，在我看来，北安普顿没有什么特别的意义，虽然，当北安普顿橄榄球队战胜它的劲敌莱斯特队的时候，我通常也会有满足感。

在英国，优先注重的肯定是作家所在地。人们会饶有兴致地用一下午时间，在地图上把国家分成不同于郡县的区域：当然会有哈代所在的韦塞克斯以及华兹华斯和柯勒律治所在的湖区，还会有狄更斯所在的伦敦（一直延至泰晤士河的沼泽）；康沃尔郡的达芙妮·莫里哀和阿诺德·班尼特的五个城镇。比较难发现的是特罗洛普所在的巴塞特郡，而其实它或许距离弓箭手的崇拜者追随的波尔切斯特尔并不远；迪伦·托马斯所在的拉恩。这并不意味着我们应该只看到经典名人名表：位于东北部的凯瑟琳·库克森乡村和甚至是卡德法尔的什罗普郡（以卡德法尔乡村著称，不是埃利斯·比德斯乡村），当然还有米德萨默。所有这些情况都是利用作家的名声，将其作为宣传和推广这个地方的工具，或是用于促进商业发展，或是为了实现地方当局的意愿。最典型的例子或许是以"发现东肯特"而促进宣传"鲁伯特足迹"的旅游手册——"鲁伯特"的原著者是玛丽·图特尔，其出生地一直都是坎特伯雷。但确有一个或两个作家，他们确实可以算是"提升某地名望"的人。其中一个明显的例子是布莱克·莫尔发表于1869年的作品《洛娜·杜恩》，由于这部作品，使埃克斯穆尔高地得以扬名和发展，并在对它的宣传和推广方面起到至关重要的作用，因而迅速出现了蜂拥而至的游客以及大量描绘"杜恩山谷"的图片；同时，在与之不远处，出现了韦斯特沃德霍小镇！它的名字全盘取自查尔斯·金斯利1855年发表的小说——就连感叹号也一并采纳了。[7]但推动全国范围旅游业发展的是另一位浪漫主义小说家：他就是沃尔特·司各特，1810年，他发表了《湖上夫人》，并于1814年发表了《韦弗利》，后者是"韦弗利"系列小说中的第一个部分。因这些作品获得了巨大的成功，司各特才能建造位于梅尔罗斯附近边境的阿伯兹福德别墅，这个地方也就因此变成一个重要的游览地，因而推动了苏格兰旅游业的发展——尽管还有一些更重要的景点，它们是更偏北方向的"高地"边境地区，例如特罗萨克斯，以及罗蒙湖旁的罗布罗伊的山洞。司各特、布莱克·莫尔和华兹华斯或许曾看到过他们所描述的这些地方的景致，而要想使这些地方一直保留与作品描述的原样一样的景致，必然要付出巨大的努力。意大利南部推行了一种游览文学景点的旅行方式，而在本地区实行这种自驾"古迹游"成为一种经济实惠的方式，促进了旅游业的发展，但这种方式不会受到交通运营行业的赞赏。

图 12.6 吉维尼,诺曼底。著名的桥,位于荷花池上,现已修复了大部分,每年到这里的游客超过两百万。

在绘画艺术中出现的一些地方也有可能会成为旅游热点,或许这种情况更为多见,例如康斯特布尔的画作描绘的萨福克边界地区的戴德汉谷和埃塞克斯,一度被官方命名为那里的"杰出自然风景区"。一直以来,还有一些其他的艺术家,他们所描绘的某些地方吸引人们特意前往观赏,例如,对"纽林艺术团体"和"圣艾芙集团"的崇尚是前往西部康沃尔郡的动因,当然,在 19 世纪,吸引人们前往"高地地区"的重要原因是"兰西尔";但或许在国外有更为明显的实例。毫无疑问,巴比松艺术一直吸引着一些行家前往枫丹白露的森林,但还有一些更重要的风景地点吸引人们前往观赏,例如莫奈描绘的坐落于塞纳河上吉维尼的他的家和艾特尔塔附近的诺曼底海岸地区(图 12.6);高更描绘的位于布列塔尼的阿旺桥,以及吸引人们前往普罗旺斯的那些风景胜地;梵高和塞尚描绘的阿尔勒和吕贝隆山谷附近的风景地区以及圣维克多山,这些画作中的景致都吸引着人们前往这些地方游览。19 世纪,吸引人们前往意大利的核心原因是出自一个风格迥异的艺术派系的画作:提香描绘的威尼斯(还有卡纳莱托),拉斐尔描绘的乌尔比诺，米开朗琪罗描绘的佛罗伦萨和罗马。

在这方面，作曲家和音乐家的作用较小，在他们的作品中出现的地方，没有形成那么多引发人们游览欲望的景观，但当然也有一些类似的重要地方，例如埃尔加的作品格洛斯特郡。有些地方因为是名人的出生地而成为景观，这种关联性具有很大的作用，例如，因为贝多芬出生在波恩，致使波恩格外著名，还有，莫扎特和海顿出生在维也纳，因而使维也纳招揽了更多的游客，或者当然也会因为那里是约翰·施特劳斯的出生地。另外也会因为一些重要的节日而吸引人们前往观光，例如，格林德伯恩歌剧音乐节或奥尔德堡音乐节，后者所在地是本杰明·布里顿的家乡和纪念圣地。这当然不仅局限于古典音乐，流行音乐发展对利物浦的作用一直是有目共睹的，甚至得到了"国家信托机构"的认可。埃克斯河上的比特利桥似乎一直能使人联想起"忧愁河上的金桥"，而当地的流言的作用或许比真相更重要，事实上，任何为提升旅游收入的宣传都很可能只存在一时，因为后代将以不确信的观念对待这些曾经鼓吹的说辞。

但是，如果说艺术家、作家和音乐家一直对建立地方形象起到重要作用的话，那么，有很多其他职业一直对某些地方形成某种更微妙的精神色彩起到促进作用。有一本导游手册在介绍德文郡时，开头就提到"小巷、德雷克和洛娜·杜恩"。[8]后者是布莱克·莫尔于1869年发表的作品，而《洛娜·杜恩》的问世确实对埃克斯穆尔高地（其中大部分其实是在萨默塞特）和林顿附近地区的知名度起到了重要的促进作用，正如其他因素对克洛夫利的作用一样。德雷克或许没有留下任何有关德文郡的描述内容，但德文郡曾一度利用他而成名，凭借他的声望促进了港口的繁荣和居民素质的提升，特别是促进了塔维斯托克和普利茅斯的发展。其之所以是一个永久性的纪念地，是因为曾经在西班牙的无敌舰队航行经过时，英军元帅霍华德下令击打敌舰，此地因他而得名。可以肯定的是，无论如何，如果没有拿破仑的盛名，科西嘉岛不可能成为旅游胜地，而每个国家都有很多这样的实例，足以说明很多地方因与之相关的英灵而成为著名景观，也许有时只是体现在机场的名字里。

尽管对这些"民众的地方"的识别和欣赏需要一些共性的文化素养，但也有一些是具有个性化特征的地方。就我本人而言，对侦探小说有特殊的偏好，因此我制作了一张意境地图，地图上包括曼凯尔的瑞典、里昂的威尼斯和纳布的佛罗伦萨，以及贾丁的爱丁堡、弗里灵的第戎和卡米列里的西西里岛，毫无疑问，所有这些都会有其他人可以与我分享。犯罪小说或系列剧中的犯罪地点是人们非常感兴趣的游览目的地,而且,有导游带领的沃兰德之旅可以使热爱于斯塔德的人得到极大的满足。

这些地方似乎组成了一种"景观联盟",这里列举的人名都是有史以来造就地方形象的主要人物,这些地方因名人在这里出生、居住或曾在这里工作而成为旅游胜地。但是,正如我们对待景观一样,对待这些地方,应认识到,它们既是公众达成共识的公共的地方,也是受个性化认知影响的个人的地方,而且,对每个人或每个家庭来说,肯定有一些承载着某种重要意义的地方。最常见的或许是那些我们认为与自己家族的前辈或父母有关的地方。这或许基于对实际存在的地方的真实回忆,但在我们大多数人的脑海里都会有一整套地名,对我们来说,这些地方之所以有意义,是因为与我们认识的某些人有关,特别是因为它们是我们认识的那些移居国外的人所在的地方,而我们或许从未去过那些地方。当然,我们这些欧洲人一定要保持一种观念,我们需要认识到的是,在全世界的任何地方都可能有人以各种奇怪的方式认为,我们所生活的地方是"他们的家乡"。在我居住的乡村里,曾有一个家庭,1850 年代,这家人离开这里,此后至今,这个家族的后裔多次返乡,他们认为这是回"家"探望。在苏格兰和爱尔兰的很多地方,可以看出这种现象,而且这种现象可能源自完全不同的认知。1991 年,我出席了一个以景观为主题的大会,会议的地点是摩拉维亚的萨扎瓦河畔。这是我第一次在前华沙公约地区工作,那里有很多美国和加拿大的学术专家,据他们介绍,他们的祖先是捷克人,而他们或他们的父母是移民,大多数是在 1930 年代从捷克移民到国外的。当他们用捷克文提交报告时,他们的意见备受关注并非常受重视,但很显然,他们对波西米亚的看法基于 1930 年代的浪漫主义观念,而这种观念深受斯美塔那和哈谢克的影响,哈谢克的作品《好兵帅克》于 1923 年发表,并配有拉达制作的插画,令人难忘,而且,这或许与一个历经了 50 年的社会主义体制的工业化国家并无关联。他们所崇尚的农民农场极为罕见。在检验任何一个景观所附带的含义时,这或许是一个重要群体,当然,这是一个具有影响力的群体,但或许他们的观点既与当地人的观点大相径庭,也与专家的观点截然不同。

因此,在回答林奇提出的"这个地方是何时的?"这个问题时,我们可以添加一套答案,其中包含了各种各样的答案,或是定格在某一天的时间里,抑或是贯穿了历史上的一个世纪。至于第二个问题"这个地方是谁的地方?"可以引发一套答案,肯定相当复杂,其中包含各种不同的答案。

参考文献

Ashworth, G.J. and J.E. Tunbridge (2000) *The Tourist-Historic City*: *Retrospect and Prospect of Managing the Heritage City*, Oxford: Pergamon.

Games, S. (2009). *Betjeman's England*, 'Introduction', London: John Murray.

Brassley, P. (1998) 'On the unrecognized significance of the ephemeral landscape', *Landscape Research*, 23/2, pp. 119-32.

Feversham, P. and L. Schmidt (1999) *Die Berliner Mauer heute*, Berlin: Huss Media.

Hemming, J. (2005) *A Devon House: The Story of Poltimore*, Plymouth: University of Plymouth Press.

Howard, P. (1991) *Landscapes: The Artists' Vision*, London: Routledge.

Lynch, K. (1973) *What Time Is This Place?*, Cambridge, MA: MIT Press.

Pycroft, G. (1883) *Art in Devonshire: With the Biographies of Artists Born in That County*, Exeter: Henry Eland.

Rackham, O. (1986). *The History of the Countryside: The Full Fascinating Story of Britain's Landscape*. London: Dent.

Shoard, M. (1987) *This Land is Our Land: The Struggle for Britain's Countryside*, London: Paladin.

练习

一直以来，对树立你所在地方的地方形象起到重要作用的艺术家、作家和音乐家是谁？在研究这个问题时，一个好的起始方法是查看旅游指南资料，包括历史性的旅游指南资料，这些资料往往会指示出各个时期的重要人物。

由于你的个人癖好和阅读知识，在全世界范围内，或许会有一些你熟知的地方，似乎你可以作为那里的知情者，画出那些地方的地图，如同我可以画出犯罪小说的作者地图一样。当然，这些地图所涉及的主题不一定是作者；例如，也可以是流行歌词作为地图的主题内容，或是板球场或赛马场等。

注释

1. "植物遗产"，网址：http://www.nccpg.com。

2. 约翰·斯韦特，1790 年代的旅行者，热衷于那时风景如画的景观，发现达特穆尔是一个有趣的、但不是一个有魅力的地方。

3. G·M·霍普金斯的十四行诗，《春天》，首次发表于 1877 年。

4. 泰特美术馆，伦敦（1976 年），康斯特布尔：油画、水彩画和素描，展览目录，第 127 页。康斯特布尔引用的话："很难想象有这种景观类型，天空居然不是景观的基调——规模的标准——并且是主要的情绪感官……天空是基调……主要的情绪感官……天空是自然界的光的来源，并且是一切的主宰。"

　　5. 历史景观特性描述计划，网址：http://www.english-heritage.org.uk/server/show/nav.1293。

　　6. 这两个都是"共同财富"的创建者，曾经竞争一些国会的席位。

　　7. C·金斯利，韦斯特沃德霍（剑桥：麦克米伦，1855 年），涉及在比迪福德的霍金斯。

　　8. Walter Hutchinson (ed.), *Beautiful Britain*, London: Hutchinson, 1924-26.

13 场所在哪里？

这确实是一个完全没有必要的问题吗？已被定义的地方就已经明确了所在位置，而且，没有两个地方能够同时处在同一个位置，除非这些地方的尺寸大小各不相同，一个地方可以将其他地方囊括其中。所有的地方都是独一无二的——而且都在一定程度上具有独特性，然而，在一个国家里，或甚至在世界上的很多地方，尤其是郊区和城郊地区，你在那里如果想得到有关这个地方的任何概念，都需要获知足够的当地信息。但是，这个问题还涉及其他方面，因为太多的地方已经被市场化了，相对而言，它们更像是为游客而存在，而不是为当地居民。最明显的例子是"瑞士"。几个世纪以来，瑞士一直以其鲜明的形象备受欧洲旅行者的青睐，因为它政局稳定且地处四通八达的位置，还有非凡的美丽风景。这种瑞士形象并非是苏黎世工厂景观或甚至伯尔尼周围形形色色的农田景观，也几乎与日内瓦严格的加尔文主义无关，它只是坐落着山地农舍式房子的阿尔卑斯山峡谷景观，在那里，有角的牛佩戴着铃铛，还有开满鲜花的牧场以及背后巍峨的群山。有趋向表明，这种景观形象早于瑞士作为滑雪的时尚地区形象，而且在 19 世纪末，攀登阿尔卑斯山成为时尚，但"海蒂"是图片上必有的主角。[1]

如果体验瑞士这些奇妙景观，或许会因路途遥远而费用昂贵，因此，一些广告文案编撰人员的出现并不足为奇，他们继旅行指南的作者之后，搜寻与瑞士景观风格相当的其他地方，找出明显的相似之处并描述其特征，以进行广告宣传。大多数国家都有至少一个"小瑞士"。英格兰的"小瑞士"是位于德文郡北部的林顿附近地区（或这只是其中之一，肯定还有更多）以及位于英国坎布里亚郡的阿尔卑斯山；还有一个位于德累斯顿附近的萨克森瑞士以及一个位于内陆卡尔瓦多斯的瑟雷哈考特周围的诺曼底瑞士。另外，还有一个立陶宛瑞士。然而，这些美名都并非只停留在有趣的广告

图 13.1 林顿的房屋,与瑞士山上的木造农舍相似。

词语里。它们很快变成现实的景观,牢固树立了自身的景观形象。那里的新居民用瑞士语命名他们的房舍,不久以后,这些名字便出现在地图上了。买到这些房子的人,会将房子建造成瑞士山上的牧人小屋的模式:位于斯塔福德郡的伊拉姆或许是一个最著名的例子——整个乡村都被改建成瑞士风格;但在德文郡,情况不完全是这样,其中有一些房舍被设计成瑞士山上的木造农舍模式,然而茅草屋顶却显示出德文郡的风格(图 13.1)。对这类景观模式推崇的潮流,有效抬高了这类地区的身价,这类地区非常热卖;参照当时存在的审美标准,确立了一些这种类型的风景胜地,并使其模式具有法定化的地位。

就这种"法定式"景点而言,意大利模式尤其是被瞄准的对象。德国的学者在德国找出一打"托斯卡纳",或许最著名的是弗雷伯格周围的地区;德国划分为若干个自治州,现在由各个联邦州组成,这使每个州都会有一个这样的象征性景观。环绕英格兰的海岸,有很多那不勒斯海湾,这曾经是极受推崇的地中海沿岸风景的典型,很久以后才是法国的里维埃拉

（尽管很显然，我们也有一个康沃尔的蔚蓝海岸）。芒特湾、托贝（现在是英国的里维埃拉）、迈恩黑德湾和法利湾一直被视为那不勒斯海湾风格的象征，但纵观 19 世纪的旅行指南，在有关海岸地区的介绍中，会发现更多的这类风景区。有时，这种与意大利风格相关的类型也可以变成以具有神圣意义的石头为主体景物。约翰·贝杰曼在他的诗作《镇教士的眼界》中提到，托基是维多利亚中期的意大利风格。在拿破仑战争时期，作为一个城镇，它应运而生（在那个时期，因大陆之间的交流，通过陆地比较，英国很多地方合法化）。海湾作为船舶的停靠处，给人以安全感，这使得英国舰队在这里停歇，而舰队官员的妻子们也因此常常在陆地上安家落户。在那些舰队的官员中，有些人对地中海沿岸地区了如指掌，其熟知的程度几乎与在当地土生土长的人不相上下。但随着那个世纪后来出现的度假胜地的发展和扩建，那些大型别墅和旅馆最常见的典型风格之一就是这种意大利风格。如果再考虑建筑比较方面的特点，这种风格还包括，有种植着棕榈树的人行步道和公共花园，或至少是种植着朱蕉——现在称为托贝棕榈，这种特点被当做城镇的象征。另一个被模式化的意大利景观类型是威尼斯式的景观，自 1860 年代起，威尼斯式的景观开始风靡世界，其艺术魅力在所有的景观中几乎独占鳌头，并且一直久盛不衰。因此，几乎所有有水的地方都被旅游业极力冠以威尼斯之美名。在北部国家，有一些城市被称为威尼斯，除了圣彼得堡以外，还有阿姆斯特丹和斯德哥尔摩。在伦敦北部地区的摄政运河附近有"小威尼斯"，那里也是一个意大利社区的中心地区，但不能确定的是，这个中心是否是完全充满纯正威尼斯文化的地区。斯坦霍普·福布斯将一幅描绘在船闸闸门里的快艇的普通画作命名为《纽林的威尼斯》。甚至在香港大澳也有一个"威尼斯"，它是至今唯一仍保留着小棚屋式的房子且这些小棚屋依旧是居民住宅的地方，在那里，簇拥着一个个水上人家（图 13.2）。而"北方雅典"是爱丁堡，这个美名得益于 18 世纪以休谟和斯密为代表人物的苏格兰启蒙运动。

　　这种法定化的意大利模式在那个世纪初期已被构建出来。那是在 1812 年，当时，图纳游览了德文郡和康沃尔郡边界，而导致形成这种景观模式的一部分原因是，当时正处于战争时期，难以实现去意大利旅游。因此，图纳在他的画作《渡溪》中描绘了"甘尼斯莱克桥"，因为他发现这个风景是"典型的意大利风格"。[2]

　　就普遍意义而言，康沃尔本身与布列塔尼有更多的类似之处，无论是在气候方面，还是在语言方面，将这两者相提并论的合理性远远高于将康沃

图 13.2　　大 澳。香港的威尼斯。

尔比拟为威尼斯的合理性。然而，在"大西部铁路"（GWR）的一个海报上展示出的是，康沃尔和意大利具有相似的"地形、气候和自然美景"。从阿旺桥的艺术家聚居地可以看出布列塔尼式景观的魅力，不仅如此，通过纽林学校和后来位于康沃尔的圣·艾夫斯学校，也可以反映出布列塔尼式景观的魅力。19 世纪末，艺术家聚居地日渐盛行，其原因是，当时的交通系统足够发达，从而使艺术家能够不断进入大都市市场（雅各布斯，1985 年）。

　　景观的法定化标准模式发生着改变，有一个简单明了的例子是，从托特尼斯到达特茅斯海域的达特河河段脱颖而出并形成了港湾景观类型。这是一个典型的河口，或是树林茂密的河谷，沉浸在冰后期上升的海平面之下；但它的形状不像东南部地区的河口，因此，或许它与其他地方更具有类似的可比性。在"探索英格兰"期间（用埃斯特·莫伊尔的术语来说），它被形容为"就像一连串的湖泊一样"[3]，而且，对它的描述几乎一贯都是相同的，它的场景是不可见的开放的海域，还有一个城堡（达特茅斯或金斯韦尔）并在城堡上俯瞰着涨潮的水。事实上，约瑟夫·法灵顿游览了那里以后，当他在伦敦与一些朋友会面时，他曾说明那里的实际情况是"只有在海水涨潮时才有美景"。在他的那些朋友中有特纳，而随后，特纳立即前往英国西南部，描绘了达特在退潮时满是泥地的场景！这种喜好出自于当时非常明确的景观偏好。那时，湖泊和城堡，尤其是被当做俯瞰湖泊的城堡是一种极为时尚的景观类型，在这种类型中最显著的是日内瓦湖上的西庸城堡,由于当时是战火纷飞的年代,所以那时很难进入城堡所在地。玛丽·雪莱写的典型的浪漫主义小说《科学怪人》就是关于那里。由于无法到达西庸城堡，致使英国的旅游者在本国内寻觅到类似的城堡，例如在北威尔士的杜巴登城堡。如果他们发现了一个充满浪漫色彩的壮观的城堡，而遗憾的是它并没有与湖泊相伴，但它很快会成为艺术家绘画作品中的主题元素，例如沃姆斯利绘画的奥克汉普顿城堡。在达特茅斯有一个城堡，但那里只是一个港湾；但从一定的角度观看，当然还是在涨潮时，才会有这种幻象的存在（霍华德，1991 年）。

大约 40 年以后，人们对达特河的兴趣导致其称号发生了改变，河口曾被冠以"英国的莱茵河"的美称，但有一位富于想象的作家认为它更像比利时的默兹河。那是 19 世纪中期,莱茵河之旅（正如萨克雷的书中"奇克贝里家"所做的）[4] 是时尚的旅游路线，通常，人们向往享受巴登——巴登的赌桌之游的乐趣。因此，人们首选的肯定是莱茵河之旅，而在城堡上俯瞰宽阔的水域就变成了退而求其次的替代品。事实上，这并不需要太多解释，因为在同时期，在林顿特意修建了一座塔，完全是模仿莱茵河观望塔的样子，在码头上观望布里斯托尔海峡（图 13.3）。在很多旅游指南中都有 "英国的莱茵河" 这种说法，直到 1890 年代，有一位作家断言这个说法 "是非常不公正的"，因为它更像一些苏格兰海湾。[5] 当然，不言而喻的是，这样的断言正是出自苏格兰高地风靡的时期。古老的达特河似乎显然苍白无力，总是被比喻为其他地方，始终找不到自我，而从这种景观法定化模板的变化体系中，使我们看到的并非只是达特河本身的境遇，而更多的是在 19 世纪里的时尚景观类型的种种变迁。如今，同一个水域并不是因为像另一个地方而成为某个景观，而是因为某个人物而成为胜地，格林韦成为对外开放的景观，意味着它是阿加莎·克里斯蒂描述的地方中的一个重要部分。

大多数被法定化的景观标准模式都是具有正面意义的，尤其是因为它们常常是被旅游业开发出来的。但偶尔也有反面的情况，例如在欧洲中部和东部的几个国家里有 "西伯利亚"。尽管在通常的概念里，西伯利亚属于

图 13.3 林茅斯,
码头上的莱茵塔,
19 世纪中期。

乌拉尔的东部地区，但这个词实际上意味着 "北部地区"。但也不一定都是如此，例如，在捷克共和国，它指的是波西米亚南部和摩拉维亚之间的高地。这种贬义的说法自然而然地成为一种口头上的传统称谓，并没有记录在旅游的书面资料里。

在景观模式化的形成过程中，地名本身就是一个能说明问题的显著元素。"峡湾地区" 是新西兰的一个省的名字，包括了相当大一部分的南阿尔卑斯山地区，这是一个明显的例子，但整个土地被欧洲人殖民化了，这些往往是最常见的地名。纽约以前是新阿姆斯特丹，至少在某些情况下可以想象它们是类似的，即便这只是一种带有故国情怀的主观意愿。新斯科舍至少应该算是起源于新英格兰的北部！

但总体而言，这个变化过程一直是从南部到北部（在北半球范围内）。几乎各地都渴望与比自己更偏南的某个地方攀上关系，不仅因为更偏南的地方更温暖，还因为更偏南的地方在文明的历史中更重要。北部地区的人确实长期以来都在自卑情结中纠结着。哪里是地中海沿岸地区的伦敦，或者，哪里是意大利的柏林？这其中当然包括在植物方面的法定化过程。我的花园里有一个难题是，需要养活从地中海地区引进的外国品种的植物——当然，很多草本植物，例如迷迭香、百里香和薰衣草，但也有托贝棕榈（朱蕉，实际上是澳大利亚的）、天竺葵（来自马德拉群岛）和棕榈以及凤凰棕榈。但实际上，在地中海度假胜地的漫步道上排列成行的棕榈树几乎都不是地中海的植物，而是荒漠植物，或是从加拿利群岛引进的植物；由于仙人掌也极受喜爱，因此这种植物也能反映出南部地区偏好的倾向性。园丁们总是面临不断种植属于更受喜爱的地方物种的植物的挑战。这或许能说明为什么苏格兰园艺家相对于英格兰地主而言更有威望，特别是埃姆斯沃斯伯爵。[6]

在文艺复兴时期，随着享有盛誉的文明的古典风格传入欧洲北部，在建筑方面，显现出同样的偏好倾向，而这种风格事实上并非完全适合欧洲北部——在潮湿的英格兰，没有门廊的平顶房不一定是一个好的选择方案。而且，西班牙或意大利没有任何迹象想努力引进北部的哥特式风格，至少近些年的情况是这样；尽管"英国花园式的风格"一直风靡法国和德国，而在地中海地区本身却并非如此受欢迎。另一个与整体趋势相反的偏好倾向是近期出现的对苏格兰的斯堪的纳维亚式小木屋的喜爱。毫无疑问，这会有两个影响：至少自 1950 年代以来，斯堪的纳维亚风格的设计一直备受推崇；而且，它也突出了与英格兰风格的迥异，表露出苏格兰自我认知的特点，即苏格兰认为自己属于从波罗的海至冰岛这条弧线范围内的北欧文化。而温和的气候使之并不需要吸纳苏格兰式建筑风格，但当然会引进高尔夫球运动，这项运动因林克斯球场和苏格兰河口沙丘的存在而兴起。

透过现代建筑风格，常常会清晰地发现另外一些偏好倾向。有亮红色波形瓦屋顶的白色平房非常明显地展现出它所向往的"地中海式类型"，尤其当它被称为"陶尔米纳"的时候就更表明了这种偏好倾向。其次值得关注的是郊区房屋的名字。一些房屋的名字与居民的名字相结合——这显然展示出它们所希望显示的，这里拥有一段相当悠久的历史——此外还有很多名字似乎可以显示出那些地方是居民喜欢居住的地方。苏格兰高地和地中海式的名字最为常见，但也有很多其他风格的名字。在英格兰南部郊区，得克萨斯州的牧场风格的房屋非常普遍。

随着更大型的主题公园在旅游业中越发占有主导地位，这个过程更进了一步。很多常规主题公园创造出各自独具特色的奇幻世界，或许包括其他星球的景观幻境。还有些主题公园提供了世界各地的特色场景。在日本

图 13.4 利姆诺斯岛。新的度假胜地，到这里光顾的西班牙人比希腊人多。

和中国都有西方国家的建筑聚集的景区。在中国广东省，可以看到正在兴建的哈尔斯塔特（奥地利），试图重现这个属于世界遗产村落的奥地利小镇，这使奥地利居民感到很恼火。有时，这种对另一个地方进行重现的做法并非如此明显或进行宣传。地中海海岸景观最初起源于那不勒斯湾，随着更多的地方被一一纳入进来，使它成为风景汇集之地——法国里维埃拉、西班牙海岸——使景观纳入了更多元素，但它仍然牢牢地保留着其基本的特色。景观中添加了小小的白色教堂以彰显希腊元素；但希腊群岛的很多度假胜地极少具有当地的特色景观和建筑，而是被设计成一种混杂的"地中海式的特性"，仍然颇具其起源时的意大利风格。例如，利姆诺斯岛就是这种情况，那里的度假胜地如图 13.4 所示，并没有展现当地特色建筑并以自身特色风情为主导的意图，反而是西班牙或意大利的风格。

如果通过建造实体房屋能够把一个地方变成另一个地方的模样，那么，可以想象的是，电影和媒体也可以做到这样的效果。在意大利式美国西部片中，有一个似乎合法化的潜规则，在影片中，亚利桑那州被转变成了西班牙或意大利。从事寻找外景拍摄场地的人永远致力于用他们发现的一些地方来代表其他一些地方。梅格雷故事连续剧是在匈牙利拍摄的，当时是社会主义制度刚刚垮台不久的时候，那里的城镇景观被人发觉出来，几乎能够代表1930年代的巴黎风格，而且，用这种拍摄某个地方来展现另一个地方的方式远远比建造一套实体房屋要廉价得多。我们并不知道，在每天晚上的电视节目中或电影里所看到的那些地方是不是被假扮而成的。2005年，有一部记录60年前的第二次世界大战最后几天的纪录片，其中，德意志帝国国会大厦实际上是用位于德文郡东部的一座废弃的乡村别墅假扮而成的，房屋的受托人非常乐意能够因此而得到经济收入。因此，"国家信托机构"发现它所拥有的房屋被用于假扮成古装剧中所需要的场景，也并不讲究剧中场景的真实性，以至于在《理智与情感》这部剧中所描绘的主角一家回到埃克塞特之外的农舍式小别墅实际上是用位于比德附近的北部海岸上的一座小农舍假扮而成的。就景观的大众性而言，这种现象或许并无大碍，除非这还会产生另一个在景观方面的利益相关者——发现这个地点的人——怀有一种非常有趣的、与别人完全不同的目的。但偶尔会有这样的情况，例如，《傲慢与偏见》获得了极大的成功，因此将导致出现一类特为此专门设计的重要旅游产业，以吸引人们前去观赏电影里所描绘的场景，尽管它们仅仅是在电影中充当一下书中的其他地方，而且与简·奥斯汀的生活并没有任何密切的关联。这继而成为非常相似于联想的景观类型——如同在拍摄电影《神龙再现》时使用在纽卡斯尔的那些场景的重要性。同样的骗局设计技巧当然也会运用于广告行业。近来有一些所谓的"新闻缺乏时期"故事，即找到旅游手册中描绘诺森伯兰郡的美丽海滩的照片，为整个被陆地包围的加拿大阿尔伯塔省作广告宣传，而韩国一直用描绘英格兰海岸的图片为自己作广告宣传。在这些情况下，"这个地方是哪里？"就是一个完全正当的、合理的问题。

关于这个问题，可以延伸到两个更深的层面，其中一个涉及殖民统治。世界上的很多地方所拥有的景观显然是诞生于欧洲、后来从欧洲引进而形成的，而且这种情况尤其适用于人为建造的景观，尽管植物造景也极易源于这种情况。在美国南部的城镇里，有很多都源自西班牙和葡萄牙，而不是源自哥伦布时代的文明时期的城市。在澳大利亚内陆地区的居民看起来完全不像英格兰人；但借用的外来元素随处可见，因此，想要对那里的景观有所理解，必须以理解那里的历史为前提。在印度的教堂塔上，可以瞭望到兵营驻扎地的全貌，而且，大城市中心的设计思想出自大英帝国的理

图 13.5　贸易地产景观。

念并服务于大英帝国的理念。甚至有可能发现英国都铎王朝的仿制印迹(巴兰坦和劳,2011 年)。所有游览河内的人都需要明白,它曾是法国的。这一切都是显而易见的,而寻踪全世界范围内的景观场景之间的关联性是一项有益的活动。在植物领域,同样也如此。位于九龙的半岛酒店不仅保留了殖民地的建筑和室内装潢,而且还提供充满怀旧情怀的"下午茶",唤起人们对 50 年前的追忆。

　　但是,在对任何一个景观的认知中,还应考虑经济这个必要因素,而不仅仅是它的历史,经济也是与殖民统治密切相关的元素,要了解和感知景观的外形、声音、气息必须结合经济因素的作用。在肯尼亚园林场里辛勤耕耘的劳动者所种植的青豆是供应给欧洲市场的,或许他们自己并不吃这些青豆,因此,那里是尽可能欧洲化的非洲景观。或许,几乎与之相同的是在阿富汗种植罂粟的情况。世界贸易情况极为复杂,以至于一些稀奇古怪的作物应运而生。当有人发现欧洲的动物园都有需要喂养的考拉时,桉树灌木丛和英格兰的灌木丛才有意义。苏维埃帝国的边界非常明显,不仅是在斯大林主义风格的郊区部落——被称为捷克的"panellaki"——贯穿那里所有的土地,而且也存在于破败的或至少是处于腐朽过程中的集体农场;并且,就景观本身的形式而言,在那些以前只知道可从事小型农业活动的地区,为增加粮食作物的产量,兴建了大型梯田(图 13.5)。

　　然而也有反向的情况。除非能够意识到荷兰在印度尼西亚的殖民政权力量,否则就很难解释在荷兰的城镇存在大量的印度尼西亚餐馆的原因。西欧的城镇里有很多人在穿过"摄政公园"的时候,看到尖塔的顶部和显露出来的金色圆顶,会产生不安的感觉,或许是忘记了印度的那些教堂塔。瑞士有一个州正在讨论在其所属地区内实施尖塔禁令。

有关"这个地方是哪里?"这个问题的另一个引申含义是无地方性的观点,就此问题,特德·雷尔夫(1976年)有精彩的描述和分析。这是一个景观,它并非另一个地方,但它不是某个地方的。如果一个机场没有语言标示,人们不会知道它是哪个地方的机场。在乘坐公共汽车到省会都市的途中,通常会经过加油站,那里是城市边缘地区的景观,还有城外的购物中心、工商业区和几乎在全世界各地都相似的公寓建筑群。当距离更接近的时候,或许才会注意到半独立式的砖砌房屋,还有房屋前的花园,这些才会使人清楚地识别出这里是英国——但这是在英国的哪里?在这类景观中,有一些是随着"条状地带"概念的引入而来自美国的,最初是为服务于所有与汽车相关的行业;但免下车的电影院的出现,致使城镇中心地区变得冷清了。这些景观几乎都只被看做是有问题的景观。我们的政策制定者反复咏唱着一条似乎毋庸置疑的真理,他们认为这种未分化的同一性景观是最糟糕的,而且,我们应该继续努力留住我们的地方特性和我们的地方景观。需要提醒他们注意的是,麦当劳获利了,带状地区也是如此。有非常之多的市民朋友似乎喜欢快餐以及随之形成的快速景观。1992年,我在捷克共和国的时候,曾被邀请赴晚宴,而用餐的地方被安排在一家新开的品牌披萨店,并非捷克的餐馆。这清楚地表明:我们现在已经重新归入到同一个世界并拥有这个世界普遍认为重要的设施。

诸如"共性基础"类型的组织倡导推崇个性突出的当地特色,往往将其观点聚焦于中产阶级社会,如果不能说是全世界的,至少可以说是在欧洲范围内的,但现在,他们已把目光转向乡村地区,无论是为了退休,还是为了新工作。当他们一旦住在这个有趣的村落的时候,如果不给这个村落一个它从未得到过的、具有标志性的名分,他们就想要挽救和保留那里的传统和遗产并保护它的个性化特征。而实际情况可能令他们惊讶,如果不令他们满意的话,也令他们惊喜,实际情况是,很多在村落里出生的居民很乐意卖掉他们的如画般美丽的草房,然后搬到村落的边缘地区,居住在多于一层的房屋里,房屋或许是委员会的,或许是个人的,住宅里有浴室,并供应冷水和热水。当地的小伙子们会骑着他们的摩托车到美国风格的餐厅,因为他们也是这个世界中的一员,并且,他们以此为傲。城市本身一直被接二连三地复制着,在这些城市之间唯一的重要区别是沿着"高街"的连锁店名称的顺序;现在,它们相互竞争,甚至都想制造出更多复制出来的购物中心,在这些城市里,有很多不为人知的同样的商店,并且传递着最虚假的当地的共鸣。普利茅斯的一个购物中心当然被称作是德雷克中心标志。

很多人喜欢无地方性的地方,这不仅因为他们在观念进程中受到影响,有时也与"人们喜欢这些地方"有关。在一个城市里会有一条街,它是某个"高街"的延伸,在这条街上,有一些售卖廉价产品的货摊和商店,以满足低端市场的需求。学生们致力于研究如何使这条街道及其设施变得更高档,这是一个错误的目的导向,并且会遭到相当多的当地人的反对,因为当地人认为这是"他们的地方"。这个地方或许不漂亮,但无论怎样,它是我们的地方。因此,想当然地认为所有的人都想买农民市场和个体商店里的当地食品是危险的错误假设。人们在购物中心购物,在工商业区工作,在郊外别墅居住,这种模式在一个国家的每个城镇或乡村里几乎都是相同的,通常是因为他们喜欢这种生存模式。更重要的是,那些特征或许能够代表实际状况,就这种意义而言,他们能够真正表现目前的生活和经济方式。茅草屋和农民的市场、当地的商店和用铁匠铺改造成的小商家,尽管因它们成为整个世界的重要组成部分而令人非常愉悦,但它们所组成的世界是一种虚假的世界。主题公园与这些梦幻村庄的区别很小:主题公园有不真实的建成环境以及真实的游客,而乡下的梦幻村庄有真实的建筑以及不真实的社会结构。郊区的景观和贸易地产是现代经济和生活方式的真实体现,并且,在欧洲范围内几乎都是相同的。美国和澳大利亚的情况并不是不相似,尽管宽泛得多。当然,有一些微妙的差别是:半独立式房屋在英国以外并不普遍,法国的阁楼仍然趋向于保有地窖,德国的住宅往往为了种一棵云杉树而留出空地。但这些表现出的是,在单一的经济体制中,一个国家所具有的不同于他国的个性嗜好。

参考文献

Ballantyne, A. and A. Law (2011) *Tudoresque: In Pursuit of the Ideal Home*, London: Reaktion.

Howard, P. (1991) *Landscapes: The Artists' Vision*, London: Routledge.

Jacobs, M. (1985) *The Good and Simple Life: Artist Colonies in Europe and America*, London: Phaidon.

Moir, E. (1964) *The Discovery of Britain: The English Tourists 1540–1840*, London: Routledge.

Relph, E. (1976) *Place and Placelessness*, London: Pion.

练习

以一个规模像一个县大小的地区为调查对象，通过查考古老的旅游指南资料，找出哪些地方是参照别人的意愿而被法定化的。这些资料通常很便宜，在二手店里可以找到，但一些"只存在一时的"出版物的旧副本应该是存放在图书馆里。不仅要看哪些地方是被合法化的，而且还要看哪些地方确实具有合法性。你会发现，地中海的参照性高于波罗的海的参照性！

在当地的城市里，看看"高街"购物地区，并且，计算出各种商店的临街空间的百分比，需计算临街空间的商店属于：当地的个人商店；当地的或区域连锁店；国家的或国际连锁店。

注释

1. 约翰娜·施皮里在 1880 年出版了作品《海蒂》。

2. W·索恩伯里，约瑟夫·马洛德. 威廉·透纳皇家艺术 [M]. 伦敦：查托和温达斯：143.

3. J·格雷格主编. 法灵顿日记 [M]. 伦敦：哈钦森，1922.

4. 威·梅·萨克雷. 莱茵河上的奇克贝里家 [M]. 伦敦，1850.

5. J·L·W·佩奇. 德文郡的河：达特茅斯和达特 [M]. 作品集，1893 年：30.

6. 佩勒姆·格伦维尔·伍德豪斯的作品"布兰丁斯城堡"系列小说中的贵族的主人公形象。

第三部分

未来是怎样的?

14 保护景观

  《欧洲景观公约》（ELC）运用于所有的景观，同时，它致力于精心对景观进行定性并将景观质量价值进行等级排序，然而并不认可的是，在所有的景观中，一些景观需要被保存，一些景观需要被管理，还有一些景观需要被改善；而有关将这三个方面加以区分的问题就是本书最后这部分所要论述的内容，也就是分成有用的三个部分，分别在三个主题下进行讲述，而就景观而言，完全不是只属于三个之中的某一个部分。人们看待景观质量的观点随时代而变化，正如我们看到的，一直以来，人们所认为的组成景观质量的元素一直发生着戏剧性的改变，不同的人仍然将随一系列因素而确定景观质量的好坏及其排列次序，而这种评判结果因人而异，往往会大相径庭（彭宁 - 罗斯尔和洛文塔尔，1986 年）。很可能大多数动物对景观的喜好也有很大差异——敏锐的观鸟者会清楚地知道，鸟类常常更愿意选择在一个邋遢和零乱的场所里生活，而不是其他地方。因此，能被全人类一致认同需要保存每一个特征的景观几乎寥寥无几，而就另一个极端而言，需要被实施改造以去除每一个特征的景观也是寥寥无几的，如同在 1960 年代里实施的所谓可怕的"综合重建"。每一个景观都需要管理，包括被保护和被改善。即便是最自然的景观，也需要被管理，甚至极个别的情况，例如在南极洲，或许高度限制准入也是管理方式之一。因此，在景观管理方法上的分类，对人类处置景观的行为更为适用，而不是针对各个景观本身好坏的区分。还有一些词需要被谨慎使用，包括"保护"和"保存"。英国人使用"保护"一词的意思是景观、建筑或当前状态所在地点的维护，尽可能不允许作改变，像对待博物馆文物一样，而随着时间的推移，保护一词也包含允许作改变的意思，因而是一个灵活得多的词，尽管对这个词及其概念仍存在着激烈的争论。美国人使用保护一词主要是指动植物、自然景观，而保存一词被用于指人造环境。"被保护地区"这个词语或许更有实用价值并且通常被"国际自然保护联盟"（IUCN）所使用。他们使用一个具有国际权威的定义，国际权威组织对受保护的景观进行分组和归类，而分类情况在很大程度上取决于有关负责机构的力量的强弱程度。

保护景观的目标绝不意味着在每种情况下都同样如此，而且经常因情况的不同而变化。英国确实没有在国家层面指定的地方以"景观"一词标称，也没有赋予这个词复杂的意义，这很容易理解。英格兰和威尔士"国家公园"被认定是"自然美景"，但也鼓励公众的进入；很多人惊奇地发现，在创建他们的"法令"中并没有提到对动植物的保护，但公园方面承认，这在对"自然美景"的保护中是一个必要条件。"杰出自然风景区"（AONB）是另一个主要基于美学价值观而被确定为受保护地方的实例，但"环境敏感地区"（ESAs）却不同，对这些地区的保护在很大程度上是基于生态保护的目的。在其他情况下，例如对鸟类的保护或在很多其他国家的国家公园里，对景观的保护是为了对动植物种类的保护或对地质遗迹的保护而产生的连带效果。公开宣布的目标不仅会随着时间而改变或因新的发现而改变，而且还会隐藏其他目标或至少是其他效果。伯顿在讨论塔玛尔峡谷的经济剥夺问题时认为，或许会就此宣布一个"杰出自然风景区"，这不会解决任何问题，但会使每个人都感觉好一些（伯顿，1972年）。汉普郡东部的"杰出自然风景区"是所有旅游手册上众多此类地区中的一个典型，通过研究可以看出，它之前从未被认为是一个整块的地域，仅仅是作为从周围的城镇可以进入的丘陵地；而且，它被描述成若干村落和石头墙，并因此而具有魅力，它们中没有天然的，而且它的魅力之处一直被描述成它所具有的极其平凡的属性——因此它不是一个"地区"，它的"美丽之处"既不在于"它是天然的"，也不在于"它是杰出的"。尽管如此，这种情况有效地防止了这样一个如此美丽的村落地区被过度建造新房屋以满足在此居住并前往朴次茅斯、南安普顿或温彻斯特上班的人的需求，以及有效地防止了它被迅速高档化。

一直以来，在保护景观方面，有两个不同的范例。到目前为止，最常见的，也是很多人认为最有效的是对那些特殊的地方进行指定，在那里所运用的习俗和规则不同于常规，国家公园就是一个典型的代表。除了这个体系以外，还要配有观念的作用，也就是，所有的景观都需要政府层面给予一定程度的关心（无论是地方政府、区域政府，还是国家层面的政府或现在的国际层面的政府），这是新的"公约"所主张的立场；但已有太多这样的立法依附在一些规划法律和法令里，而这些法律法规都与国民健康和福利方面有关。

　　英国有大量被指定的各种各样的地方。因此大约百分之三十的土地表面被包含在至少一个指定地区，一些地区处于若干个之内。在英国，支持建立英国国家公园制度的运动达到突显重要意义的时期是 1930 年代，而且，的确适合标准的地方已经早在第二次世界大战之前很久就被指定为具有特殊性的地方了（康沃尔，1937 年）。正如很多保护方面的法规一样，它的起源应归结于一种奇怪的组合，既有来自 1930 年代的政权（包括彻底的法西斯主义）中的民族主义提倡的"拯救我们的土地"运动的结果，又有左翼知识分子提倡为我们的城市里被剥夺权力的市民而发起的拯救我们的景观的运动的结果，这是一种将民主和民族主义相结合的组合。从一开始就很明显，在英格兰不会有美国模式的国家公园，即由联邦政府所有、没有居民、仅仅致力于旅游业、单纯为被保护而存在的美国模式的国家公园。在英格兰，不仅每一寸土地都已被占用，而且几乎所有土地都被节约利用，而其中的一些只是以看似广阔的状态呈现出来。毫无疑问的是，在大西洋战役刚刚险胜后，随即为胜利战役而进行挖寻活动，占用了大量的农耕土地。更有甚者，非常之多的乡村土地、特别是丘陵地区的所有者青睐于国家公园，他们往往在上议院或国会下院占有相当的地位，而且他们确实是一个非常强大的游说团体。使他们脱离自己的土地几乎是不可能的，即便是现在，他们中还有一些人仍然坚决反对公众进入其所属地区。威尔士和苏格兰的情况则不同，因为他们有太多的土地仅仅用于扩大农耕面积——广袤的荒野；但他们也有强大的土地所有者。威尔士被纳入 1947 法令的实施范畴，但苏格兰没有，而且很多年以来一直没有国家公园。

　　英格兰和威尔士的国家公园在很大程度上基于围绕荒野的核心区而建立：诺森伯兰郡，皮克山区（第一个国家公园）和沿着奔宁山脉的约克郡谷地；湖区以西和北约克郡沼地以东（后者通常被定位于酷似中生代岩石的地区，而不是古生代）；英格兰西南部的达特穆尔和埃克斯穆尔——规模较小但准入性更高。威尔士有斯诺登尼亚和布雷肯山以及彭布鲁克郡海岸，这是唯一没有以荒野地的核心为主导的地区，尽管其中当然有荒野地。19 世纪末期，人们仅仅是发现了高沼地的魅力并确实开始有所欣赏，但到了 1930 年代，这种欣赏完全降格并具有另一个层面的意义，变成以徒步旅行和郊游为主导的地区。特别是在北部地区，或许还有南威尔士地区，像徒步郊游（和骑自行车）这样的运动绝不仅仅是富人才有的活动。当然，进行活动的目的有很多种……人们通常都会有各自的目的。很多来到高沼地的人是想要锻炼身体，因为在这里运动可以呼吸到新鲜空气，他们认为这里比精美的风景地更好，或许这里还会有求爱或偷猎的小乐趣。政府对这些地区的指定工作也同样出自各种目的。虽然，确定这些地区成为公园是为了促进公众的进入并且促进保护自然美景，尽管如此，也应考虑野生动物的价值、甚至要考虑应保护野生动物的生存方式，已被确定的 10 个地区就是出自潜心规划的成果。紧邻大都市的地区——较易进入但被集中开发的程度高得多，例如南部丘陵、科茨沃尔德、新森林地区和部分东安格利亚地区——必须等很长时间以后才会成为指定地区。有些仍尚未实现。与指定其他地区不同的是，指定国家公园的关键要素是指定过程具有一定程度的独立性。它成为本地区的规划权威机构，并设有总部和职员，他们并不直接属于地方当局和郡县委员会的一部分。当然，诺森伯兰郡议会对诺森伯兰郡国家公园指定机构的影响非常大，包括在一些执行权力方面，但公园至少在部分程度上脱离了他们的控制；的确，这在地方层面上几乎谈不上民主。目前这些地区的土地在那种程度上从属于国家规划，而不是地方当局。湖区已经成为"一种国家的财产"，正如沃兹沃斯曾请求的那样，但政府对其没有所有权。[1] 这意味着，一个可能去湖区游览的伦敦居民和一个在卡莱尔生活的人都可以对"湖区国家公园管理局"的政策产生影响，而且两者的影响力是相同的——尽管这种影响力比不上在凯西克的居民。国家公园是在这样一种程度上属于国家的；但总体而言，它们仍未采用苏格兰或威尔士的国家博物馆通常所采用的那种"国家的"概念。国家公园历来不涉及有关民族主义方面的问题，可以确定有一部分原因是，所有的公园都致力于展示自己本色中的独特性，而不是典型的"英国的特性"。不可避免的是，每一个公园一经正式建立，必然要树立自己的身份标志，在广告牌、注释板和路标上作一些标识以展示出来，这使公园的原始野性风格有所减损。这的确使它们更像"公园"，而不是很多人想要的那样。

"杰出自然风景区"的规模在进一步下降，特别是在它们的独立性方面。它们完全被郡县和地区委员会掌控，并且没有一个独立的计划职能体系。无论如何，它们是由国家指定，而不是通过"乡村委员会"的地方当局。[2] 它们通常不像高沼地那样有大面积的公众准入地区，但却有精美的传统农田景观。有一些位于很遥远的地方，例如尼德河谷，但大多数地区都有大量的人口。不可避免的是，乡村城市化的过程导致很多地区正在成为具有较高收入的家庭特别青睐的地方，如同布莱克塞尔和吉尔格（1977 年）很多年以前指出的那样。"杰出自然风景区"并不总是有明确的准入政策，因此，地区内的自然美景在很大程度上使当地居民受益，而且，从道路上和现有的人行道上就可以看见这些地方。

一些郡县指定了更多地区，但其权力仍然较小，如同"大景观价值地区"或一些类似的术语，而且，在这些地区，规划机构被寄予希望，应特别关注已被提议的开发活动对景观的影响；但在吸引游客或提供公众准入方面，他们没有发挥具体的作用。

这些指定工作所获得的成功，尤其是国家公园的指定工作的成功在1950年代和1960年代非常显著，学校的环境教育开发活动对指定工作的成功起到了辅助作用，这些活动大多是由"英国田野研究协会"推进开展的[3]，致使越来越多的人开始想要进行这类户外娱乐活动，并且有时间、也有可行的交通途径到达那里。诚然，公共交通的能力是有限的，前往那里的私家车的比例日益增加。在一些情况下，公园与大型工业区非常邻近，最明显的例子是皮克山区，原本是鼓励公众进入公园，但在这种情况下变成了控制公众准入。有一个难题是，如何持有维护荒野地广袤的开放状态的能力，因为，高沼地给人带来的最大益处就是它们能够使人享受一种空旷和广袤的感觉——在自然的世界里独处。但是，在高沼地，即便只看到有其他两个或三个人，就会产生拥挤的感觉。这种压力带来的一个结果是导致了"乡村公园"立法实施——一种非常灵活的公园类型，其中一些是私有土地，而更多的是属于市政的。很多公园与城镇相邻，为城市提供了新鲜的空气，成为城市的肺，在这些公园里，人们可以遛狗、玩捉迷藏（有很多林地，在城镇附近种树是南·费尔布拉泽等人极力提倡的一项政策）、进行体育活动或只是逃到这里、独自安静几个小时而已。这些公园的设立旨在填补国家公园和城市公园之间的空缺。

第二套指定工作的形成是源自对保护自然界的渴望，自然界包括动植物以及非生物性的自然界（地质学），这类指定工作的意愿并不是想要建立某个精美的景观。这类被指定地区包括"国家级自然保护区"（NNR）、"特殊科学价值地点"（SSSI），这类被指定地区总体上并不将准入问题作为主要部分而纳入指定工作所考虑的范畴。的确，在科学保护的观念中，通常反对公众进入，或至少对允许公众进入所带来的益处是持怀疑态度的，不过，在英国，相对于其他国家而言，这种情况比较少。科学生态学家发现，想要使一般公众相信科学知识是有一定困难的。这显然存在一些难题。"韦斯特曼的林地"是位于达特穆尔高地的"特殊科学价值地点"。它非常受欢迎，相对而言，与主干道路的距离比较近，因而显现出纷杂的人迹在此留下的凌乱烙印，如同被放过牧的草坪，而再看一个用栅栏隔离以用于研究的地区,结果就完全不同。还有很多由地方当局运作的自然保护区（LNRs），有一个是环绕兰迪岛的"海洋自然保护区"（MNR）。《海洋和沿海区准入法令2009》或许会促使很多其他海洋保护地区的形成。"特殊科学价值地点"或许暴露的是一个采石场里的岩石上的极小部分,而且刚好是以一种有趣的方式展示出一个地层层序。而在另一个极端的方面,它们或许是广阔的高沼地、荒野或半天然的牧场或林地地区,为维护一个特殊种类的蝴蝶或兰花的存活量而被保留下来。它们大多属于个体私有,对于在这个地方不允许进行哪些活动都有清楚的描述,并受到法律保护。一直以来,"特殊科学价值地点"的指定工作在很多方面明确了如何获得在科学界和土地所有者之间达成共识的土地管理方法。"国家级自然保护区"的数量比较少,但通常是公有财产,然而,往往在准入方面实行非常严格的控制。

　　一些地区的指定工作在获得国家认可的同时,也受到国际有关方面的关注。我们有很多湿地是"拉姆萨尔湿地（国际重要湿地）",都是在伊朗拉姆萨尔召开的国际会议上被确定的。欧盟（EU）在这个保护领域里也一直有发布相关指令,其中包括"特别保育区"（SACs）和"特别保护区"（SPAs）,后者专门针对鸟类保护。几乎所有受到国际认可的被保护地区种类都首先发起于本国国家层面所提出的倡议,这样才会获得国际推崇（或许会有针对性地确定更严格的保护标准）。正如"世界遗产组织"一样,没有任何一个专家团体会突然决定将一些地方纳入保护的地区名单或将它们指定为受保护的地区；所有的建议都来自国家政府部门。如果给一个地方冠以国际指定保护地区（例如"世界遗产地"或"特别保育区"）的称号,而实际上又没有对其管理体系有所加强,这个称号就显然多余了；如果不能改变什么,为什么还要这个累赘呢？但政府是保护其名誉的,而且,没有政府想把自己放在国际社会的对立面。在一些情况下,例如从国际惯例上看,这被当做是对一项已自愿缔结的条约的违背行为,各国政府都羞于那样做。因此,这种令人难堪或耻辱的事是为"濒危世界遗产名录"或"国际自然与自然资源保护联合会"（IUCN）关于濒临物种的"红色名录"等这类事情提供支持的力量之一。

　　英国历来不太使用嵌套式的指定手段,但有时会有一些围绕一个主要的珍贵核心地区、保护状态渐减的不同地带。在欧洲中部的自然保护区,这种手段被广泛使用,同时,主要的核心地区常常是一个"禁入"地带。因应"联合国教科文组织"（UNESCO）开发的生物圈保护区,例如在北德文郡设立的此类地区或达维河口的周围地区,目前英国有一些应用这种手段的实例。德文郡的核心地带是布朗顿洞穴，它是建立已久的"国家级自然保护区"，是一个典型的海岸沙丘，同时还有两个作为缓冲地带的"杰出自然风景区"，因此，这些地带占据了海岸地区的大部分面积，连同组成过渡地带的托河和托里奇河的整个流域。这是一个极不寻常的情况，被指定的地区取决于自然的（水文学的）标准，而并不符合任何政治边界。"杰出自然美景地区"也是"联合国教科文组织"设立的保护地区，这个事实说明在英国有一个共性特征，也就是，这些地区并不是嵌套式的指定地区，而是具有多重性的指定地区。完全有可能出现的情况是，一个属于"国家公园"的地方也会属于一个"环境敏感地区"（ESA）；或许还会是一个"特殊科学价值地点"，还或许已是一个被列入计划的历史遗迹，而且或许属于"国家信托机构"所有。如果它们也是"特别保护区"或"特别保育区"，或许还属于"拉姆萨尔湿地（国际重要湿地）"，或是一个"世界遗产地"，这种情况就变得更为复杂了。难怪一些土地使用者会因此而迷惑不解。这样一套复杂的指定体系反映的一个历史事实是，具有多种多样的保护目的，在所有这些保护目标中，有一些重叠的部分，并且被各种可能的方式随意驾驭。这种复杂性是依靠作为一个体系的指定方式所导致的一个不可避免的结果（Sheail，1988）。科学界发起设立的自然保护区历来都有一个倾向性，即一定要与那些鼓励公众进入的地区和审美景观有所区别，因为后者对景观质量性质的判断会被认为是对他们的科学凭证力量的淡化。

目前，在景观保护方面，作为一个体系的指定方式已有悠久的历史，而且也取得了一些重大的成功。其中，"英国国家公园"就是一个明显的实例，因此，有几个重要的景观地区虽然历来都被允许改变，但必须在一个明确的政策基础上才能进行改变。这在极大的程度上避免了偶然的非计划性的改变，尽管它只是避免了让景观看起来是有人居住的地方，也就是说，所能避免的偶然的非计划性的改变仅限于这种类型，正如一个内部环境一样。对指定工作有很大的好处，尤其是对法律工作者。控制这样一个体系相对容易，这个体系是，在地图上的一条特殊的线以内，应用不同系列的规则。因此，大多数有可能被评价为有损于地区质量的发展计划根本不会传递给决策者。开发者迅速感觉到某类发展计划将不会被规划当局接受，也就不会再努力尝试它了；其他发展计划在交给决策者之前会经过加倍精心的考虑和设计。但也有一些明显的缺陷。其中最明显的一个缺陷是，任何一条指定线都有一个以外的部分，同时也有一个以里的部分。很多地方被排除在外，而且这些地方很容易被认为是不重要的地方。当前的一个例子涉及向着海岸的风力发电场，这是一个比重很大的景观难题，而对可再生能源的需要已被认可，由于这种需要以及有关核电站方面的政治需要（而不是科学领域的需要），越发加剧了解决这个景观问题的难度。设想一下，如果我们不能接受在国家公园里建造风力发电站，但可以接受在其他某些地方建造，特别是在偏远的乡村里建造，那么，那个偏远的乡村里将会充满强烈的怨恨。

　　如同在本书中屡次提到的观点一样，现代景观理论认为，在对景观质量进行评判时，不再依从审美学的观念，而是根据景观的内涵而定，因此，那些在人们看来意义非凡的景观也可能是极其普通的景观，或许是他们日常居住的地方，这些地方几乎不可能成为被指定的特殊地区。即使住在一个被指定的景观地区的居民，他们作为"知情者"所持有的观点或许与外界的大多数人完全不同。我们把大量的关爱给予了指定保护的地区，而那些地区在我们所有的土地中所占的比例很小（尽管比例也并不是那么小），但却忽视了其他的地方，这种观念在当今的欧洲显然已不能被人们所接受，因此今后将由欧洲委员会开发一个不同的系统以形成相应的发展规划。其结果是，被保护的地区几乎不可避免地被进行所谓高档化的改造。

　　有关乡村被改造及高档化的现象并不足为奇。富人总是会购买遗产物品。毫不奇怪的是，世界上大多数最精美的绘画作品或归属于国家所有（代表他们的人民），或归属于私人富豪或有钱的组织所有。当景观成为遗产地的时候，它们就将会被那些富人和有这种能力的人或团体购买。在大多数西方国家，尤其是在英国，人们认为这是具有合理性的理所当然的事情。这种现象在美国不太明显，在美国，如果把一座建筑指定为遗产，不一定会增加其市场价值。在一些东方国家，例如在中国，富人似乎对遗产建筑不太感兴趣，他们更喜欢新建的房屋。我们所认为的景观概念大多都是由其最初的美好状态而建立起来的。漂亮的村庄里的茅草房在一个多世纪里一直是人们所认为的美好景观。最初，在那里有新的"农舍"，通常被茅草覆盖，还有十个或更多的卧室，位于风景优美的地方，例如锡德茅斯（被称为"cottages ornees"），而且，它们具有田园诗般的设计风格，就像猎人小屋一样，而猎人小屋也在大君主的领土范围中比较偏远的地区纷纷涌现出来。很明显的是，这些早期尝试着新建的田园式的小屋很少带有特殊的地域味道。乡村风格的模型出自萨里郡和萨塞克斯郡等伦敦周围各郡，而且，那里的方言被传播到整个英格兰的大部分地区（图 14.1）。很久以后，到了19 世纪末期，而且是在两次世界大战之间的时期，大都市人或至少是城市

图 14.1   保德汉姆。在位于保德汉姆城堡的德文郡伯爵的住宅大门外，这种茅草房被迅速建成。这种新型农舍类型显然出自萨里或肯特，而不是德文郡，因为这种"眉毛"茅草的模式与原汁原味的茅草房风格相违背。

里的人，以及文化界精英掀起了追寻乡村农舍的热潮。如同爱德华·摩根·福斯特的小说《看得见风景的房间》所描写的那样，小贵族和尤其是文化制作者，例如作家、音乐家和艺术家，以及那些自认为是知识分子的人，都想寻找到一个乡间休闲居所，有时可以作为一个永久的家，而通常更多的是当做第二个家。海伦·阿林厄姆的那些描绘可爱的茅草农舍的画作是实际情况的真实反映，这些令人喜爱的茅草农舍带有一些花园，花园里盛开着具有古老英国特色的花朵，还有迷人的年轻女子，这些图画使人很自然地想到，图画中的这些人就是那些居住在农舍里的真实的人；他们是来这里定居的移民，跟从格特鲁德·杰基尔关于花园的建议并购买"工艺运动"所制作的产品，这个运动的中心地区显然是集中在凯尔姆斯考特以及科茨沃尔德地区的奇平卡姆登。到 1930 年代的时候，这种充满乡村风情的住宅供不应求，如同阿克尔的阐释（1934 年）；但这种动向仍然继续，而且，如果认为当地人是不情愿而不得不搬迁离开的，那就大错特错了。他们只是因为太惊喜了，以至于简直无法以比自己所能接受的价格高得多的价格卖掉他们的不卫生的、房屋的茅草里有老鼠的、连自来水都没有的住宅；但也有一个与之相平衡的情况，农业机械化的形成大大降低了农场对人工劳力的需求，因此，很多农民不得不进入城镇寻找工作。他们可以被安置在属于城镇新委员会的房子里居住，房间更大一些，还有更大的花园，以及现代的便利设施，包括有自来水供应和在房屋内部的厕所。新入乡村的定居者各不相同，即使他们已成为这里真正的居民，他们仍然会各不相同，因为他们的财富不是从这里建立的，而且，他们的品位的形成深受国家或甚至是国际主流的影响。因此，随着这些茅草房被焕然一新，并被涂刷成最时尚的颜色，这里原有的乡村景观就发生了明显的改变，从"国家信托机构"所展示的迹象中可以看出。在德文郡乡村的农舍被涂刷成白色，因为粉红色被认为是品位极差的颜色。但粉红色是传统的颜色，源自当地的红土地。据一位第四代茅草房工匠叙述，他的父亲第一次被请去作房顶的整体修缮是在 1960 年代中期，当时是为新搬入当地农舍居住的人而作的。以前这里的村民负担不起整体的修缮费用，最多只能为自己的房屋作一些小修补。从外面望去，这些新粉刷的房子形成了一个与之前完全不同的景色。当地的学校关闭了，因为新居民的孩子已经离家自立或到外面上私立学校。在康沃尔海岸有这样的情况，救生艇站面临着停业的危险，因为缺乏将在村庄里永久定居的船上工作人员。在村庄的外面，由于农场的合并，农场农舍都被卖掉了，留下几公顷土地，在这些农舍居住的是想体验乡村风情的生活、去附近城镇挣钱或通过互联网工作的人。在牧马文化和小农场方面有明显的发展，一个有经验的人一眼就能察看出真正农场主的田地与一个在这里体验生活的农场爱好者的田地之间所具有的不同之处。

乡村被改造升级的过程包含了很多有益之处。当地的动植物从中受益匪浅。不仅新居民喂养鸟，而且，农场爱好者在管理他们的小块田地时，非常关注生物多样性的问题。在他们管理得不好的地方，田地就会退化成荒地和灌木丛生的状态，这种生物多样性被废弃的情况比由农场主管理田地时发生此类情况的平均数少得多；或者他们会种植一些小树和挖池塘。在村庄和集镇里有供给教堂塔和村务大厅的经费。在很多情况下，新居民有很强的组织能力，而且，他们擅于"把这个地方放在地图上"，以吸引各种资金的投入并组织各类活动，包括像莫里斯舞者这样的人造乡村生活场景的活动以及像艺术展览这样的开放大胆的高雅文化。而这些活动并不一定总能深受那些更长期的居民的欢迎。

同时，在这个过程中，也存在着明显不利的方面，特别是当新来的人

图 14.2　霍拉索维采, 波西米亚村, 现在是一个"世界遗产地"。

属于非居民的时候。或许最有潜在危险的不良因素是固化的假设, 即认为最重要的就业形式不合适农村的环境。如果负责规划和促进就业的地方当局, 例如一个县或地区委员会的城市人口多于农村人口, 通常就是这种情况, 而在这种情况下, 已经形成了一种定局, 即大多数人支持新的就业机会应在城市这种想法。如果他们的想法得到很多农民的支持, 农民也反对在乡村或郊区有任何新的发展形式, 就会开始进入就业的农村人口持续减少的阶段, 于是, 地方当局得出的结论很可能是, 在乡村地区的任何新发展都不具有可持续性。

　　霍拉索维采是波西米亚南部的一个小乡村, 我曾能直接观察到那里发生的乡村被改造而走向士绅化的过程。在 1990 年代初期, 我第一次去那里考察, 那里正处于被改建的惨状, 到处是被剥落的油漆皮和摊散的木工碎屑。而在那里依然还能找到一个喝啤酒的地方, 但除此以外就没有其他商业经营点了。在道路上行驶的轿车中, 很少见到老式"斯柯达"和"特拉贝特"。但霍拉索维采于 1988 年被宣布成为一个"世界遗产地", 并在此后的十年里, 它有了一个停车场, 并在其绿色园地范围里还有一个公共厕所, 以及至少两个酒吧/餐馆和一个小型博物馆。那里的房子被整修和重新粉刷。道路上行驶的轿车迅速增加了很多现代感, 随之而来的是, 大多数汽车号牌是

图 14.3 马拉喀什。欧洲拥有的一种利雅得风格的屋顶景观，显示出修复得很漂亮的屋顶。

来自布拉格的，而并不是当地的；到了 2000 年的时候，有很多是来自纽伦堡和慕尼黑的德国牌照的轿车。霍拉索维采现已成为世界舞台的一部分（图 14.2）。还有一个更为城市化的案例，这就是马拉喀什的情况，那里现在是富人迁居的目的地，至少是他们建立第二个家的目的地——常常是一个摩洛哥四合院，以前住着几个家庭。还有其他一些案例是有关经济实力雄厚的欧洲基金会和机构在那里设立的房屋地产的情况，而并非是个人的私宅。马拉喀什架构的形成完全具有积极意义，尤其是通过"艺术修复文化遗产"产生的效果更具意义；但这对社会结构产生的影响所导致的必然结果是在很大程度上淡化了曾经一度存在的"摩洛哥的伊斯兰文化"（图 14.3）。

　　如果某处或某物被指定为遗产，无论它是一座建筑，还是一个村庄，或是一处景观，或只是一辆老式汽车，都会是促成在那里发生士绅化过程的主要因素，即便不是最关键的核心因素。一直以来，曾做过很多努力来阻止这一过程的发生，但要想在这个过程中，不对当地居民造成更深远的不利影响是极其困难的。为优惠当地居民而人为设计的低房价体系对那些未来想在萨里得到工作升迁机会的居民来说并没有多少益处！而且存在的一种危险是，只有当地居民家庭才能享受的特殊住户待遇会成为对所有外来者的赤裸裸的歧视。

在有关指定的过程中还有一个因素，通常出现在一块山地被指定为遗产地的时候。一个很好的例子或许是"林肯郡荒原"的"杰出自然风景区"（AONB）。通常不难发现这片地区的"美丽之处"：在一个或两个世纪以来的旅游手册中都能很快找到"那些场景的地点"位于何处。在这种情况下，以及在很多其他情况下，那些场景地点不是景象而是观看风景的地点——那是最重要的美丽景区，这里的美丽风景只有在乡村周围才能看到，特别是向东延伸入海的沿海平原地区的风景。但沿海平原不在可指定范围之内，所以受到保护的是观景点而不是风景。

有一种方法可以替代指定的做法，即将所有的地方都作为特殊地方来对待，而它们各自都有不同之处。这种方法具有很大的知性魅力：它避免了用指定的做法而带来的大多数难题，在部分程度上避开了有关质量的问题。在使用这种方法的时候，当然也会被允许对景观作出评判，而其评判的标准更显然是依据景观的内涵，而不是那种似是而非的（和瞬息万变的）视觉美感。在某种意义上，这种方法一直是英国的法律体系中的一个不可或缺的组成部分，通过规划立法已有 60 年之久，而只不过是，这在景观领域很少公开而鲜为人知。尽管如此，我们会期待对不同地区能有不同的权限，无论是对林肯郡的乡村地区，还是对在南威尔士的工业谷里的地区，如同对建筑材料应有不同的限制条件，以适用于每个地区当地的不同特点。不同的地方当局也在非常明确的权限内，用不同的方法对待景观问题，但最有力度的是德国，在德国，由国家政府负责这类问题。在英国，当然会有对更多的当地自主决策权的迫切呼吁，但如果两个当局有实质性分歧，一旦不利于某人，任何分歧会立即被冠以"邮政彩票"之名。不管怎样，我们在这个领域发挥了先导作用，一直都在从事建设性的工作，例如，与"英国自然与农村委员会"（现在是"英格兰自然署"旗下的联盟机构之一）合作制作"农村字符"地图。这些工作旨在努力将有关的乡村确定为具有独特景观的地区。其依据通常是基于地区的地理特点，但在这个地理范围内存在重要的特质。区域地理学这一科目不再作为学校课程之后，这种做法就是在区域地理学研究中方式多样的一项练习活动。然而，它仍然保持着一个坚固的专家驱动体系，当从两个半官方机构的专家脱离出来的时候，这或许是不可避免的。

《欧洲景观公约》（ELC）观念的核心是将所有的地方都视为特殊的地方，它对景观的定义是贯穿本书思想的基本要点之一。与所有其他种类的指定工作不同的是，ELC 适用于全欧洲的每一公顷土地，包括所有的城镇和湖泊以及海域，至少在已签署和认可"公约"的那些国家的领土范围内是适用的，目前，其相关内容形成他们本国法律的一部分。英国于 2006 年批准了"公约"。在很多情况下，签署"公约"的国家都相信"他们总会做到这些"，但当一些内容上升为法律条款的时候，它们也可能会随着试验案例的结果而被打破并发展为新内容。"公约"的法律基础是重要的，它源自"人权公约"，而它们都出自同一批工作人员，而且其理念都是将景观视为人类的权利；同时，政府有责任认真对待景观。在部分层面上，"公约"回避了有关景观质量的问题，但承认一些景观需要被保护、一些景观需要被管理，以及一些景观需要被改善。

如果将每个景观都视为独特且有别于其他景观，那么，对某个景观而言，允许的开发和相关活动或许对别的景观是不允许的。问题是，尽管"公约"非常清楚地表明对公众协商的需求，但并没有赋予政府、地方当局或市民以任何独特的权力。其中包含了辅助性基本原则，其含义是，应将权力的行使尽可能降至最低程度且符合效率。毋庸置疑，每一级政府都认为他们在其所属层级上有决定权。因而在对景观的关注方面将会涉及极其大量的公众的参与，因此在教育项目上的主要支出和在参与方面的危险都是自上而下而形成的。不足为奇的是，有些人希望看到"公约"被嵌入欧盟指令而成为其中的一个组成部分，以使 27 个成员国在欧盟一旦确定这一指令后，无论指令以何种方式，都必须无条件地一致执行。然而，其他一些国家的感觉是，执行"欧盟指令"彻底破坏了公众参与的观念，而且，"公约"的词句无论怎样总会马上被某些政府利用并以此当做自己"善意"的借口，从而以他们自己国家的方式将其纳入他们自己国家的法律中。

在有关我们的景观遗产问题方面，《欧洲景观公约》（ELC）是有关国家必须履行的国际义务之一。另外，我们还遵行的国际约定是《世界遗产公约》（WHC）以及"人文景观"的类别，它于 1992 年被添加到"公约"中（福勒，2003）。在此之前很早就有一些属于自然、人文和自然与人文混合的景观范畴的"世界遗产地"，那些自然与人文混合的景观或许一直被一律视为"人文景观"。凡尔赛宫是一个明显的例子。"公约"由联合国教科文组织（UNESCO）创立并创建于巴黎，目前，890 个遗址被列入（2010年 3 月），其中有 176 个属于自然遗址，689 个属于人文遗址（包括 52 个官方认可的"人文景观"）和 25 个混合型遗址。应注意的是，"人文的"一词是国际范围的公约所提及的，并不被《欧洲景观公约》所采用，在《欧洲景观公约》的观念里，所有的欧洲的景观都是人文景观，至少具有一定

程度的人文色彩，因而根本不必要使用这个词。与《欧洲景观公约》（ELC）
完全不同的是，《世界遗产公约》（WHC）坚持致力于对景观质量作出定性
评判，这项职责是由"国际古迹遗址理事会"（ICOMOS）和"世界自然保
护联盟"（IUCN）共同提议的。被指定为遗址并不意味着就能获得任何来
自国际组织的充足的补助金；只有本国政府才能提出指定地点，而保护被
指定的遗产地的职责也只由遗产地所在国自己承担。

　　2001 年，"侏罗纪海岸"被成功地指定为世界遗产地，当地报纸以头
版头条的醒目标题大加报道，作为一种"对海岸旅游的大规模促进"。显
然，当地媒体认为这是一个重大事件，因为并不是每天都对遗产地的指定
结果有如此轰轰烈烈的公开报道。起初，有引导作用的是矫正媒体导向并
说明这是有关景观保护方面的指定工作，而并非旅游业的一种奖项。事实
上，另一个壮观的海岸"世界遗产地"是"澳大利亚大堡礁"。或许会有勇
敢的人大胆地提出，保护大堡礁的适当的方式是还要有更多的游客。广义
而言，必须承认的是，"世界遗产地"，包括"人文景观"的头衔都属于一
种国家荣誉，而并非国际社会在学术上的评价结果。负责确定这些地点质
量的有关事务委员会当然会非常谨慎地履行这项义务，而就很多地点而言，
无法进行定级评判，至少不能通过一次评判就被确定等级。然而，难以避
免这样的评价结果，即想要声誉的政府与旅游业结盟而形成的结果，同时
还有一些显然是为在一定程度上有助于某种政治和金融目的而被组织起来
的专家组"添油加醋地使一个原本苍白无力且并不可信的论述变得貌似逼
真"。凡·德尔·阿（2003 年）展示了早期的名单，例如凡尔赛宫，仅仅被
视为另一种荣誉，而这对前来参观的游客数量并没有多少影响。最近以来，
出现了大量的新申请，大多数都是由旅游业促动的，这些申请在部分程度
上试图缓解非常严重的欧洲的失衡状况。实际上，在"联合国教科文组织"
（UNESCO）自己的、有关这些地点的旅游指南出版物中，明确说明了"世
界遗产"的主要目的。

　　有三种类型的"人文景观"，有关详细信息在"联合国教科文组织"网
站上很容易获得。[4] 第一种类型是"设计景观"，包括典型的大花园，它们
都是这个类型的实例，还有诸如在摩拉维亚南部的巨型设计景观（列支敦
士登景观）那样的"人造"景观（图 14.4）。在这类景观中，有若干个是在
城市里。第二种类型是持续"有机地"开发的景观，其中没有一个简单的
和明确的设计项目。在这类景观中，有一些是子遗景观，也就是很多考古
遗址的一个古老的景观，并不一定是古老的。这种类型的景观是康沃尔和

图 14.4　莱德尼采，摩拉维亚南部。这是一个世界文化景观遗产，属于类型 1。

西德文的矿区景观的类型。其他的有机演变而形成的景观仍然正在发挥着赋予它们原本意义的功能，典型实例是城堡和卢瓦尔河谷的葡萄酒产地景观（图 14.5）以及莱茵河地区的葡萄酒生产景观。

　　最后一种类型是具有神圣意义的景观，例如新西兰的东加里罗山脉，对于毛利人来说，具有重要的精神意义，还有澳大利亚的乌卢鲁巨石（或艾尔斯巨石）。迄今为止，这些具有精神意义的景观是一直隶属于土著人的景观，而这些土著人的宗教信仰并不属于世界主要宗教。

　　"保护区世界委员会"（WCPA）是 "IUCN" 的一部分，试图用划分的六种 "保护区" 类型作为对大量的国家级指定地区进行全面筛查的便捷方法（例如 "国家公园" 一词的含义在美国、英国完全不同，而在德国又有另外的含义），而这些地区虽然被列入自然保护区的名单之内（包括在地质方面），但那里的景观问题却处于次要地位。"世界自然保护联盟" 的网站上有相关的详细信息，但在这里简略概述如下：

　　类型 1a：严格的自然保护区

图 14.5　索米尔。城堡和卢瓦尔河,"卢瓦尔河谷世界遗产地"的一部分。

类型 1b:荒野地区(保留自然环境面貌的地区)

类型 2:国家公园(对游客开放但不营利的美国风格)

类型 3:天然遗迹(围绕一个特定的栖息地或天然地貌)

类型 4:栖息地 / 物种管理区

(很可能需要有人工干预)

类型 5:受保护的景观 / 海景,既包括自然保护,也包括其他有价值的保护。英国国家公园在这个类型中。

类型 6:有自然资源持续利用的地区

"国家公园"的概念起源于美国,随着美国的内战结束,这个概念便在美国应运而生,当时,摄影家和艺术家前往美国西部后,发现了一些非凡的景观特征,例如"黄石"、"大峡谷"和"约塞米蒂"。奥尔维格揭示了对来自欧洲(以及非洲或土著美国人)的美国人、并且是经过这样一个分裂的战争后的美国人来说,他们所信奉的一种迥然不同的文化,以及他们如何将大自然赋予意义并将其仰视为一个国家的象征:"我们或许没有中世纪教堂，但我们有红杉"。在取得广袤无边的西部联邦州所有权的国会的游说中显现了这种文化特征，其中包括大部分森林地区，以及在很大程度上独立的各州（州的地位尚未被确定）。其动机当然不只是保护自然，或为国民建设提供空间（在西部地区没有缺少空间的问题），也真的归于对宏伟自然的渴望。由约翰·缪尔主导的塞拉俱乐部是引领这项活动的力量之一，而且一些摄影专业名家后来成为其重要的支持者，例如韦斯顿和亚当斯。在这些地区，除了提供旅游设施以外，不允许任何其他的安排和处置，也不允许任何将土地作为经济用途的做法（尽管旅游业本身显然恰恰就是利用土地来营利）。土地被计划保护并维持其原始和自然的状态——尽管"约塞米蒂"和其他地区曾经常常被土著美国人用来做游戏，这是有关这些国家公园的管理问题，即如何管理才能继续保留"自然属性"。自然属性必须在被管控的前提下才能得以保留，这是保护自然最基本的规则之一，而且随着人口持续激增，这个规则就变得更加正确了。

世界人口爆炸的情况——以及很多富豪的迅速出现，尤其在亚洲——这些意味着即使没有气候变化，对食物的需求也将大幅度增加，这种需求将是实际的经济需求，通过支付能力来支撑。把更多的土地以各种形式保护起来而不用于农耕的做法，将不会受到国际社会的认可。如果我们再考虑到气候变化所造成的荒漠化和海平面上升所造成的肥沃土地流失的情况，那么，这个问题就会更加严重。因此，对所有这些景观进行管理成为今后我们对待景观的唯一方式，同时还要结合对那些已受保护地区的多种用途的需求。现在我们进入有关管理的章节。

参考文献

Arkell, R. (1934) *A Cottage in the Country*, London: Herbert Jenkins.

Blacksell, M. and A. Gilg (1977) 'Planning control in an Area of Outstanding Natural Beauty', *Social and Economic Administration*, 11, pp. 206–15.

Burton, S.H. (1972) *The West Country*, London: Robert Hale.

Cornish, V. (1937) *The Preservation of Our Scenery*, Cambridge: Cambridge University Press (also see A. Gardner, *Britain's Mountain Heritage*, London: Batsford, 1942; and A.G. Tansley, *Our Heritage of Wild Nature: A Plea for Organised Nature Conservation*, Cambridge: Cambridge University Press, 1946).

Fowler, P.J. (2003) *World Heritage Cultural Landscapes 1992–2002*, Paris: World Heritage Centre, Paper 6 UNESCO.

Penning-Rowsell E. and D. Lowenthal (eds) (1986) *Landscape Meanings and Values*, London: Allen and Unwin.

Sheail, J. (1988) 'The great divide: an historical perspective', *Landscape Research*, 13/1, pp. 2–5.

World Heritage Sites: A Complete Guide to 878 UNESCO World Heritage Sites, Richmond Hill, Ontario: Firefly Books.

Van der Aa, B. (2003) *Preserving the Heritage of Humanity? Obtaining World Heritage Status and the Impacts of Listing*, Groningen: Rijks Universiteit.

注释

1. 沃兹沃斯引用于：亚瑟·加德纳 . 英国的山地遗产 [M]. 伦敦：巴茨福德，1942:19.

2. "农村委员会"于 1999 年变为"农村社"，然后与"英国自然保护政府机构"合并生成"英格兰自然署"。

3. "田野研究委员会"，网址：http://www.field-studies-council.org。

4. 联合国教科文组织（UNESCO），网址：http://www.unesco.org。

15 管理景观

　　《欧洲景观公约》(ELC)对一些需要"管理"的景观进行了描述,但同时强调这些景观不归于一个专门独有的类别,所有的地方都有需要改善的元素,也有一些需要保护的元素。优先考虑管理的景观涉及"普通的"景观,也就是那些除了"需要被保护"以外,还需要实现某种明确功能的景观。因此,这其中包括我们的大量的农耕土地、森林地和实实在在的居民区以及大部分海洋。这些都是"公约"特别关注的地区;曾有一种观念认为,受保护的景观得到了很好的关照并得到了善待,而且,甚至那些在大多数人看来非常穷困、显然属于前工业时期的地区都正处在被努力改善其景观的过程中。被管理的土地的生产力正在被持续改善,无论是粮食、鱼类、木材,还是居民区、住宅区,情况都是如此;但这些景观的整体质量却逐渐下降了,而且,越来越无趣和缺乏个性特色。全球化造成了这种千篇一律的情况。无论是在用于农耕的土地上,还是在用于畜牧的土地上,花越来越少(或野草),而且这种收成率意味着昆虫和鸟类也会越来越少;海水越来越枯竭,捕鱼打捞非常频繁,似乎将海底洗劫一空,使海洋变得缺少生命气息且非常乏味;单一物种的森林高产木材,但对野生生物和人类来说,这种环境没有多少吸引力;甚至在居民区,不断有见缝插针地建造新住宅的需求,而且由此产生了一些相应的需求,例如,只要有一丝空隙,就会建造一些花园或小型公园,这种做法,又会减少野生生物的栖息地、修身养性的机会和整体的趣味性。

　　就这些景观而言,在其所有者权利和更宽泛的社区权利之间都划出了极其清晰的战线,而且需要变革的压力最为明显。近些年以来,对这些"普通的"景观的喜爱大幅度地上升;在 20 世纪的后 20 年里,在美术馆的画廊上,有关这些景观的绘画作品变得越来越明显,艺术家似乎厌倦了那些法定"遗产"景观所具有的规整风格,为了它们的利益而被保护起来,一直保留着那副随时可以被当做绘画对象的样子。在这些"功能性的"地区，对准入权限的进一步放宽是最强烈的需求，因为在受保护的景观地区，已就准入问题协商并基本达成一致——但也有例外，因为还有一些土地所有者和一些专家级的自然资源保护者反对准入这些地区。有关一条人行道的准入问题会引起激烈的争论，在准入问题中，很少有比之更轰动的分歧，即使准入需求在很大程度上来自新居民和游客，尤其是如果人行道一直被封锁用以保护新来居住的外国名流的隐私，准入需求也会非常强烈。不幸的是，如果这种保护能够防止狗仔队，就意味着也会限制遛狗的人由此经过。这种准入限制不仅只给步行者带来压力，而且也波及骑山地自行车的人、开越野车的人以及划独木舟和皮划艇的人（和其他划船者）；准入需求还来自"野外游泳者"和露营者；而准入需求的抵抗者不仅是想保护自己隐私和生活状态的业主，还有在其他方面的使用者，通常是那些野生生物资源保护者。为鲑鱼河里的鱼花费了大量资本的钓鱼者不希望与划船者和郊游者分享这片水域。在所有这些管理方面的争论中，问题是如何允许尽可能多的活动——形成多功能的景观——而需要认识到哪些活动能够合理共存。这就出现了一些现实环境的问题，例如，如果道路上有马蹄飞扬，会对行人造成很大的阻碍。但也会出现一些心理方面的问题：记得当我住在宾夕法尼亚州的哈里斯堡的时候，那天晚上，我沿着萨斯奎汉纳河漫步，想在傍晚静静的河边，在夕阳的晚霞中沉思，享受悠然的轻松。但我很快就发现，沿着河边小径，每隔一段距离都摆放着明显的物体，看上去似乎完全没有任何用途，我以为是雕塑，而实际上是一些健身训练设备。不知道我的静思心境是否会破坏痴迷于训练的健身爱好者的狂热，但可以肯定的是，健身者对塑造他们的完美身体的热情已破坏了我的宁静的傍晚！同样，如果拓宽一片区域旁边的步行道，铺上沥青碎石路面，可以使之适用于自行车道，或许还可以有多种使用功能，但这将会改变步行者的走路体验，但有一种铺路技术，类似于旧时的驮马步道，历来被认为很有效。在海岸和海洋地区也存在准入问题带来的压力，随着海洋垂钓者、冲浪者、潜水者和航海爱好者数量不断增加，在我们的河口和沿海海岸，大量的休闲娱乐场所应运而生，而这些场所占据的大量区域往往是最具有潜在野生生物价值的地区。

　　如果将实现多功能用途作为目标，则最普遍的实现方法就是建立"管理协议"，典型的协议是土地所有者和农场主以及一个政府机构之间的协议，从而保证这片土地以某种方式被使用，可以满足多种用途和多方面的使用者。"特殊科学价值地点"（SSSI）是受保护的景观，在这些地区，率先使用了这种操作方法，制作一个名单，明确写出在这个地区内可被接受的活动内容，或甚至是提出要求的活动内容，同时，还有一个不能被接受的活动的名单，例如，在潮湿的草原上进行深层排水。在这种情况下，在很大程度上，权力由代表"英格兰自然署"或威尔士和苏格兰的等效半官方机构的政府机构所掌控。这种操作方法被进而延伸到"环境敏感地区"（ESAs），但需要用资金来推进实施；如果想按照既定要求的方式对土地进行管理，就需要付钱给这片土地的农场主和所有者，无论管理目的是对外提供准入权利，还是有益于野生生物，由于管理土地而造成农场主和土地所有者不能按其最有效的方式进行在其土地上进行农业活动，因此影响了他们的收成和收入，作为一种赔偿，给他们支付一定数量的金额。很多"环境敏感地区"已被列入另一个类型的受保护的景观，尤其是"国家公园"，因此，政府又掌控了另一个有力的王牌。不言而喻，存在争议的范围非常之广。"守护田庄规划"将这个总体思想扩展到"普通的"农田管理方面，土地所有者同意以获得相应补偿的方式允许对其某些类型的农耕（和其他）活动进行限制。"欧盟"（EU）现已实施这些相同的广泛的原则，并正在将这种农业赔偿支付的方式引入到激励与欧盟的其他优先事项相符合的管理工作中。这些当然包括野生生物和栖息地问题，但不直接涉及景观，景观这一概念并未深刻嵌入欧盟的思想体系中。从1992年到2007年实施了"备用"方案，尽管主要目的原是为减少谷山以往由于过度生产而造成的后果，但实际却在野生生物方面表现出显著的优点。当这些谷山消失的时候，继而带来了短缺问题，备用方案被废除，因此，农场主能够耕地、播种和有所收获，因而又再次生成了田地的边界。实施备用方案带来的损失形成了野生生物缺陷，不过，是否会使具有审美趣味的景观质量因这些凌乱的、杂草丛生的田野边界的损失而有所降低，却仍是个问题。这个体系应这样运行，即通过赔付农场主的方式而产生积极的景观优势，而不是单纯只为放弃有害的农业活动而进行赔偿，但其步入正轨的过程非常缓慢。

然而，从国际视野来看，这可能是一个需要引起警觉的地方。欧洲拆除对农业生产直接补贴这一体系的过程是缓慢的，但取而代之的是多样化的、促进实现多种功能的体系，包括当地的"土特产"和有机产品、生态旅游业项目，为了拥有更好的野生生物和更好的景观。从非洲很多国家的观点来看，亚洲和南美洲在这方面全然是另一种做法，即保持他们的廉价农产品不进入欧洲市场。他们提出争议并认为，我们正在以牺牲"第三世界"

的、本来已经极为贫苦的农民的利益为代价而建造我们所喜好的景观。

"林业委员会"（FC）一直是引导发展多功能景观的机构之一。作为一个政府机构，它关注的方面不可能是获取自身利润，而且，它先后在其著名的景观设计师希尔维亚·克罗和西蒙·贝尔的帮助下，实现了它的政策，在我们的大多数高地上布满云杉林——在苏格兰高地上、加洛韦、诺森伯兰郡的基尔德——这都是极其不受欢迎的，而且，其野生生物价值也值得怀疑。现在的政策是在最大程度上进行对外开放，而且"林业委员会"接管的步道系统、标识系统、停车场和休闲设施的综合管理所运用的关照方式是此类工作的一个典范。他们所发现的情况不仅是森林能够吸纳比开放的高沼地容量更多的、极其大量的人，而且，用稍加刺激的方法比过度控制的方法更好。森林的容纳性较好，能够使更多的人在其中进行更多的活动，因为在森林里，人的视觉很有限，不易使人有拥挤的感觉。这就促使在森林里从事各种活动的人利用的是为娱乐活动而设计的那部分空间，而其余大部分空间其实也是开放的。用更明确的景观术语来说，云杉单一品种的形态在同类景观中显得格外枯燥可怜，它们通常需要用精心设计的其他种类的植物加以点缀，例如落叶松，而且在它们的周围，环绕着深受本国喜爱的落叶树。同时对栖息在森林里的野生生物物种进行关照和保护，例如，苍鹰、交嘴雀和松貂（图 15.1）。关于将很多森林转移成私人管理模式的提议引起了极大的抗议，能使多用途得以实现的这些重要元素是否还能被保持住，是非常令人怀疑的问题。

水库是另一种类型的功能性的景观，现已能够以多功能的状态而存在。还有几个较小的水库仍然被小心地用栅栏围起来，这是以巨大成本为代价的做法，甚至连钓鱼也是被禁止的，但这种水库的数量极少，绝大多数水库鼓励各种娱乐活动（通常是不带内燃机的娱乐活动）并且迅速成为颇受欢迎的游客中心。在一次有关是否能在达特穆尔中心建造一个水库（那里从未建过水库）这个问题的讨论会上，"达特穆尔保护协会"的发言人强烈反对，其理由是，如果建成一个水库，它将会受人欢迎，会很快有一个永久的冰淇淋车并且所有人都想去那里——而沼地应该为那些以适当的方式欣赏它的人而被保护起来……就像他们这些成员那样的人。位于罗德福德的水库取代了人们对达特穆尔的选择，毫无疑问，它淹没了一些中世纪的农庄，但为一个显然缺少休闲设施的地区提供了相当可观的休闲设施（图15.2）。

要想做好准入管理，关键点之一是对停车场的管理，在这个方面，我

们的很多国家公园，当然还有"林业委员会"拥有掌控权。开放的路边不可能用于停车，那里会被已规划布置的巨石和山脊迅速覆盖起来而成为具有明显自然特征的地方。通常不需要对一个地区施行完全禁入管理，只要能将其用途大幅度消减就可以了。在没有停车场的情况下，只有那些有准备可以步行几公里路的人才能进入，但这样的情况很少且易于管理，而缺乏停车场的情况会使大多数人仅此止步而无法入内。在海岸沿线地区，这种情况最明显，那里有海岸步道，如果做好了走路的准备，就会轻易进入人烟稀少而清静的海滩。当然，这存在一些问题，例如，对残疾人来说这是个难题，而且这个政策的副作用是，肯定会使那些乘长途客运汽车的人或那些离开汽车不能独立行动的人被禁止入内。

在景观管理方面做得最好的中心地区都将会实现多功能用途。当然，有一些景观被谨慎管理，只具有单一用途，或基本上只有一种用途，例如只作为自然保护区或鸟类保护区，就像有些景观地区只用于军队训练、打高尔夫或种植小麦；但作为对是否具有良好的管理的一种考察，这样的管理都显得太简易了。或许随着全世界的人口增长（当然也包括英国的人口增

图 15.1 格 伦 莫尔，苏格兰。植树造林并在其中建造的新山林小屋。

图 15.2　罗德福德水库。帆船和皮划艇等航海活动极为常见，但在大型自然保护区是不可能的。即使是摩托艇运动，也要在保证安全的前提下进行。那里有一些步行道和餐馆。

长），我们不能再满足于让景观只为一种用途而存在，甚至仅仅只是被单纯地保护起来。在德文郡，在托河和托里奇河相连的河口的北边，坐落着布朗顿·巴罗斯，这是一个重要的自然保护区，也是"世界生物圈保护区"。[1]虽然这里具有若干功能——包括冲浪和游泳，还有一个军训场地、观鸟场地（以及人类乐享的一些沙丘活动）——但对这个地方的管理仍然是基于保护自然的原则，因此，有些事情被禁止，其中包括应阻止越野车对沙丘的腐蚀，其腐蚀速度远比自然腐蚀速度快得多，而在这方面的努力并没有完全成功。这是一项艰难的管理任务，但位于河南边的诺萨姆相继也已允许比较宽泛的多种活动，而没有布朗顿这样的保护状态，除了作为当地人呼吸新鲜空气的肺部地区以外，还包括一个高尔夫球场和海滩活动地区（图15.3）。当盘坐在植被丛中，专注地观赏莎草里的鸣鸟时，就会有高尔夫球从头上飞过，而这种感受颇为深刻。然而，大部分高尔夫设施试图保持为俱乐部会所独家球场所用的状态，而对这种情况将充满争议，因为随着发展，阿伯丁北部将可能被特朗普组织掌控。

在英国，自 1945 年以来，虽然"景观"一词在教科书或"指导注解"中几乎没出现过，但景观规划系统一直是实施景观管理的核心部分。然而，一直有屡屡提到"视觉上的舒适感"，这个词语显然出自一种想要将视觉审美囊括在所有混合要素之中的愿望。在规划系统中当然存在重大差距，因为大多数新农场建筑被明确划归在请求许可的范围之外，而农业土地使用基本不受影响。但非农业建筑开发严格受控。就大多数土地所有者（尤其是住宅地产的业主居住者）而言，如果谈到当他们按照自己的意愿处置他们的财产时，他们自己拥有哪些权利，这时明显看出，他们的"所有权"所具有的局限性，而大多数业主需要慢慢接受这一现状，还或许在接受的时候是不情愿的，这种结果一直是规划系统的重大成果之一。而其中的重要性只有这时才能突显出来：当很多美国人或远东国家的人读到"一个英国人的家就是他的城堡"这类说法时，他们表示惊异的态度，他们感到惊异的是，业主的所有权在房屋拆迁或扩展的问题上并不能发挥权利的作用，或许甚至连给房屋粉刷另外的颜色这类事情，业主也无法行使他们的权利

图 15.3 诺萨姆·巴罗斯。在一个河口的入口处，有一片地用于多种活动，包括一个高尔夫球场。在那里，打高尔夫球的人给行人让路。

（在一个受保护的地区）。将决定权下放到相当的地方级的机构也是一种手段，权利下放到区自治会，在乡村，还必须向教区委员会咨询意见。未来或许会将决策层进一步下放到教区。因此，当地的各区或许会有完全不同的政策；其中，近些年已明显表现出对业主接受度方面的关注或否则是"谷仓转换"，即那里的未列入名册的农场建筑被转换成新房子，通常就是把老农庄改建成新村子。至少有一个委员会能有政策确定，那些未列入名册且没有现代用途的农场建筑应该被允许"回归到景观范畴"。

在许多方面，规划工作一直在地方参与和决策方面发挥着重要的作用，但不可避免的是，要使当地人愿意接受在他们家附近地区新建一条高速公路、一个发电站、风电场、为旅行者提供的场所、机场或可循环利用的垃圾焚烧炉，往往阻力重重，中央政府常常因此而沮丧，尽管认识到这是出于国家的需要，情况也如此；而且，在有关当地的参与问题和有关将正在引入中心地区的新能源作为发展方向的效率问题之间，一直在不断地争论着。

管理变革

面向未来的景观管理，也就是景观规划，正在承受着巨大的压力。除了因人口不断快速增长而带来的明显后果以外，越来越富有的人群需要更多的食物以及更多的土地，需要娱乐：工业的需要，以及住宅的使用，气候变化所带来的结果无不相关地在发生，包括海平面上升。在这些情况下，很容易使景观规划成为单纯的土地规划，试图在现存空间里实现所有需要的功能（或至少是所有能获利的功能），同时铭记的是，随着海平面上升，可利用空间在减少。任何更广泛的景观价值很容易被忽视。这方面的一个典型实例是，在寻找风电场场所——风成地貌的过程中会越来越绝望。显然这有某些功能要求——例如丰富的风力资源。景观元素继而大大减少而被归类于受保护的景观的评判范畴；我们不能把它们归类于"国家公园"，而且，最好不是在"杰出自然风景区"这个类型中，还需要减少那些按次序的指定工作，直到不会再有问题——如果没有景观指定也就不会再有问题——以使指定系统因此减轻我们需要思虑的负担。当然，早在风电场成为一个常见问题之前很久，就已经建立了国家公园；或许一些地方因增加风力涡轮机而被改建提升。同样，其他没有被指定的景观或许具有其自身的很多魅力，而这些魅力却因此而被完全摧毁——但指定景观的存在使我们可以将对问题的思考搁置一边。当然，涉及国家防御问题时，就会有一些非常高端的格局被安置在受保护的地区，例如位于约克郡的菲林代尔斯预警站。

如果说有关风电场的问题是当今气候变化所形成的景观领域的主要争论点之一，那么，另一个就是有关我们的海岸沿线在管理上倒退的问题。这些地区自大海而形成且来之不易，经过了祖祖辈辈几代人的辛劳，如今必须加以管理，或由海洋防御机构进行保护，但代价是巨大的，或让它们复原回归到湿地、沼泽和潮汐沼泽的状态。将资金投入到海洋防御机构，用于保护"萨默塞特水平区"或沼泽区的可能性似乎很小，而极有可能是将资金用于伦敦或我们的很多正处于危机上升的其他城市，尤其是我们的海滨度假村。这种在管理上不作为的倒退严重违背了这类地方的本性特色，就荷兰而言，从荷兰自身的民族认同和历史角度来看，对这种地方的管理倒退是完全不可思议的。政府的反应常常是退避的态度，从而推行另一种方便的政策——即地方的民主政策。局部区域、省、郡县如果能够负担费用，就可以自行保护海岸地区，但这不会成为政府首先全然倾注给首都城市的优先权。随着其他的气候影响后果越来越明显，关于哪级政府应投入资金的问题将有持续的争议，因而引发了有关纳税人贡献程度的问题。重建新奥尔良的账单是否应由美国的每一个纳税人分担支付，或者是否应只由路易斯安那州的人或哪个城市的人分担支付？日益激烈的争议风暴看起来是在开始认真地以多种方式改变景观状况，而不是仅限于泛滥平原的建设问题。接下来，我们必须决定是否要重建景观以使其完全恢复原貌，如同 2004 年风暴后在博斯卡斯尔所做的那样，现已基本完成，或者是否要新建一个景观，或许它是在以适应新挑战的设计思路上形成的完全不同于往日景观的建筑；多功能性当然将会一直是一个关键议题，例如，在吉隆坡新建的城市地下公路隧道在暴风雨期间可以转换为排水渠道。改善景观的可持续性一直是法国研究计划的主题[2]，班森和罗伊（2007 年）著有一书，在此方面有所论述。

英国的农业景观已经发生了巨大的变化。如今，像油菜籽和亚麻籽、玉米和向日葵这些新的农作物的出现在某种程度上是由于气候改善，另一部分原因是与"欧盟的共同农业政策"不无关联的经济上的推动力。除了对野生生物产生的效果以外，甚至在颜色方面也一直引起众多的争论，嫩黄色的油菜引发了很多争议。葡萄园如雨后春笋般出现在英格兰的南部地区，这倒没有引发如此多的异议。同样，奶牛的减少在景观的视觉方面一直产生着重要的影响，尤其是那些曾经用于奶牛进入挤奶厅的通道会在视觉上有很大的改观。而且，就现代的田野而言，无论是草地，还是其他农作物田地，都很少有杂草，也很少有花朵。如今，干草草地几乎已成为一去不复返的过去了。大海现在呈现的是一个单一色彩的几何形状，基本上都是一种鲜明的绿色，类似于色场现代派绘画。而且几乎是寂静无声的，因为很多鸟类和昆虫已不复存在了。

一直以来，旅游业对景观的作用是巨大的，而且，相当大量的景观规划一直被设计成为满足旅游者的需求。在世界的很多地区，旅游业被看做是能够为增长的人口提供更高的生活水平的产业，而且，村庄、城镇、城区和整个国家将大量的时间和精力投入到创建颇具奇妙感觉的独特景观以吸引游客。一些地方的居民实际上已然变成了全球化的市民——吃着从世界各地带回来的食物，他们或因假日，或因出公差而旅行，参与到全球的文化之中（或至少是英美文化）——努力表现出他们已对某种独特的地方文化遗产略知一二。在这方面的未来状况很可能会主导我们的景观发展状况，几乎等同于气候变化产生的影响，但有一个巨大的问号仍然笼罩着旅游业，无论怎样努力，难以保持可持续性，而且这个问题在很大程度上关系到旅游者的国籍。基于航空这种交通方式的世界旅游业今后能否还会像近些年的发展状况一样继续扩大，而在近些年的状况下的旅游者很多都是从国外来的旅游者，尤其是众多的中国旅游者；或者，它将来会不会复原回归到人们基本上只热衷于在国内旅游的状况，或至少是只在欧洲旅游？这些人群希望去体验什么样的景观呢？

之前提到过有关当地的神秘传说的问题，这种神秘传说目前越来越盛行。如果一个问题是全球化的问题，那么，问题的解决一定是本地化的；"全球在地化"被用于造就谎言运动。全世界的城镇都在开发"遗产区"，向当地人和访客呈现这个地方的特殊特征（通常被称为"独特的"）、特色历史和建筑。问题是，这些遗产区看起来极其雷同，正如阿什沃思指出的那样（1991 年）；它们可能连声音都一样，而且总有相同的味道——通常是工艺品店散发的蜡烛的蜡味和肥皂味。乡村景观的情况也几乎如此，尤其是受保护的地区，它们都是整洁的、没有现代的杂乱和喧闹气氛、旅游热门景点，另外，或许尤其没有那些时常出现的、扰乱人心的各种标牌，而那些标牌总是在突显公园管理机构的形象，并且常常有同一的印刷样式，这种样式一直以来都被确定为是课本里最好的样式。

在对景观管理的实例选取中，例如"林业委员会"和"国家信托机构"（NT），可能出现这样的情况，国家机构具有获得良好管理名誉的特权；实际上显然并不是这样的，很多私人地产所有者、个人的城镇以及个体业主和个体农场都有优秀的管理实践，这方面的实例很多。但国家机构通常对游客有所鼓励和准许，而且他们具有全面的地域范围的实例。"国家信托机构"是一个私人机构，成立于一个多世纪以前，其目的是保护一些最好的景观，其方式是通过简单的购买来实现，而费用是昂贵的。如果没有明确的"议会法案"，"国家信托机构"声明的那部分不可分割的土地，不能被强制购买，那部分土地是受政府支持的。这实在是一个怪异的"国家"，因为它包括英格兰、威尔士和北爱尔兰，但却不包括苏格兰（它自成体系），而且它当然在管理方面也有一些怪异之处。它总共有五百万个成员——全部都是需经选举产生的政治家所不能忽视的——因为大部分是中年人和中产阶级，并不管理受托人，他们是代表整个国家的利益而行事，有时会鲜明地反对他们自己的成员。1930年代，"信托机构"将更大的注意力引向采集大型乡间住宅及其个人财产，当时正值很多地产面临破产的时候。许多人觉得这有明显歪斜"景观"概念的导向，而且"国家信托财产"一词会引发一种概念，即一些大富豪的豪宅和庭院现在对外开放，而可能还有其"家人"仍居住在那里。1960年代，"信托机构"发布了"海王行动"，购买最好的海岸线，后来逐步蔓延至各种领域的开发，最显著的是别墅地和活动住宅地。最近在管理上有一些改变，其中包括更多地关注到工人阶层和中产阶级的遗产方面。例如，购买位于利物浦的约翰·列侬的家和位于沃克索普的斯特劳先生的房子，以及伯明翰工作坊和绍斯维尔济贫院。仆人生活的楼下也被罩上了光环，因为在那里有劳作的印记。在户外，那些在被收购的时候成为地产的一部分的农业土地大多都被用来出租和耕种，如同所有其他用于营利的农田一样，租金用来维护"大房子"。但目前，拟建立典型农场的意图非常明确，例如在布罗德克利斯特的农场仍被打算用来营利，但也采用有关生物多样化、碳排放、食品质量和畜牧业方面的最佳忠告。

"国家信托机构"具有经验的一个特别领域是对志愿者的管理。有相当多的英国人志愿成为在遗产领域或景观行业里的无偿工作人员，英国人特有的这种生活理念似乎非同寻常；在一些其他的欧洲国家，通常是在医院里才能发现志愿者，而不是在国家公园里或博物馆里。很多机构使用这样的志愿者，其中或许有三种主要的类型。第一种类型是寻找机会做义工的学生，他们有时是在大型机构里做志愿者，作为完成学业课程的一个组成部分或作为课程结束后的一段实践，这种学业体系通常是采用美国观念里的实习生的做法。通常他们希望之后会留在那里成为正式的工作人员。

　　另一类人群是"英国保护自然资源协会（BTCV）"的代表[3]，"英国保护自然资源协会"是为景观领域提供劳工的机构。这些劳工通常是年轻人，有时是学生，但有时是有残疾的、很难找到工作的年轻人，但这个机会给他们带来一种工作体验。这些志愿者始终承认，"罗德抨击"这个短语作为常规任务中不可或缺的一部分，使"彭土杜鹃"受到控制，"彭土杜鹃"对土壤既有侵入性、又有毒害。这些志愿者也从事建造小路、栅栏和门、清理灌木丛、挖塘和其他与景观有关的工作，而这些工作常常出自保护自然的需要。

　　第三种类型的志愿者是"国家信托机构（NT）"的代表，他们是典型的活跃的退休人员，同意按照一个适当的日程安排，每周进行固定时长的工作，而每周工作的小时数是明确的。在这些志愿者中，有些人显然对管理项目有所帮助，而如果以有偿劳动的方式实施项目的话，费用将会非常昂贵；在埃克塞特，有一个系统化的组织，组织里的人是身穿红色上衣的志愿者，为游客进行城市导览。"国家信托机构"的很多精湛的花园看起来都是精心修整过的，其中当然包括这支志愿者队伍的帮助（图15.4）。因此，志愿者很可能会遍布在景观管理的各个领域发挥各自的作用，但是，从"国家信托机构"在志愿者管理方面积累的经验来看，尽管这种"免费"劳动力带来了极大的好处，但同时当然会发现，这种做法并非没有问题。除了管理上的难点以外，还有另一个方面的问题，与使用志愿者的做法有关。在能够获得"免费"劳动力的情况下，不太有利于促进园艺或实际土地管理领域的职业化发展。另外也存在一种危险性：这样一些重大机构如果通过志愿者或实习生的服务来完成工作，就不太可能再雇用任何全职工作人员。而不可避免的结果是，那些工作一直会被相对富裕的人家所占据。

　　在很大程度上，景观管理或其实是景观的改善依赖于获得良好的信息，而且，景观监控已成为重要的当务之急。如今，欧洲的农场主肯定清楚地知道，他们对土地所实施的每一个行为都在卫星和其他设备的观察之下，而这些监控设备用于计算补助金和缴纳金，如同渔民清楚地知道，一些机构雇用船舶和飞机用于监控，试图减小海洋生态环境极度恶化的速度。在英国，志愿者的工作正在进一步扩展到监控景观的领域。开发教区计划现已慢慢发展成为一项更宽的地方的职责，例如，现在，一些教区委员会有一个步道监控员，对所有步道实施通行准令，并对步道情况进行报告，因而其他地方正在开发有关环境监控的概念，通过实施监控，试图概观本地区的现状并向地方委员会报告有关土地管理方面的进展情况。景观属于我

们所有的人，这个理念一定会造就出爱管闲事的人，他们充分利用监控的作用来发现问题。

随着"景观天文台"的发展，在意大利和加泰罗尼亚已经出现了一个更加系统化的版本（霍华德，2006年）。因为是由学者和政府官员合作而形成，所以在很大程度上更加集中化了，而毫无疑问，正是由于这个原因，它并不被当地人所信任。因为，景观的变化是很多个人、私人机构和公共机构共同行动的结果，完全不是出于景观质量概念的不断变化，对这些变化进行监控和测绘以及记录显然有明确的价值。它也是一个有用的论坛，不仅为各种政府机构和地方政府部门以及非政府机构，而且还为各个相关学科提供了共同研讨的平台，这些学科都分别在其专业研究领域内涉及一些相应的景观要素。

参考文献

Ashworth, G.J. (1991) *Heritage Planning Conservation as the Management of Urban*

Change, Groningen: Geo Pers.

Benson, J.F. and M. Roe (eds) (2007) *Landscape and Sustainability* 2nd edn, London: Routledge.

Howard, P. (2006) 'Sustainable Perception: What Landscapes Will the Future Want?', in Council of Europe *Landscape and Spatial Planning*, 78, Tulcea, 2004, pp. 121–24.

练习

有关多功能景观的主题是这里的关键所在。两个任务:

1. 对当地的一个"具有特殊科学价值的地点"(SSSI)进行调查,最好选择一个比较大型的、属于私人拥有的地方,并且研究它的管理协议。针对一个"乡村管理"地点,作同样的练习。

2. 查看多功能的景观地区,看看在一块土地上如何实现很多个功能,包括生态服务的功能。将这块土地与其他的只有单一功能的土地进行对比——这种单一功能或许是供居住使用、作为遗产地或具有某种运输功能,不包括明显的农业用途。

注释

1. 生物圈网站,网址:http://www.northdevonbiosphere.org.uk。

2. Cemagref,网址:http://www.cemagref.fr/English。

3. 英国保护自然资源协会(BTCV),网址:http://www2.btcv.org.uk。

拓展阅读 15　工业景观

　　普遍而言,工业景观几乎不受大众的正面肯定,或甚至不被制造者所欣赏,但艺术家和作家看待工业景观的眼光当然与此不同。18世纪后期,德比的约瑟夫·莱特和卢泰尔堡的菲利普等一些艺术家为"工业革命"而骄傲,继而以极大的热情,积极描绘科尔布鲁克戴尔(煤溪谷)和德比郡山谷的景观。然而,随着这样的重工业逐渐移至不断扩张的城市,它们在艺术家的眼里就不再具有那种至高无上的魅力了,但作家仍对此饶有兴致——狄更斯是其中最著名的作家,但对此有兴趣的作家远远不止他一个人。如同雷蒙德·威廉姆斯(1973年)的论述,城市及其工业已呈现出极度肮脏的状态,拥挤而腐败,对比之下,乡村则富有干净、开阔和真诚的特点。艺术历史学家弗朗西斯·克林根德(1947年)一直从事这方面的研究工作并对此进行论述,但我们不应该因此而高估它的普遍性。一直到阿诺德·班尼特的作品出现,长达一个世纪之久,不断出现描绘各种各样的工业景观的精美作品,但这些作品几乎不具有浪漫主义色彩,而且通常所突出的更多的是有关社会性方面的特点,而不是在环境意义上的。

　　在这些工业景观普遍受到厌恶的情况下,一些工业活动仍得以幸存。其中之一是石灰窑——这毫无疑问是因为它往往有如画般的风景,通常坐落于一个河口旁——而这是一个伴随污秽的行当,石灰窑散发的废气和冒出的毒烟使周围地区被笼罩在一片白茫茫之中。在一些绘画中,有毒的白烟卷曲缭绕,穿过整个景观,是画面中最生动而迷人之处。造船业景观也属于人们能容忍的景观,因而得以保留,至少它是坐落于风景如画的河畔的景观,而不是像泰恩河和克莱德河周边地区的大工业中心景观,尽管后来到了20世纪,大工业中心又被重新赋予了价值。在很长的时期里,风车一直是备受喜爱和推崇的景观典型,不仅在荷兰如此,在其他一些国家也如此;但水车也和其他那些使人感到乏味的景观一样,属于平淡而常见的景观,但这个时期是与轮子和水有关的景观较受重视的时期,而室内劳动景观的魅力处于下降期。铁路是另一类使人感兴趣的景观,火车猛烈的鸣叫声伴随其飞速穿过景观的场景独具魅力,而后来,蒸汽缭绕的火车站景观引发了浓厚的艺术兴趣。19世纪后期,对"诚实劳动者的尊严"的突出展现仅有极少的情况是基于工业的背景,而大多是通过风景如画的农业和渔业景观背景的衬托而展现出来。

图 C.4   勒克鲁佐,法国。这个蒸汽锤占据了一个环形交通要道,以庆祝这个城镇的工业历史。

　　在后来的 20 世纪里,这种情况发生了巨大的改变,古旧而腐朽的工业区又被重新发现,尤其是大多数工业地点都搬到了不知名的工商业区。而矿区景观的浪漫色彩开始受到关注,起初是已被废弃很久的康沃尔的有色金属矿业景观,后来是煤矿区,这些景观连同造船厂和其他具有独特外观的工业景观都被认为是具有浪漫色彩的景观，它们不同于兰开夏纺织厂这类景观，尽管后来被视为建筑而受到赞赏。然而在大多数情况下，在工业地区成为时尚景观之前，显然一直无声无息，无人眷顾。这种变化的原因有左翼政治因素的作用，但也有一部分原因是，美国产生的富有现代主义风格的清晰的工业景观模型的推及作用。摄影师能够从一种极具审美意识的角度，放眼远望大草原，将在远处开阔景观中喷射腾腾蒸汽的发电站景观拍照成艺术作品，例如约翰·普法尔的作品。1930年代，很多摄影师发现工业景观非常壮丽，尤其是在"德国的新客观主义运动"中的摄影师。

　　整体而言，毫无疑问，一直以来，大多数工业过程在景观领域里被看做具有负面性特征，直到它们真正废弃而亡，那时，其生动的建筑特色或土木建造特色更加突显出来，也许会在塑造当地个性特征方面起到重要的作用。在这方面，康沃尔和威尔士矿区是一个非常明显的实例（指定"大矿坑"为一个世界遗产地），在北部地区和纺织工业领域，这个特征的程度较小。然而，新兴的工业景观，大多是坐落在城镇郊区的工商业区景观，虽然房屋建筑具有通风性和相当好的植被环境以及开放的空间，但一直也不被看做是有魅力的景观。沿着伦敦城外的主干路的一些更古老的工厂已逐渐被列入有趣的历史建筑名单中，但通常只有当这些工厂建筑处于危险境况的时候才能被纳入这个行列。工业文物修复景观显然历来都被当做是经受严重衰退状况的地区的焦点景观，例如法国勒克鲁佐的蒸汽锤（图C.4）；工业考古学的时髦致使对文物保护力度的加大，包括将具有考古价值的人工制品迁至新的地点，例如位于科尔布鲁克戴尔或达拉谟郡的比米什的文物景观。

Klingender, F.D. (1947) *Art and the Industrial Revolution*, London: Curwen.

Williams, R. (1973) *The Country and the City*, London: Chatto & Windus.

16 改善与提升景观

  《欧洲景观公约》（ELC）的第三个措施类别是景观改善与提升，这是与前面讲述的景观保护和景观管理并列的又一个行动范畴。虽然，在哪些景观需要改进和景观的哪些方面需要提升的问题上，所有的人很难有完全一致的想法，但我们肯定都会感觉到有需要改进的景观。或许我们仍然记得曾经发生的大量公共土地的围场兴起运动以及那时给富人带来的好处和对穷人的财产剥夺，我们习惯地称之为"改进"，或许曾有过国民经济上的意义。在十几年以前起草制订相关文件的时候，管理和提升被视为两个有所区别的概念，而现在看来，两者之间的区别已远不如当初那样明显了。致使景观发生改变的全球范围的因素非常显著且生生不息，无论是人为干预，或是非人为因素都是如此，因此，"管理"景观的概念几乎不可能以一种稳定的状态而一成不变，至少几乎不会存在永远不变的土地，因为土地也需要改变以适应未来的发展趋势。如今，所有的管理都将与快速变化的形势相适应，而改善与提升或许是其中的一个重要部分，但当农民看着自己的田地被改变为盐沼的时候，他需要得到大量的理由以相信这种做法是对景观的改善与提升。

  对景观的改善与提升不仅必须得到私人决策者和公众决策者的同意，使决策者认为景观需要被提升，而且还必须在怎样才能成就改进的构成方面得到决策者的认可。就私人拥有的景观而言，这方面的情况相当简单，例如，一个花园的所有者会清楚地知道他们想要的结果。与之类似的是，农民通常会想要改进土壤的肥力或农作物的产量，或者以一些其他方式提高收入。毋庸置疑，后者会引起其他人的异议。如果有一个修建完好的绿色草坪，大片肥沃的草地平铺于一个又一个树篱之间（如果这样的景观仍然存在的话），但如此完美的景观通常不能让艺术家或生态学家感到愉悦。如果这片地上有大篷车，会使一些人感到满意，但通常不会使规划机构感

到满意。如果在公共土地方面存在问题的话，这种观点上的不同就会更难解决。

　　举一个简单的例子，在人们的观念中，墓地是大量的属于公众的土地中的一个典型类型，而在法律现状下却并非如此。当然，有一个根深蒂固的传统，被安葬者的最亲近的亲属都想要有完美草坪的墓地，有修剪得很短的绿草草地，而绿色草地只被墓碑和他们的鲜花（不是塑料花）分割成块（在质量和良好的品位方面，教会保持相当严格的规则）。在效率方面，很多人将提议迁移墓碑以使之排列整齐，允许实施机械化的草坪修剪。但是，现在出现了一个运动，提议将墓地变成小型自然保护区，有遍地的长草和野花，每一年修剪一次（图 16.1）。[1]

　　很多年以来，一直存在着一种普遍的共识，认为景观经过改进后的样子是整洁的，尤其在现代主义美学时代里，更为如此，那时，各种颜色和灌木篱墙被拼凑起来，显得很整洁，这是灵感的一种主要源泉。但最近，出现了一些争议，一些人提出，使环境变得整洁是一个明确的信号，这表

图 16.1　墓地，温克利，德文郡。一个典型的墓地，保持着修剪得很短的绿草草地景观；但是，在割草效率与被葬者亲属的需求以及生态利益之间，一直存在持续不断的争议。

明有些人有实施人为控制的需求,这种观点受到很多人的支持,这些支持者为此辩护并认为,那些脏乱的角落往往才是唯一剩下的、野生动物赖以生存的庇护所。拿骚(1995年)显示了生态系统规划需求,那里可以产生非常凌乱的景观,如果说服公众能够乐意接受的话,可以包括那些井然有序的规律性。甚至当今属于那些大地主的土地也常常被强加上一种明显的"个体标识",这种个性化标志往往通过种植植物、树篱管理、大门设计、甚至是租户的房子的颜色而体现出来。

另一种灵丹妙药式的方法曾经是、并且在很大程度上依然是种植树木。19世纪中期,没有树的景观被视为丑陋的和不受认可的景观,人们几乎用不着思考就会产生这样的看法。甚至时至今日,"建造景观"的概念往往还是被理解为"种植树木",并且,我们常常总是用电视报道有关信息,例如某些学校或其他机构有他们的"植树"日,以至于现在很大面积的公共土地都被散落在各处的标准树木覆盖,这些树通常是本土植物,而不是外来物种。目前还掺杂着这种想法,植树活动可以弱化旅行者的良知,使他们在假日环游世界的途中,即便看到一个国家的树种常常也被种植在另一个国家,也不会产生异样的感觉。但是,植树活动也会有局限性,在物种和地方两个要素上都受到限制。"林业委员会"早期的森林过去和现在都被认为是沼泽景观中令人生厌的败笔,而那里却大量种植了树木(普遍认为,酸沼草草地的蔓延意味着森林将蓬勃发展)。不幸的是,那时正值1930年代,就是沼泽地正在成为热门景观的时期,沼泽地正在成为一种景观而受到珍视(而且被纳入"国家公园"),当然也被权贵阶层当做为寻欢作乐而饲养松鸡和鹿的惯用景观。尽管在堑壕战期间,英国的木材匮乏现象暴露无遗,但是针叶树仍被广泛认为是一种具有潜在危害的外来物种。"林业委员会"大大改变了这种植树状况,但近年一直真正关注的是,在遥远北方的"流体乡村"进行植树,那里是大片的酷似沼泽的荒野地,被种植的一列列针叶树几乎形成树线,以获得补贴收入,尽管木材本身从来不可能用于营利。

但是,在公共意识里,植树与造林这两个概念具有微妙的差别,而且"国家林业"建设方案与"泰晤士河口区"林业的建设方案是极为不同类型的项目,植树的关注点在于在一些小块土地上几乎都种植本地的阔叶树,而至少有一部分目的是用于娱乐。一项最近的"议会调查"赞同有关跨越"英国中部"两百平方英里的地区的植树方案提出的将为环境、经济和社会带来的切实利益。其中,包括需要种植建造密集的小灌木林,这不仅是为了保持精巧园艺,而且也是为了供养大量的新的木材燃烧炉。[2] 这个新森林有一部分提供给"国家纪念公园",树还能唤起人们的回忆,因为,生命长青的树往往与人类记忆的长存紧密联系在一起。另外,树林是极好的隐秘之地。如果计划实施一项新的开发活动,可能是工业建设,或甚至是住宅开发,人们习以为常的反应是要建造树林以掩盖随之产生的丑恶之物,通常的做法就是这样,而并不是努力改造丑恶之处以使之被人们所接受。一些建筑设计师一直反对基于这种理由在城市中心地区种植行道树并将这些树林用于隐藏糟糕的建筑。

在景观提升方面,另一个已基本达成共识的要点是景观的多样性,最常用的测量方法是"小面积计数"。毫无疑问,例如高沼地这样的地区,其受人青睐的特点是它的广袤、空旷,而旷野上的植被都是相似的,在那里,人们能够获得自由自在的感觉;但在那些地区以外,对景观的单一作物持续生长有普遍的遏制作用。在英格兰,我们或许引用白垩土地的"啤酒世家"和东安格利亚的实例来说明在巨大的农田里耕种着单一的农作物;在意大利,关注点一直是与之相反的方面,那里的问题是传统生产活动的小农场被持续废弃,继而被次生林侵入(阿尼奥莱蒂,2007年)。景观多样性的概念逐渐成为与生物多样性和文化多样性并列的要素,而对这两种情况的改进方法是引进大量更多样化的品种,就意大利而言,要缩减空地,就英国而言,要在萨福克郡种植灌木。

乡村景观改进和提升的效果很显著,其中也包括"野生生物信托机构"和诸如"农耕和野生生物咨询组"(FWAG)这类机构的工作成果。[3] 尽管在土地的使用效益与野生生物的需求这两者之间还要维持恒定的平衡状况,但有很多实例表明,不仅野生生物的利益已经转入可盈利的范畴,而且农场主也发现,在这两者之间,实际上并不存在明显的冲突。如果景观的改善之含义如其应有的那样,并不只是在摄影美学方面显示出景观的提升效果,而是使人们在景观体验和感知方面有所增强,那么,这样的提升方案就发挥着一部分重要的作用,即使通常看起来并不是那么明显,但也具有一定的作用。

景观的改进与提升是风景园林或景观设计行业所关注的重点,这个行业涉及的一个主要领域就是花园或公园,有关这个领域的问题并不是本书的重点,而这类花园或公园景观的形成是基于为人们提供娱乐场所的设计目的。这正是很多人认为的"景观美化"一词的含义。刚刚过去的最近一段时期是这方面的提升具有重大意义的时期,就其重要意义而言,业余爱好者发挥的作用不亚于专业人士。一直以来,公共公园所面临的威胁非常

图 16.2　阿尼克。在阿尼克城堡下的新花园的一部分。

大，这是一个实际现状，而这种现状在政府报告中已有确认，而且，创建私人花园这种类型的新式"设计景观"几乎成为一种时尚，但不应该以是否经常作为媒体的主题和在媒体上报道的时间长短为标准来衡量在花园建设方面的成就大小——如果是这样的话，每个人都会自己耕种，并且为自己做食物。但是，在全国的各个街道上都遍布着新式的景观型花园，它们源自位于诺森伯兰郡公爵夫人的阿尼克城堡的巨大新式花园景观模型（图16.2）。新型别墅通常包括一些花园空间，而且，英国人惯有的住宅模式，也就是一层或二层的房屋，以及附带相连的花园，现已在欧洲普遍流行起来。在这些花园中，有很多花园并不是如花园一词狭义所指的那样"具有生产性的成效"，而是完全为人们提供休闲和娱乐的场所并配有相应的设施，向大量的人群开放；而且，目前，野生生物观察家承认，一个带有大型花园的住宅型景观体系一旦较为成熟，就会比大多数农业景观更受野生生物的喜爱，也更易于野生生物的生存。如果从乡村散步到郊外，只要用耳朵听，就很容易证明这完全是事实。鸟类和昆虫通常喜欢栖息在有食物的地方，

而这种地方往往就是花园。

如今，在私人花园范围以外的区域，又有了从前那种分配花园。这些分配花园都是一些小块园地，起初是为穷人耕种蔬菜而设计的。很多城镇和村庄确定他们的供应已不再被需要之后，通过出售这些分配园地来获取大量金钱以作为住宅费用。现在，他们不得不按照法律要求去寻找新的土地，通常都有一个健全的等候名单。不仅只是英国才有这种趋势，随着对新鲜蔬菜以及对运动的需求，同时，在经济萧条时期缺乏资金的情况下，这种趋势得以强化。德国和斯堪的纳维亚的"花园聚集地"不仅用于种植蔬菜（英国现在还有更多盛开的花朵和结出的果实），还作为人们周末离开城市寻求安逸的休养地，那里还配有一些休闲设施，可供人们享受。在一些奉行共产主义制度的国家里，这种花园聚集地是自由的象征，一些怀有同样激情的人所组成的社团在那里的周末集会往往可以躲开政府的掌管（图16.3）。

一个花园或园区建造活动如果能在最广泛的意义上实现全面的利益并带来一系列好处，就会引发政府赋予良性和鼓励的态度（克劳奇，2001年）。

图16.3 位于捷克共和国的诺夫赫拉迪的一个花园聚集地。备受赞誉的小区，这是从社会主义体制时期遗留下来的地区。

分配园地造就社区精神、是很好的健身场所,而且,人们对在园地里生长的高质量食物产生了兴趣,以及目前已被充分证明的那些直接对健康有利的好处,这些都是推动分配园地繁荣发展的因素,同时也促进了对学校校区花园和医院院区花园的重新认识。在 1950 年代,很多学校都有一个校区小园林,但它变成只有那些因抵抗课程学习和在学校进行严重破坏活动而被赶出门外的学生才去的地方。人们往往主观地假想,只有那些缺乏能力、不能做别的工作的人才会从事园艺工作,例如农业劳动,这种概念使很多园艺领域的专业园艺家感到很恼火。如今,在很大程度上,这种污名已被消除了,而且很多学校目前都在积极促进校区场地的利用,常常用于协助厨房炊事和家庭科学课程活动。"汉普郡花园信托机构"一直在这方面尤为突出。

医院发现,精心设计的院区内部的庭院花园非常有助于促进病人的康复,既经济又高效,是相对低成本的有利投资——但确实也可以在下一次有安装设施需要时占用庭院园地以建造所需的建筑。公共公园也正在复兴和发展。罗奇代尔拥有的布罗德菲尔德公园始于维多利亚统治时期,正如很多这种类型的公园一样,曾沦陷为很糟糕的状态;尤其在夜幕降临以后,公园常常被一些人利用,成为他们为所欲为的场所,而并不是大多数守法的人们常去的地方。就罗奇代尔的公园而言,它也是不同群落之间或不同种族之间的无人之地。因此,它的这种改善形式历来都是为了使公园再次成为一种有价值的资源,为附近的所有社区共享。在公共公园修复复兴方面,还有很多其他的实例,当然包括位于海边度假胜地的公园,还包括位于纽卡斯尔和桑德兰的公园,以及位于伯肯黑德的著名的首家公园和位于巴罗的、莫森设计的公园。在这方面的众多发展中,当然包括学校和公共公园在这方面的发展,其中有一个关键因素是公共参与,实际上是当地居民的积极参与,尤其是年轻人的参与,他们不太可能愿意破坏曾经自己亲手栽培过的树木(斯坦普,1987)。造园术作为一门学科一直以来基本属于艺术类,与建筑学学科并列。这意味着,一方面是渴望制作一个纯粹的具有创造性的艺术品,就像一个画家或雕塑家那样,而另一个完全不同的方面是仅仅作为一个具有专业技能的助力者,促使一系列使用者的价值得以实现,同时还需要被容纳在一个特定的空间之内,而在这两个方面之间存在一种恒定的脉络关联。例如,就摄影而言,"它是一种艺术吗?"这个问题几乎毫无意义。它当然可以被看做是一种艺术,但从很多其他角度来看,它也可以被看做是某些精巧技能的体现。

在土地再利用并建造花园的过程中,或许最精华的元素是在人群中产生的"游击园艺"，通常是在城市中心的邻里之间，这些人群只是接管了SLOAPs——规划之后余留下的空间。最初，大多数这类土地的管理机关的反应是将掌控权交给一个地方当局运作，即使他们没有规划，也要掌管这些土地，通常的做法是将园丁驱逐出去，使这片土地恢复成为"公众开放空间"状态——用一种委婉的说辞来形容，这种状态就是巨大的路旁草坪和一些零星的土地，除了为男孩跑跳玩耍提供了地方以外，没有任何用途，甚至都算不上真正意义上的路旁草坪。然而，他们终于认识到，开阔的空间所具有的"视觉舒适性"不会因使用新花园而受到损坏，而且会节省割草钱，因此现在有很多地方在一定程度上允许实施新建花园。

与公共或私人花园或公园有关的造园技师的工作所占的比例非常小。更常见的是那些与以一种完全不同的目的而进行的开发活动有关的工作，其目的是需要成为"被美化的景观"。很多设计师建议，精致的建筑学意义上的建筑物并不需要被做成美化的景观，如果那样的话，通常会隐藏建筑物或至少降低建筑物的瞩目程度。这种类型或许是城市中心的购物区，休闲设施和运动场地、工业区和道路。正如花园恐怖分子所发现的那样，有相当多的土地还没有用上，尤其是在城镇外围部分。在这样的地区中，有的或许可以成为停车场，这至少赋予了土地一种使用功能，其周围通常可以环绕着密集的割掉的草以及分散的、易于管理的小树和现代棚屋建筑周围的成排的灌木。显然，在这些地区，要求进行最基本的维护，当然也包括在整洁方面的要求。后者通常确保了这个地区不会有野生生物。显然这些地区是需要改进的，而且通常都得到了一些改进。或许我们现在已经对超市停车场周围那些司空见惯的植物类型习以为常了，以至于很容易忘记以前没有这些的时候是什么样子。停车场本身或许不能算是一个美丽的地方，但至少可以算是一个令人关注的地方。如果从包好的食物包里取出足够的松脆而细碎的食物撒在那里，就会有一些小鸟飞来，为新的灌木丛增添了生机，这是常见的现象，另外，在2010年的寒冷秋季，来自斯堪的纳维亚的朱缘蜡翅鸟为了寻找结果的英国灌木植被而突然飞入这里，那时，一些停车场变成那些观察研究稀有鸟类的人所寻觅的目标。地面也可以变得更加有趣："地面景观"可以由各种元素组成，可以是人行道和车道的指示；但也会有部分可渗透性。加固草的技术源自1960年代的德国，但从那时起已经广泛传播到很多地方，最开始的做法是在草之间，平行放置分隔墙砌块，放置在底部从下面支撑，后来有了很大改进，因为需要尽可能多的雨水渗入土壤，而不能让雨水排干耗尽，一直以来，在这方面的改进成果越来越显著。

　　对于造园师来说,体育场的设计是更加可怕而棘手的事。常规大小的球场有非常严格的尺寸限制,以至于不足为奇的是,城市体育运动中心——通常位于城镇的边缘地区,与树林和农耕景观相隔不远,而且这里会有很多为消遣而来观看体育比赛的人——对任何不想全神贯注观看比赛的人来说,这里就是很无聊的地方。至少就板球运动而言,球场的尺寸和形状都是变化的,举一个例子来说,坎特伯雷的场地里有一棵树,而乡村板球场周围最好没有山楂丛。但是,足球、橄榄球和曲棍球等"休闲娱乐场地"不可能真的做到没有一棵树或甚至没有灌木丛,而这些植物会对草地有所干扰,或者还会妨碍明年的球场布局规划。高尔夫球场对土地面积的需求非常大,而且需要极其大量的水;但也可能成为多功能的场地,例如在很多海边的高尔夫球场上散步的行人,当然,野生生物也很有可能光顾这里"原生态的高尔夫球场深草区"。事实上,高尔夫球场与军事训练基地类似,如果能控制干扰活动,这里就会成为一些稀有生物和不常露面或胆小的生物愿意光顾的地方。然而,俗艳的绿色常常出现在不适当的地方,显得扰乱而不安,尤其是出现在干旱或荒芜的环境里。达特穆尔国家公园的一部分是射击场,对此有一些批评意见,一位自然资源保护者在回应这些批评时指出,战士比闲逛的游客更加训练有素且更守规矩。

　　走进城镇,那里会有新建的购物区,或者,或许有被淹没在车海里的非常古老的购物区。我们有太多的集镇的集市广场已经变成停车场,以至于他们很难在进行常规的售卖活动时能有一个独立的空间。毫无疑问,农民的运货马车和推车会造成街道和集市场地的堵塞,这种状况一直持续了几个世纪,但问题是如何用数字来表明这种状况发生的频繁性。尽管专业界非常乐于设计这类场所,但在这类场所的设计问题上总有争议存在,而在这个方面,造园术这门学科终于能发挥龙头作用了,相对于其他专业,不再屈居次要地位,这门学科很难得有这样的机会。谁的纪念碑是需要保留的,而哪些是需要新建的?在目前的这个无车区是否将允许公交车行驶?急救车可否在此通行?我们想要树吗?是否有提供座位的地方?如果有,是否允许不受欢迎的不速之客在这些座位上睡觉?我们是否有覆盖整个区域的闭路电视?整个夜晚都要开着吗?在对任何一个集市广场的改善方案进行评论之前,每个学生一定要把所有的用途都记录下来,无论是夜晚的,还是白天的,无论是冬季的,还是夏季的。现实中,人们将会有怎样的行为?例如,长期以来,草坪一直被认为是这样一个区域,很难预料其中哪个地方需要建小道,如果需要的话,也不得不等到"理想的路径"被清晰地勾

画出来以后，而这通常要等一年或两年。然而，布拉格的有关管理机构或许已经猜测出，人们不可能围着 Malostranka 小草坪的边缘步行（图 16.4）。

如今，大型购物中心通常会强占公共场所，以至于公共场所已不能发挥其原有的作用，而且，这种情况完全被私人掌控。公共场所的一些问题正在得到缓解。由于这类场所在夜晚关闭，一些不受欢迎的不速之客（非消费者）被拒之门外，而在白天，另有一些不受欢迎的不速之客可以被依法驱逐出去。购物中心可以有完好的监视设备，镜子可以发挥很多作用，甚至可以让消费者随时看到自己穿的衣服在橱窗里的模特的对比下是多么寒酸。由于购物中心不是鼓励人们休闲的地方，所以不需要提供舒适的座位区，在购物商城里，基本上只有咖啡馆和餐厅才有座位，而且必须有消费才可以坐在那里。尽管在古老的集市广场，做一笔好的交易才是主要的，而周围的土地和房屋或其他建筑物的状况并不重要，但零售业是这类场所通常具有的一个重要功能；但商城排斥除了花钱以外的所有其他活动，这与机场的运行规则完全一样，机场也是想方设法促使候机的人不断购物的地方。

图 16.4 布拉格 Malostranka。权威机构指示人们如何在这个小园区散步。人们对情况更了解。

　　道路系统设计也是景观设计师努力研究的领域，而这又是一个与野生生物有隐含关联的领域。尽管道路交通没有太影响刺猬的活动，但对草地边缘和中心进行保护显然非常有利于小动物在这里生存，通过茶隼的数量可以看出这一点，如果这个数字足以说明这一点的话。一直以来，环形路口景观逐步得到发展，有时，环形路口设有告示标志，象征着在这里进入一个城镇，例如，在法尔茅斯周边种植了棕榈树和其他外来植物，另外，在进入普尔的绕道设有"船形环路"。高速公路景观现已成为一个主要研究与实践对象，就高速公路景观而言，在设计中要尽可能保持一种平衡，既要尽可能设计有趣的景象，避免司机在行驶中感觉困倦，又要尽可能避免司机分散注意力而影响正常驾驶。

　　在对工业废弃地区进行改善方面，取得了一些卓越的成就，这些地区包括矿业垃圾地区、破旧房屋的残余以及以前的一些工厂建筑产生的荒地，这些荒地曾经是 19 世纪工业的赚钱枢纽地区。很多这样的地区在被处理的时候，凭借一些想象，用了大量的金钱，而其他一些没有给人以想象空间的也就没有什么意义了。在后来的 20 世纪，有一些居住区产生了一些荒地，现在，在城市周围的边缘地区也产生了一些荒地，很少被关注。

　　法国北部的里尔郊区的 Deule 河是一条工业运河，一直以来被当做是一个新公园的焦点景区，河流延伸几英里，河岸沿线地区曾经是重工业特色很浓厚的地区，这个地区景观改进方案获得了"欧洲景观奖"，也是"公约"的一项成果。土地受到严重毒害的情况相当频繁，以至于这类地区不能被建成住宅区（住宅区会连带产生进入食物链系统的园艺产品和蔬菜），但通常也有种植植物，在有些情况下，植物的生长会慢慢去除土地中的毒素（生物修复技术）。例如，康沃尔郡的大面积地区都有砷中毒，这通常与有锡和铜的同类矿山有关。英国开发了很多技术以实现在成堆的矿山弃土地区植草和种植植被并使之生长，现在，英国中部和北部以及南威尔士的很多地区都被植物覆盖，就像是一座座绿色小山，形状似乎是精心设计好的。有很多工业场所，尤其是碎石厂和其他露天挖掘地区，已经成为重要的水体景观——最大的是拉特兰水域。一直以来，在采石场的废地开发利用方面，位于圣·奥斯特尔附近的"伊甸园工程"是一个最杰出的实例，在从前几乎没有任何植物生长的不毛之地，倾心打造出人类与植物和谐关系的奇迹。[4]

　　大体而言，在我们的城市中，景观的变化速度更快，或者至少是更明显一些。在我们的大城市的周边地区，也就是在城市周围的边缘地区，产生新景观的速度远远快于其他地区，包括独特的贸易地产景观，还包括活动住宅园区——后者受到 J·B·杰克逊的赞赏（1984 年）。但重要的是要认识到这些地区与已经安置好且变化速度慢得多的郊外地区是有所不同的。这些郊区的景观一直以来基本上是学术界所嘲笑的笑柄，尤其是典型的半独立式别墅这种类型的英国景观；但最近以来，贝杰曼的辩护产生了一定的效果，当然，随着居民自己植树和对其房屋的扩建，一定会使相应的景观得到稳步的改善与提升，而最终将形成 21 世纪的景观。城市住房的住户"购买权"计划的实施对很多郊区的景观也产生了巨大的影响，其中有很多可被视为对景观的改善与提升。住宅前门标准化的喷涂样式，以及开放式的前花园为当地的政府提供了便利，但更加明显和具有特色的是丰富多彩的各式围栏和篱笆、树木和扩建部分，包括一些奇特和个性鲜明的入口标识。

　　这类景观有一个目的：它们体现着经济状况和生活方式。经济状况和生活方式有助于对景观的理解，包括对景观的解读，通过景观的迹象，了解在这个景观地区所发生的情况。由分散的各块农场组成的奶牛养殖农场景观不同于公社的农耕农田景观。如果一个景观没有意义了，那时或许是造就这个景观的经济领域已经没落，或许是经济类型发生了变化，例如在郊区的住宅的经济情况或很多景观在旅游业方面的经济情况。这时，这个景观存在的意义只是供人们拍照留影。如今，景观在何种程度上被人们认为只具有拍照意义，通常连一辆私人轿车也是被研究的对象，这是莱奥·索恩研究的课题（1990 年）。

　　如《欧洲景观公约》（ELC）所述，一些景观需要保护，一些景观需要管理，一些景观需要改善与提升。然而，或许更正确的说法是"所有的"景观都需要在不同程度上进行保护、管理和改善与提升。实际上，我们发现和既定的最具有魅力的景观类型一直在不断地变化中，这个事实清楚地印证了上述说法的正确性。如今，艺术家往往对那些不整洁和凌乱以及通常不被当做摄影对象的"非遗产"景观、普通的地方进行描绘和歌颂，这种欣赏倾向促使我们对我们所认为的那些最珍贵的、受保护的景观进行重新评估，再思考我们想让它们成为什么样子。我居住的地方属于德文郡中部，詹姆斯·拉维里尔斯[5] 在那里拍摄的照片只是众多的这类作品中的若干典型而已。对此，人们不仅持有各自不同的观点，而且也持有各自不同的利益，两者同样具有不可忽视的作用。我们能否期待"国家公园管理机关"会把荨麻和树莓的种子向外散播出来，而且把田野角落里的那些老旧、生锈的农业机械撤换掉？

参考文献

Agnoletti, M. (2007) 'Monitoring the Rural Landscape of Tuscany', in Sheffield Conference on the ELC Landscape Research Group.

Crouch, D. (2001) *The Art of Allotments*, Nottingham: Five Leaves.

Jackson, J.B. (1984) *Discovering the Vernacular Landscape*, New Haven: Yale University Press.

Nassauer, J. (1995) 'Messy ecosystems, orderly frames', *Landscape Journal*, 14/2, pp. 161–70.

Stamp, D. (1987) 'Inner city community gardens', *Landscape Research*, 12/1, pp. 5–12.

Zonn, L. (ed.) (1990) *Place Images in Media: Portrayal, Meaning, and Experience*, Savage, MD: Rowman and Littlefield.

练习

1. 写两篇"专业的"景观变化的批评文章。一篇应是有关具有重要意义的景观美化方面的批评文章，或许是有关一条旁道，或新住宅开发、贸易地产、超大型自助商场。确保你理解为什么会作出这些决策，如果有可能，通过与景观设计师交谈进行了解，而且，批评文章不仅只是针对视觉的外观方面。第二篇批评文章应是有关更加具有乡土特质方面的批评文章，那里体现了公共权威（和非政府机构）在改善与提升乡村景观方面的努力。一个主要的例子将是"国家森林机构"，但有很多规模小得多的地方机构。

2. 建立一个私人个体在"改善与提升景观"方面的资料档案。你周围所有的人都在以他们自己确信的"改善与提升"方式对他们的房地产特性进行某些改变——涂刷房子、种植或砍伐树木、安装电灯、进行扩建。把这些变化记录下来；它们将不仅具有实物档案的价值，而且还将使你依照更广泛的标准就这些变化是否确实是"改善与提高"的问题进行讨论。

注释

1. "照管墓地"，网址：http://www.caringforgodsacre.org.uk，"爱护墓地周"。

2. "国家森林机构"，网址：http://www.nationalforest.org。

3. FWAG，网址：http://www.fwag.org.uk。

4. 查看网址 http://www.edenproject.com。

5. 詹姆斯·拉维里尔斯的摄影作品是"Beaford 档案"的一部分，网址：http://www.beaford-arts.org.uk。

17　面向未来的发展趋势

本书自始至此已用了足够的篇幅讲述了景观是不断发生改变的主体，而且至少对景观的感知也同样在持续迅速地变化着，因此，按照常规逻辑，似乎应在本书的结束部分讨论一下有关未来的问题和如何识别目前景观管理中正在发生发展的一些主要转变及其可能的走向。这些趋势的驱动因素来源于可持续发展的三个支撑纲领，而且缺一不可——生态的、经济的和社会的——另外还有政府方面的，因为稳定和良好的治理通常被视作有益的支撑，同时也作为第四个支撑纲领（欧洲理事会，2008 年）。

进入

有一个社会的驱动因素是，对景观的准入限制越来越小，尤其是越来越多的人能够进入乡村景观地区。人行步道受到严格把守，因为那是进入这片土地的区域，而且道路标记正在发生很大的改进。大多数城镇和很多村庄现在都有制作当地的步行地图，而法国在这方面的进展更深远。继斯堪的纳维亚的模式之后，苏格兰现在也有漫游的权利，但这一直遭到英国地主的坚决反对，正如玛丽安·肖阿德发现的那样（1987 年）。然而，英格兰能够引以为傲的是英格兰西南部周围的壮丽的沿海海岸地区的步道和很多其他的延展地区，而且现在正延伸至整个国家的范围，这是有法律保障而实施的，并不是依靠偶然的日积月累而进行添补的。我的亲身感受能够说明在这方面确实真正取得的成果，我曾在德文郡东部的海岸步道上遇到一个日本家庭，他们认为到此旅游非常愉快，但他们担心找不到有付款特权的售货亭。通常还有很多其他长距离的小路也在开放使用，而奔宁山脉道路使用率被宣称是每年五万人次。然而，由于我们的小马路条件有限，现在有很多较小的人行道的通行条件受到严重的限制，要想进入这些试图对所有人都开放的狭小的人行道非常困难；但车辆交通日益发达、车越来越多、车辆和速度越来越大,致使小路上的大多数过往的行人、骑自行车的人或骑马的人在通行的时候胆战心惊,必须高度警觉,否则根本无法通行,如果是夜间,肯定不可能通行。如果过路人因为惧怕而不能从这里经过,人行道的用处就没那么大了。如今,摆在面前的一个特殊问题是有关我们的河边人行道的问题。我们的大多数重要河流的岸边都有一条沿河人行道,可作为人们钓鱼的地方,但垂钓者连同农民一起,坚决抵制这里变成所有人都能进入的公共通道。除了公共人行道和马道(尽管允许马在道路上通行常常会导致行人在道路上通行的利用率减小),还有一些受到允许的路径,也就是土地所有者允许公众在一定条件下进入和通行;还有一个"土地进入"系统,这些地区被指定为开放的自由通行地区。这包括我们的很多森林和林地、高沼地和其他公用的地区,但绝不是全部地区。我们有一部分高地仍然在国防部管控之下,包括我们的国家公园(例如达特穆尔、诺森伯兰、布雷肯比肯斯),这会使这些地区被准入的可能性减少。有一些人对这种状况非常不认可,但就生物多样性而言,由于士兵更能够遵守规则,因而更有利于保持地区的生物多样性。

一些没有土地所有权的中产阶级迁至乡村,随之不可避免地增加了更多有关进入问题的压力,这些压力既包括数量需求,还包括他们的能力和人脉关系所造成的影响使他们有实力这样做。他们不再认为他们的生计状况和永久业权取决于土地所有者,而土地所有者的权力随之减少。在英国,使人行道得以保存的力量来自那些漫步者。[1]

有关进入的问题所涉及的地方不只是有体力和有能力的中产阶级徒步能到达的地方。长期以来,有关马道的运行体系迎合了骑马人的需求,又不得不再次面临与公路通行的状况,这会使危险性大大增加,骑自行车的人同样也增加了危险性。自行车的使用率在大幅度增加,但我们的小路又存在很大的危险性,因此,我们会看到这种荒谬的场面,在一条专门改建成自行车道的小路起始端(大概以前是帕德斯托铁路支线)(图17.1)有运载着的自行车大型四驱车,因为小孩在小路上骑自行车有被其他大型四驱车撞到的危险。骑山地自行车的人也想离开自行车道而在荒野和沿海小路上行驶。他们发现自己并不像传统的步行者和骑车人那么受欢迎,但山地自行车比马对地面的践踏程度小得多。具备越野能力的车辆、四驱车也渴望将自己的道路行驶范围从碎石路扩展到那些之前没有机动车通行的轨道。这肯定会引起其他通行者的不快,但他们代表另一个群体,这些人渴望将他们能进入的地区扩大至乡村和沿海景观地区——尤其是沿海的沙丘地区,

而这类地区是极易受损的地区。

　　同样在地区的进入问题上，目前有一个主要运动，其目的是确保为那些有行走能力的人开设的步行区也应该让缺乏行走能力的人能够进入，包括坐轮椅的人和体弱者。因此，传统阶梯被那种仅供一人通过的 U 形或 V 形小门取代，之后，这种窄门被全开门取代，有时是像猎人的大门那样的双开门（被设计为从马背上可以打开和关闭）。对一些人来说，这的确使他们的景观体验发生了重大改变。曾几何时，沿着杂乱无章的曲折小径漫步，不断躲闪着脚下杂乱的荆棘和刺草，不时地踩到零散的树叶，而如今，蜿蜒小径变成了一条（走起来快得多的）碎石铺面、一米宽的小路，漫步的感觉当然大不一样。

　　还有智力引进的情况。很多年来，以前的"农村委员会"和类似的政府机构所关注的是，进入国内受保护景观地区的游客，实际上是进入乡村景观地区进行娱乐活动的人大多数都是受过教育的人和中产阶级，这些人

图 17.1　骆驼小径，康沃尔。一条自行车道，沿着一条古老的铁路线，位于帕德斯托附近。

是少数群体，缺乏普遍的代表性。在乡村漫步的乐趣不是所有人的共性乐趣，但在英国、德国和斯堪的纳维亚，人们特别喜爱在乡村漫步，从而感受其中的乐趣，而同时，很可能也会有另外一些人，对此并不感兴趣；但是，放宽进入范围的过程中，相关教育工作和说服工作一直承受着很大的压力。这其中存在着一个固有的问题。大多数从事相关教学工作和说服工作的人都有曾游历过我们的很多受保护景观的亲身体验，尤其是高沼地和国家公园，在工作时，要"摆脱自己所有的主观印象"，在扩大准入步行者数量的问题上，例如在增至原来的两倍或三倍这类问题上，不能有主观倾向性。

今后，对进入范围进行扩大的趋势是必然的，特别是使每个人都能自在地漫步、有使用土地的权利、以合理的方式休闲娱乐，而在这方面，肯定将会有日益增长的压力。这些活动是免费的，但有很多人想让进入乡村地区的人支付一定的费用，通常采用的是收取停车费。对很多土地所有者和有关当局来说，如何依靠好的景观来挣钱是一个问题。

更广泛的保护

看一下受保护地区清单，会很快发现其显示的现象，在最后的半个世纪里，通过立法和指定工作而实施的景观保护实例持续增加，而如今或将有所减慢。形成这种发展趋势的各种关联因素可被分解为几种有参考价值的因素：对普通景观和乡土景观的保护范围不断扩大；要同时考虑两个要素，既包括自然要素，也包括人文要素；有背景环境支持方面的综合因素。

在建筑保护方面，一直有一个明显的发展方向，冲破从前那种约定俗成的"审美标准"或者面向地方本土的"授权的遗产论述"而试图拓展保护措施。首先被认为值得保护的建筑不仅只是古老的，而且也是宏大的，并代表具有强大力量的大建筑物：大教堂、宫殿、大型乡村别墅、市政厅和类似的政府所在地。甚至在地方层面，通常认为被列入保护名单的两个建筑将会是教堂和地主的住宅。在考古学领域里是视觉上明显突出的：巨石阵、哈德良长城、荒废的修道院。国家公园是被列入名单的、明显基于景观视角而确定的受保护的一个代表，而它所牵涉的可保护性的程度更大得多。最近在政府圈一直持续存在一个极为相似的争论，关于哪些运动"应该"是在陆地上的、免费的、在电视上播放的，这些被称为"王冠"。在地质保护方面，也能够探测到类似的"王冠"，例如"巨人石道岬"，甚至还有栖息地保护，例如"威肯沼泽"。但在这方面，就建筑而言，现已大幅度地延伸到包括非常大量的村舍、谷仓，现在甚至还包括牛奶站。从建筑方面来说，这种试图涵盖所有建筑类型的扩张并不是一直稳步发展的；显然，时代是一个非常重要的因素，而且，在这样一个注重名流的世界，财产与著名人物之间的关联也同样是一个非常重要的因素；但那些"平凡的"事物几乎一直被忽略。半独立式房屋地产和维多利亚式连栋房屋并没有被包括在内，除非约翰·列侬曾经在那里居住过。或许乡村景观也是如此，在乡村景观中，被排在最后考虑需要进行保护的是那些"普通的农田"；但现在有些地方也会因其平凡性而受到赞扬。朱利安·霍夫曼（2008 年）就此进行了有力而丰富的论证，但就本土的景观而言，有一种倾向性，例如本地的乡土建筑，规划性越少，受到的赞扬越多。J·B·杰克逊（1984 年）是极少数赞扬房车宿营地的人之一，但现在分配地备受青睐——一种受政府翔实控制的景观，但带有个人的无政府主义元素。

有关扩张的第二个方面是，各类保护的实施一并迅速扩展。英国的国家公园不是为保护野生生物而创立的，但现在它们非常重视这一点。现在，生态博物馆和其他类型的博物馆已经突破条条框框，在策展中展现权威地位，占据了相当大面积的土地，例如位于俄罗斯北部的 Solovetski 岛屿现在是一个博物馆（图 17.2），如同生态博物馆和其他类型的博物馆的情况一样，"国家公园"也已经开发了"讲解中心"，这与博物馆非常相像——尤其是他们也进行收集工作，而不是仅仅作展览。"普雷斯帕声明"——由负责地中海地区的湿地栖息地保护工作的有关方面签署——专门督促实施一种"综合方法，这种方法对自然的和人文的湿地遗产来说，都能在了解相关情况和有利于这两者的共同保护方面起到改进作用"（帕帕杨尼斯和普里查德，2011 年）。[2] 现在，很多"具有特殊科学价值的场所"积极寻求促进文化实践的活动（通常是农业方面的文化），以使其显示出某种特性，以便获得支持而被设置为"具有特殊科学价值的场所"。这完全肯定了自然景观必须受到保护。锡利群岛上的渺无人烟的地区迅速开始回归成为具有美学价值、缺乏生物多样性价值的灌木丛类型，引进鲁比牛并将其放牧于土地，以达到理想的状态。

针对保护和受保护地区的背景环境支持也导致产生了更多的受保护的土地和在更多的方式下受保护。我们曾经列入清单的个体建筑所在地现在通常位于一个更广泛的"保护区"中心，以至于人们是在一个更广泛的背景里看待它们；或者局限于法国"城市和风景遗产保护区"的背景环境，"城市和风景遗产保护区"规定的地区相当于可视域地区，在这个地区内，必须有风景特征和受保护的遗迹存在。这是一个非常类似于考古景观范畴的

图 17.2 Solovetski 修道院，在白海的岛上，曾经是伟大的俄国修道院，直到大革命后变成第一个实验集中营。现在回归原有的教堂身份，整个岛作为一个博物馆被管理起来。

想法，特别是在美国的概念里，战场就是这种类型。这个"设置"地区常常被视为"其景观里的地点"。有时是针对一处遗迹及其周围事物的物理保护，如同控制拥挤的交通一样；但更常见的是，其目的仅仅是针对游客的体验，有时是个性化的体验——因此，从 A303 上瞥见"巨石阵"不再被认为是让人就此满足的事；人们观看他们的历史遗迹不再是在向政府支付费用的条件下才能获得的特权。在自然界范围内所确定实施的保护不再是足以预防任意屠杀一个物种的一种命令，或者甚至也不再是足以要求对一个物种进行最精心的保护的一种命令；所谓设置以及必须受保护的栖息地，或者所有好的工作也许都会付诸东流。生物死于饥饿，而不是死于强杀或诱捕。这就是当今英国的农田鸟类的现实情况。它们完全可以幸免于枪杀或粘鸟胶，但现在的农田如此干净且产量高效，以至于很少有鸟类可以吃的食物。

"设置"的概念目前趋于向设置中的设置的方向延伸，其结果是导致形成嵌套式的指定。在"北德文"的"布朗顿洞穴"是一个广泛的沙丘地区，属于"生物圈保护区"和"国家级自然保护区"，但是现在也属于"联合国教科文组织"（UNESCO）指定的新型"世界生物圈保护区"的核心区；还有一种缓冲地带，很快会被指定归类为两个"杰出自然风景区"范畴，通过一个过渡地带，囊括整个托河和托里奇河的流域，一并延伸至"洞穴"旁的海上，加之一个相当大的距离的海岸所形成的海洋环境。当然，这将形成一个理念，即要对在"洞穴"生态方面的所有投入实行一定程度的一致性管理，但这样做也不可避免会产生在保护区内的重要性方面的等级层次，以至于沙丘的价值显然高于农耕土地，但还是介于保护区与保护区以外的地方之间。这样的嵌套式的指定状况在英国是不常见的，但在其他地方的很多受保护地区体系中是常规要素。

参与

《公约》为与所有的景观决策有关的参与需求提供了巨大的发挥空间。作为一个以法律为背景基础来源而形成的公约，景观成为一种人权的体现，但还不至于把它说成是人对风景拥有权利；这将使英国的财产权状况发生非常重大的转变。阿恩斯坦的著名的参与阶梯有被升级的趋势（见"拓展阅读 6　参与和交流"的图 C.1），使人们在与他们未来的发展问题上拥有越来越多的权利（阿恩斯坦，1969 年）。但对于这种趋势，存在着几种反对力量，而并不是所有的反对者都是那些不顾一切地抓住权力为自己着想的人。参与显然比教育包含更丰富的意义，或者至少比"知识转移"的含义更丰富。这个短语目前常见于英国学术界，它反映的观点是，学术界对公众进行的科学理念教育往往不能获得成功。在达尔文的理念出现后的一个半世纪后，仍然有很多人不接受进化论的现实，尤其在美国；在英国，一项民意调查显示，大多数人对受人类引起气候变化这个事实不接受。科学家往往将造成这种情况的责任归咎于宗教团体或政府部门，而不是承认他们自己在传达他们的见解方面的可悲的失败，尽管现在也姗姗来迟地认识到和发起各种"知识转移"活动。如果公众掌控财政权，有时公众有这个权力，则很难实现的是，公众在对科学知识的理解的基础上而采取行动。最终，科学家想抓住对公共关系的需求，但发现很难应对媒体的短视和肤浅，他们对所喜爱的争论和随之而来的所有的批评声音都不太知情，而变得消息不灵通了。

就更广泛的景观而言，参与具有更深远的意义，这意味着听取和接受公众为各种价值的景观所增加和丰富的重要元素，将获得一个具有综合意义的景观元素的集合。令人惊奇的是，非常多的显然对立的观点往往在提出合理的友好意图下被调和化解，而这种情况太频繁了。高尔夫球场能够与步行道共存，甚至与遛狗的人共同使用；耕种农田不必与野生生物隔离开，或者不必成为不获取经济利益的地方。很多年来，海岸地区具有多种功能；我们的农业景观在越发短的时间段里面临这种挑战。然而，每当参与程度提高的时候，往往会有一种倾向，参与范围被限制在当地人中；但是，还有很多公众可以被考虑进来，而当地人的观点很可能与某种公众共识有很大差别，即使他们全都是永久居民，也不能忽略那些在这个地方有自己第二处家庭居所的人的意见，或许他们还有一种完全不同的观点。而且还要考虑那些来这里进行娱乐活动的人的观点，以及所有那些"白色货车里的皮套裤"，他们在这里各处穿梭和往来，运送货物和提供服务，他们常常可被视为很好的景观鉴定家，提到找一个吃三明治的地方，他们往往是行家；其他还包括在这里路过的人或祖母是本地人而本人在伦敦居住的人；还有渴望来这里的度假者，以及渴望离开这里的青少年。所有这些人的领悟和见解都可能是有价值的。但如果参与的力度比"知识转移"大得多，而且参与者的范围是无限的，也并不意味着不需要专家的观点。至少有以下三个主要方面能说明为什么一定需要专家。

1. 认证

我们需要艺术史学家论证艺术家与图画的关联及其属性的真实性，同样，景观专家往往在认证地理位置方面发挥必要的作用。就单个设计者设计的景观而言，这个过程的确与艺术史学家非常相似——这些地盘是由汉弗莱·雷普顿设计的——或者，就与著名人物有关的景观而言，也是如此。在其他情况下，这个过程是对动植物种类的识别——在某些情况下需要准确地裁决某些种类的橡树的栽培品种是什么，而这是一项非常专业的业务……而且他们常常在判断上有分歧。景观历史学家和考古学家同样都对地点进行认证，其他专家对土地所有权进行认证。

2. 背景

认证的实施也需要在其背景环境下进行。"这是一个真正的幸存的牛奶站"并不能说明它有多么重要，除非再加上"它是这个郡县 / 国家唯一幸存下来的"这样的特点——这会使它的价值发生巨大的改变。在鉴定建筑并将其列入相关名单的过程中，有一个特别关注的方面是，国家有关机构认为，我们需要在全国范围内保护这种类型的建筑中的一个，优选修复最好的那个建筑，而这种观点常常不被当地的本土人所理解和感激。我们不需要保存每一个建筑，因此当地的专家往往感觉自己被轻视和唾弃——尽管财产所有者当然可以很放心了。

3.　教育

专家编排学校课程并确定哪些是常识性知识，无论是在地方层面的，还是在全国层面的。这使专家在未来景观发展方面拥有很大的权力；但教育不是灌输。可以突出一个典型的教育战略，它所针对的是一个主要的受保护地点，例如，对成功实施管理的各个方面进行教育的重要性；对确保作出正确信息的需要；或者任何实现利益的转换。其中一些确实提示出一点，一直认可的做法是把教育作为一个管理工具，而全然没有顾及教育作为一种规划的功能。

在有关景观的问题上，经常与公众打交道和处理有关计划问题的人会很快发现显示出的容易持怀疑态度的常识性问题。对于有些问题，公众的认同程度远远大于权威界接受的程度，例如，人们认为可以在自己的土地上做自己想做的事并支付相关费用；然而，如果在他们的土地上作一些改变，而这些改变需要从他们的缴税款中支付费用，这种建议和要求会使他们感到愤恨，除非就此提供出很好的证明。公众常常尊重专家的意见；他们很少对"这座桥是特纳的绘画作品中的一座桥"（但他们或许不会想这是一个足够好的理由以使他们支付费用来保护这个地方）这类问题提出质疑，但他们肯定会对"这个景观风景比那个景观风景更美"这类问题的提议以及有关证据的声明有所质疑，或者会有所忽视，而对于同一个声明，如果在一个完全不同的情境下，他们就会相信。因此，在一些发展规划实施之前，某个单一个体作出的景观质量评价都会普遍被忽视，或者被认为是为开发商而设置的烟幕。

无形要素

"无形要素"这个短语已成为一个国际通用的常规词，而它也被用于涵盖很多明显有形但难以保存的事物，例如食物和饮品；但被列入名单的那些与景观有关的无形要素非常多。在很多情况下，由于这会给景观附加一系列意义，因此大大影响了景观的价值。一些景观能引起重要的精神共鸣，而另一些景观对于文体娱乐活动来说具有重要意义，因为这些地点对作家、艺术家或知名人士来说是重要的。这些都可以被归类为景观的无形含义，但还有其他一些无形的价值，如今正在成为重要的元素，但就一个特定的位置而言，这种价值并不是它本来就固有的。反对光污染的实例就是这类情况之一。例如，萨克岛等一些地方现在已受到高度重视，因为那里允许有夜间纯黑的景象，而相对于那些灯火通明的城镇景象或者被人们接受的、黑暗作为其田园风格的一种象征的那些地方的景象，这些地方的景象显得非常逊色。因为需要减少二氧化碳排放量，像这样允许有黑色夜空景象的情况如今颇受支持，而且很多地方现在正在考虑减少他们的光污染。噪声控制是另一个元素，这个元素常常主导规划诉求，并且有一项关于宁静区域的地图绘制工作已启动实施。到目前为止，在对气味的控制或管理方面所作的努力还很少，这方面仅有的成果是，通过规划法律以防止有毒烟雾入侵城市地区，以及制作气味丰富的花园，而这似乎总是特别为盲人而制作。只有盲人才对气味有鉴赏能力，基于这种想法或许比基于事实更容易让有关申请获得资助。但有关景观的问题如今肯定已被纳入与本地风土有关的官方政策之中，保护各类地方品种的果园就是其中的一个例子。

机动性

现在将讲述有关不确定性最大的未知因素的问题，其中有一个未知数是，我们无法确定日益增长的人口将会继续进一步增长的程度，或者由于油气价格增长、或许由于航空旅行税越发加重，人口的增长将会受到严格控制，而我们还是无法确定其受控程度如何。这种有关机动性的问题当然会涉及旅游业，但也会涉及开车去乡村公园里遛狗这类事情。现在，很多景观主要是为观光客而得以保存，包括"世界遗产地"，而观光客数量的衰减会对当地收入造成巨大的影响（不是全部收入都能够归当地所有）。然而，游客数量持续增长在气候变化的环境下，将明显会对所有的景观产生严重的影响，尤其是沿海的景观，例如马尔代夫，经济完全依靠旅游业来支撑。船舶作为一种节能的交通方式，目前已东山再起。大型游轮的盛行或许会严重影响地方经济和当地文化状况，但对地球的生态造成的影响却小得多。限制航空旅行也会引起国内发生巨大的一连串反应。过去的40年里，我们一直忙于保护我们的越来越多的海岸线，以避免造成不适当的发展，在很大程度上，我们采用的保护技术迎合的是那些受过教育的人和中产阶级的偏好。但是，如果以前我们的沿海地区必须可契合所有的在近期来地中海度假的人，那么现在它会发生巨大的变化，如果只是为了适应的话——但这可能是对我们的很多目前处于严重衰退状态的海边度假胜地的一种挽救。

在我们国内，我们的景观利益也依赖于旅行行业。"国家公园"不因当地的利益而存在。迄今为止，我们集中精力研究和进行管理的绝大多数景观都是那些人们必定去旅游的地方。有关当地的"保护区"的概念的实例一直很罕见，而只是城市公园很盛行，作为城市的肺，为那个城市的居民提供新鲜空气。无论如何，面对景观变化，我们或许可以采取这样的态度，这是有可能实现的，建造一些很有吸引力的居民区，以至于居民不想离开那里。"花园城市"的确就是以此为目的而建造的，但看起来，使之迁移的强烈愿望的确很顽固地存在着。

气候变化

最后，我们讲述的是气候变化，在将对世界的每一个景观产生影响的所有的未来趋势中，这是一个最重要的问题，而且它与资源枯竭和人口增长的问题有关。在全书的内容中有多处都不可避免地涉入过这个问题，这里仅作为结束时的一点论述。当今最为轰动的问题之一是有关风力发电站的问题，尽管现在有迹象表明其主要开发地很可能在海上，并不是在陆地上，这样做是因为尊重当地的反对意见。欧洲南部的关注点很可能倾向于太阳能发电站，这也能涵盖面积非常之大的地区。同样也会出现的是，在任何有可能的地方形成新的水电站方案，而且新的核电站也不会永远仅限于被安置在先前存在的地点。如果在海峡的对面以最大规模建造塞文河大坝，其结果将不仅仅是形成一个非常重要的景观特征，除了景观特征本身以外，还会改变延伸到格洛斯特的整个沿海景观。无论如何，这样就要让海平面上升，而且将不仅只是必须弃于大海的那些部分的海平面会上升（尽管也意味着被变成丰富的盐沼栖息地）。

在过去的半个世纪里，我们已经习惯于把关注点放在一个耕种越发密集化的耕地范围，而并没有关照到新的土地面积。的确，如今有相当大量的土地没有达到有可能达到的密集化耕种程度。随着不断增大和富裕的人口对食物的要求，除了欧洲，还有中国和印度也都如此，这种情况或许会造成一些巨大的改变，尤其加之气候变化所起到的促进作用，将导致有可能出现的情况是，农耕土地边界又扩展到现在的高沼地且回到国家公园里。将需要新的农作物用以满足生物燃料的狂潮，而且，管理良好的林地也将不得不被用于满足木材燃烧的需求。

在景观未来中的任何一个所谓确定的因素都将会发生变化。那些只为单一目的被保护的土地能够维持现状的日子已屈指可数了。无论这个目的是为高尔夫运动而建设的场地，还是住宅区，或是小麦种植地。土地将会有变化，而景观和土地并不是完全相同的事物，因为景观包括人类的感知。人类对待景观的态度将发生变化，如同我们的湿地现在被很多人视为一种景观资产，而不是一种有妨碍的负担，而且，我们已经学会了欣赏一种杂乱的、平凡的景观，而不一定是那种古朴的、整洁的景观。就那些受有关当局管理的景观而言，要与现实环境变化保持同步变化节奏，尤其富有挑战性，因为这些管理机构常常受其运行体制所限，他们改变观念的速度往往比个人或个体慢得多。如果对景观的感知能够与土地变化并行且保持同步，那么，我们的景观或许仍会给大众带来愉快和健康的享受，使人们拥有它、使用它并从中得到休闲和乐趣。

参考文献

Arnstein, S.R. (1969) 'A ladder of citizen participation', *Journal of the American Planning Association*, 35/4, pp. 216–24.

Council of Europe (2008) *The Spatial Dimension of Human Rights for a New Culture of the Territory*, International CEMAT symposium, Yerevan.

Hoffman, J. (2008) 'Pelicans', *Terrain*, http://www.terrain.org/fiction/21/hoffman.htm.

Jackson, J.B. (1984) *Discovering the Vernacular Landscape*, New Haven: Yale University Press.

Papayannis, T. and D.E. Pritchard (eds) (2011) *Culture and Wetlands in the Mediterranean: An Evolving Story*, Athens: Med-INA, pp. 409–10.

Shoard, M. (1987) *This Land is Our Land: The Struggle for Britain's Countryside*, London: Paladin.

注释

1. "漫步者"（以前的"漫步者协会"），网址：http://www.ramblers.org.uk。

2. 有关"普雷斯帕声明"，还可查看网址 http://med-ina.org/wp-content/uploads/2010/06/Prespa-Statement.pdf（2011 年 5 月 23 日可进入访问）。